工业和信息化人才培养规划教材　职业教育系列

Office 办公软件
案例教程（第4版）

Office 2003 Case Tutorial

赖利君 ◎ 主编

人民邮电出版社

北京

图书在版编目（CIP）数据

Office办公软件案例教程 / 赖利君主编. -- 4版
. -- 北京：人民邮电出版社，2015.2（2016.12重印）
工业和信息化人才培养规划教材. 职业教育系列
ISBN 978-7-115-37075-4

Ⅰ. ①O… Ⅱ. ①赖… Ⅲ. ①办公自动化—应用软件
—高等职业教育—教材 Ⅳ. ①TP317.1

中国版本图书馆CIP数据核字(2014)第219063号

内 容 提 要

本书以 Microsoft Office 2003 为环境，通过实例的形式，对 Office 2003 中的 Word、Excel、PowerPoint 和 Outlook 等软件的使用进行了详细的讲解。全书以培养能力为目标，本着"实践性与应用性相结合""课内与课外相结合""学生与企业、社会相结合"的原则，按企业的工作部门分篇，将实际操作案例引入教学，每个案例都采用"【案例分析】→【解决方案】→【拓展案例】→【拓展训练】→【案例小结】"的结构，思路清晰、结构新颖、应用性强。

本书可作为职业院校学生学习 Office 办公软件的教材，也可供其他运用 Office 办公软件的人员阅读参考。

◆ 主　编　赖利君
责任编辑　王　威
责任印制　杨林杰

◆ 人民邮电出版社出版发行　　北京市丰台区成寿寺路 11 号
邮编　100164　电子邮件　315@ptpress.com.cn
网址　http://www.ptpress.com.cn
三河市海波印务有限公司印刷

◆ 开本：787×1092　1/16
印张：15.5　　　　　　　　2015 年 2 月第 4 版
字数：417 千字　　　　　　2016 年 12 月河北第 3 次印刷

定价：35.00 元

读者服务热线：(010)81055256　印装质量热线：(010)81055316
反盗版热线：(010)81055315

前言　PREFACE

近年来，随着我国信息化程度的不断提高，熟练使用办公软件已经成为各行各业用人单位对从业人员使用计算机的基本要求，Microsoft Office 系列办公软件随之成为人们日常工作和学习中不可或缺的好帮手。

本书通过案例的形式，对 Office 2003 系列办公软件中的 Word、Excel、PowerPoint 和 Outlook 等软件的使用进行了详细讲解。希望读者通过本书的学习和相应的练习，能提高自身应用办公软件的能力。

1．本书内容

全书共分为 5 篇，从公司中具有代表性的工作部门出发，根据各部门的实际工作，介绍了日常工作中大量实用的商务办公文档的制作方法。

第 1 篇为行政篇，讲解了公司岗位说明书、会议记录表、公司简报、客户信函等办公文档及邮件管理等与公司行政部门或办公室相关的工作文档的制作方法。

第 2 篇为人力资源篇，讲解了制作公司组织结构图、员工基本信息表、劳动用工合同、员工培训讲义、员工培训管理表等人事部门常用的办公文档的方法。

第 3 篇为市场篇，讲解了制作市场部工作手册、产品目录及价格表、销售统计分析图、公司销售培训讲义等几个销售部门常用的办公文档的方法。

第 4 篇为物流篇，讲解了设计公司库存管理表，制作产品进销存汇总表、产品销售与成本分析表等物流部门常用的办公文档的方法。

第 5 篇为财务篇，通过讲解制作员工工资表、财务报表、公司贷款分析表，详细介绍了 Office 软件在财务管理中的深入应用。

2．体系结构

本书的每个案例都采用"【案例分析】→【解决方案】→【拓展案例】→【拓展训练】→【案例小结】"的结构。

（1）案例分析：简明扼要地分析案例的背景资料和要做的工作。

（2）解决方案：给出实现案例的详尽操作步骤，其间有提示和小知识来帮助理解。

（3）拓展案例：让读者自行完成举一反三的案例，加强对知识的理解和对技能的掌握。

（4）拓展训练：补充或强化主案例中的知识和技能，读者可以选择性地进行练习。

（5）案例小结：对案例中的所有知识和技能进行归纳和总结。

此外，本书的每个案例后都有一个"学习总结表"，读者可将操作每个案例过程中的心得体会记录下来。

3．本书特色

本书以"实践性与应用性相结合""课内与课外相结合""学生与企业、社会相结合"为原则，以培养能力为目标，以实际工作任务引领知识、技能和态度，让读者在完成任务的过程中学习相关知识、掌握相关技能、提升自身的综合职业素质和能力，真正实现做中学、学中做的 CDIO 教学模式。

本书由赖利君任主编，参与本书编写的还有黄学军、李冰、刘小平、孙蓉、严珩、赵守利等。

本书的编写得到了学校领导和老师的大力支持，在此一并向他们表示衷心的感谢。此外，作者在编写本书时还参考了相关文献资料。

为方便读者，本书还提供了电子课件和案例素材，读者可登录人民邮电出版社教学服务与资源网（http://www.ptpedu.com.cn/）下载。

由于编者水平有限，书中难免有疏漏之处，望广大读者提出宝贵意见和建议。

编　者
2014 年 7 月

目 录 CONTENTS

第 1 篇 行政篇

本篇从公司行政部门的角度出发，选择了一些具有代表性的商务办公文档，以实例的方式对 Word 2003 中文档的"创建""编辑""页面设置""格式化"，"图形"和"图片"的处理，表格的"创建""编辑"和"格式化"，"邮件合并"文档的处理以及 Outlook 2003 的邮件管理等内容进行讲解、分析和说明，以提高读者对办公软件的应用能力。

📖 学习目标

1. 利用 Word 2003 对文档进行"创建""保存"和"编辑"。
2. 学会对 Word 2003 文档的"页面"进行"设置""格式化"。
3. 掌握对 Word 2003 文档中的"图形""图片"及"图示"进行相应处理的方法。
4. 在 Word 2003 文档中进行表格的"创建""编辑"和"格式化"。
5. 在 Word 2003 文档中进行图文混排。
6. 对 Word 2003 文档中的"邮件"进行"合并"及相关文档的处理。
7. 利用 Outlook 2003 进行邮件管理。

1.1 案例 1 制作公司岗位说明书

【案例分析】

公司为了规范各项管理制度，需制作公司各岗位说明书，以明确各岗位的工作职责与权限、工作目标、任职人员资格等，为今后的工作评价、人员招聘、绩效管理等提供有效的依据。本案例利用 Word 来制作科源有限公司行政部的岗位说明书。

具体要求：（1）新建文档并合理保存；（2）页面设置：纸张为 A4 纸，页边距分别为上、下均为 2.5 厘米、左、右均为 2.8 厘米；（3）编辑岗位说明书内容；（4）美化修饰文档；（5）预览及打印文档。文档效果如图 1.1 所示，并将该文档打印出来。

【解决方案】

步骤 1 新建并保存文档

（1）新建文档。

① 单击【开始】按钮，打开"开始"菜单，选择【程序】→【Microsoft Office】→【Microsoft Office Word 2003】命令，启动 Word 2003 应用程序。

【提示】

我们会把经常用到的程序或文档的快捷方式放置到桌面上，以便随时取用（打开），而很多应用程序在安装后会自动创建桌面快捷方式。所以，双击桌面上的快捷图标是最常用的打开应用程序的方法。

② 启动 Word 程序后，系统将自动新建一个空白文档"文档1"。

（2）保存文档。

在 Word 中进行文档编辑，一定要保存文档，因为文档编辑等操作是在内存工作区中进行的，如果不进行存盘操作，突然停电或直接关掉电源，都会造成文件丢失。因此，及时将文档保存到磁盘上是非常重要的。

图 1.1 "公司岗位说明书"效果图

【提示】

保存文档时，一定要注意文档的"三要素"——位置、文件名和类型。否则，以后不易找到该文档。

① 选择【文件】→【保存】命令，打开"另存为"对话框，如图 1.2 所示。

② 在"保存位置"下拉列表框中，选择文档的保存位置。这里，我们选择的保存位置为"D:\科源有限公司\行政部\"。

【提示】

用户在保存文档时，如果事先没有创建保存文档的文件夹，可以先确定保存的磁盘，如 D 盘，再单击图 1.2 所示的【新建文件夹】按钮 ，打开如图 1.3 所示的对话框，输入文件夹名称后再单击【确定】按钮，创建所需的文件夹。

图 1.2 "另存为"对话框

图 1.3 "新文件夹"对话框

③ 在"文件名"组合框中输入文档的名称"公司岗位说明书"。

④ 在"保存类型"列表框中为文档选择合适的类型，如"Word 文档"。

⑤ 单击【保存】按钮。保存文档后，Word 标题栏上的文档名称会随之更改。

【提示】

用户在文档的编辑过程中，应注意养成随时单击"常用"工具栏上的【保存】按钮 ■或使用快捷键【Ctrl】+【S】及时保存文档的习惯。

【小知识】

为了避免操作过程中由于掉电或操作不当造成文件丢失，用户可以使用 Word 的自动保存功能。选择【工具】→【选项】命令，打开"选项"对话框，切换到其中的"保存"选项卡，设置合理的自动保存时间间隔，如图 1.4 所示。

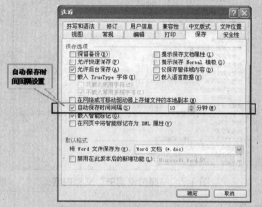

图 1.4　在"选项"对话框中进行自动保存时间间隔设置

步骤 2　设置页面

与用户用笔在纸上写字一样，利用 Word 进行文档编辑时，先要进行纸张大小、页边距、页面方向等页面设置操作。

（1）选择【文件】→【页面设置】命令，打开"页面设置"对话框。

（2）切换到"纸张"选项卡，如图 1.5 所示，设置纸张大小为 A4。

（3）切换到"页边距"选项卡，如图 1.6 所示，设置页边距，上、下边距均为 2.5 厘米，左、右边距均为 2.8 厘米。设置纸张方向为"纵向"。

图 1.5　设置纸张大小

图 1.6　设置页边距和纸张方向

步骤 3　编辑岗位说明书

（1）单击任务栏上的"输入法"指示器按钮▦，根据需要和习惯选择不同的输入法。

（2）如图 1.7 所示，录入"岗位说明书"的内容。

【提示】

　　在 Word 中，用户可以连续不断地输入文本，当所输入的文本到达页面最右端时，插入点会自动移到下一选择行首位置，这就是 Word 的"自动换行"功能。

　　一篇较长的文档常常由多个自然段组成，增加新的段落可以通过按【Enter】键的方式来实现。段落标记是 Word 中的一种非打印字符，它能够在文档中显示，但不会被打印出来。

科源有限公司岗位说明书
编　　号：HD01
岗位名称：行政主管
所在部门：行政部
一、工作关系
上级：总经理/副总经理（分管）
下级：本部后勤服务人员和相关行政管理人员
内部联系：公司各部门、各分（子）公司
外部联系：相关企业、团体和政府部门
二、工作职责
负责本部的行政后勤管理工作。
负责本部的办公费用预算、控制和管理。
负责本部的固定资产管理。
负责公司车辆的总体管理。
负责公司本部有关行政事务的接待及来访工作。
负责领导交办的其他工作。
三、聘用条件
教育背景：秘书、中文、公关、行政管理等相关专业本科以上学历。
培训经历：受过管理学、管理技能开发、档案管理、会务组织、财务会计基本知识等方面的培训。
技能技巧：
较强的管理能力；
良好的中英文写作、口语、阅读能力；
熟练使用办公软件；
熟练使用操作办公自动化设备。
工作经验：从事相关工作五/七年以上。

图 1.7　"岗位说明书"文档内容

步骤 4　设置标题格式

　　文档编辑完成后，通过字体、段落、项目符号和编号、对齐等设置可对文档进行美化和修饰。

　　这里，将标题的字体格式设置为宋体、二号、加粗、深蓝色；段落格式为居中、段前 0.5 行间距、段后 1 行间距，格式化的效果如图 1.8 所示。

科源有限公司岗位说明书

编　　号：HD01
岗位名称：行政主管
所在部门：行政部

图 1.8　标题的格式化效果

　　（1）设置字体格式。选中标题文字"科源有限公司岗位说明书"，利用如图 1.9 所示的"格式"工具栏进行字体的设置。

字体　字号　加粗　倾斜　下画线　两端对齐　居中　右对齐　编号　项目符号

图 1.9　"格式"工具栏的常用功能按钮

【提示】

　　用户在"格式"工具栏中进行格式设置时，可以从系统提供的下拉列表中选择某项，如"字体"和"字号"，也可以单击按钮来实现功能的应用和取消，如"加粗""倾斜"。我们可以通过观察"格式"工具栏看出某处文字使用的是什么设置，如图 1.10 所示，当前文本格式是 Word 中文字的默认设置，即宋体、二号（列表的选择）、加粗（凹陷的按钮）、深蓝色。

图 1.10 "格式"工具栏的常用功能按钮

（2）设置段落格式。

① 选中标题，单击"格式"工具栏上的【居中】按钮，实现段落居中。

② 选择【格式】→【段落】命令，打开"段落"对话框，如图 1.11 所示，在"缩进和间距"选项卡中设置"间距"为段前 0.5 行，段后 1 行。

图 1.11 设置标题的段落格式

【提示】

　　在"段落"对话框中，用户可以设置段落的对齐方式、左右缩进、首行缩进、段落间距、行距等。

步骤 5 设置正文格式

（1）设置正文字体格式。设置正文所有字体为宋体、小四号，字符间距加宽 0.5 磅。

① 选中正文所有字符。

② 选择【格式】→【字体】命令，打开"字体"对话框，在"字体"选项卡中，设置中文字体为"宋体"，字号为"小四"，其余不变，如图 1.12 所示。

③ 切换到"字符间距"选项卡，如图 1.13 所示，设置间距为"加宽"，磅值为"0.5 磅"。

图 1.12 "字体"对话框

图 1.13 设置字符间距

（2）设置正文段落格式。设置正文所有段落行距为固定值 20 磅。

① 选中正文所有段落。

② 选择【格式】→【段落】命令，打开"段落"对话框，在"间距"栏中设置行距为"固定值"，设置值为"20 磅"，如图 1.14 所示。

（3）设置正文前3段的格式。将正文的前3段字体加粗、首行缩进2字符。

① 选中正文前3段。

② 单击"格式"工具栏上的【加粗】按钮 **B**。

③ 选择【格式】→【段落】命令，打开"段落"对话框，在"缩进"栏中设置"特殊格式"为"首行缩进"，度量值为"2字符"，如图1.15所示。

图 1.14　设置行距　　　　图 1.15　设置首行缩进

（4）设置正文标题行格式。设置标题行"一、工作关系"的格式为宋体、四号、加粗、段前段后各0.5行间距，并使用格式刷工具复制格式设置到标题行"二、工作职责"和"三、聘用条件"。

① 选中标题行文本"一、工作关系"。

② 将其格式设置为宋体、四号、加粗、段前段后各0.5行间距。

③ 保持选中文本状态，双击工具栏上的【格式刷】按钮 ，使其呈凹陷状态，移动鼠标指针在其上，此时鼠标指针变成了一把刷子形状，按住鼠标左键，刷过"二、工作职责"，这样"二、工作职责"标题行就具有了同"一、工作关系"一样的文本格式了。

④ 用同样的方法继续刷过"三、聘用条件"。

⑤ 不再使用格式刷功能时，用鼠标再次单击【格式刷】按钮取消格式刷功能，鼠标指针变回正常形状。

（5）设置"一、工作关系"具体内容的格式。为"一、工作关系"具体内容部分添加项目编号，添加后的效果如图1.16所示。

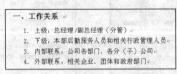

图 1.16　"一、工作关系"具体内容添加项目编号的效果

① 选中这部分的4个段落。

② 单击"格式"工具栏上的【编号】按钮 ，这4段文字自动获得如"1.""2."的编号，如图1.16所示。

③ 选中添加项目编号后的段落，单击"格式"工具栏上的【增加缩进量】按钮 ，可适当增加段落的缩进量，更能显示文档的层次性。

【提示】
　　用户也可以选择【格式】→【项目符号和编号】命令，打开"项目符号和编号"对话框，切换到"编号"选项卡，设置编号，如图1.17所示。

图 1.17 利用"项目符号和编号"对话框添加编号

（6）设置"二、工作职责"具体内容的格式。参照"一、工作关系"具体内容的格式设置方法，为"二、工作职责"的具体内容添加项目编号，效果如图 1.18 所示。

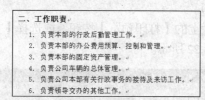

图 1.18 "二、工作职责"具体内容添加项目编号的效果

（7）设置"三、聘用条件"具体内容的格式。

① 参照"一、工作关系"具体内容的格式设置方法，为"三、聘用条件"的具体内容添加项目编号，效果如图 1.19 所示。

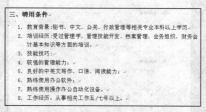

图 1.19 "三、聘用条件"具体内容添加项目编号的效果

② 修改编号为 4、5、6、7 段落的编号为项目符号◆。

a. 选中编号为 4、5、6、7 的段落。

b. 选择【格式】→【项目符号和编号】命令，打开"项目符号和编号"对话框，在"项目符号"选项卡中，为选中的文本选择需要添加的项目符号，如图 1.20 所示。

图 1.20 "项目符号和编号"对话框

c. 单击"格式"工具栏上的【增加缩进量】按钮 ，为添加了项目符号的段落增加缩进量。效果如图 1.21 所示。

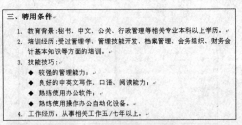

图 1.21 "三、聘用条件"具体内容添加项目编号和项目符号的效果

步骤 6　打印预览

文档编排完成后就可以准备打印了。打印前，我们一般先使用打印预览功能查看文档的整体编排，满意后再将其打印。

（1）单击"常用"工具栏上的【打印预览】按钮 或选择【文件】→【打印预览】命令，查看文档排版的效果，如图 1.22 所示。

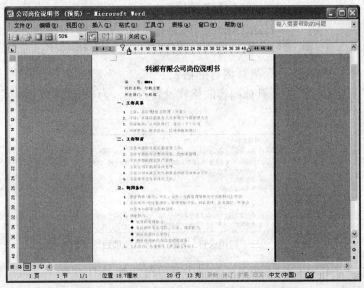

图 1.22　通过"打印预览"查看文档格式化的效果

【提示】

用户可以使用预览查看文档以发布形式显示的情况，分为打印预览和网页预览两种。打印预览就是查看文档打印出来的排版情况，查看清楚了，没有错误之处，再确定打印，可以避免纸张浪费；网页预览显示了文档发布到网络上时，在 Web 浏览器中显示的外观。

（2）预览完毕，单击"打印预览"工具栏上的【关闭】按钮返回。

（3）关闭文档。使用"保存"命令，或按【Ctrl+S】组合键，再次确认保存文档或对文档所做的修改，然后关闭文档。

【提示】

① 用户如果觉得文档默认和使用放大镜的比例大小都不太合适，还可以调整"显示比例"以选取最合适的大小来预览，如图 1.23 所示为选择其他比例大小来预览文档。

② 通过【单页预览】 和【多页预览】 按钮，用户可选择一页或同时预览多页。

③ 如果打印机早已安装好，用户则可以直接使用"常用"工具栏上的【打印】 按钮实现打印。如果需要对打印机进行设置或者只打印部分页面，用户则需要使用"文件"菜单的【打印】命令。

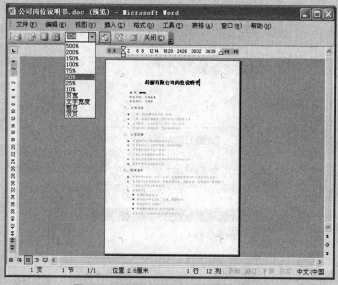

图 1.23　选择最合适的比例来预览文档

【小知识】

打印机安装步骤如下。

① 单击【开始】→【控制面板】命令，打开"控制面板"窗口。

② 双击"打印机和传真"图标，打开"打印机和传真"窗口，如图 1.24 所示。

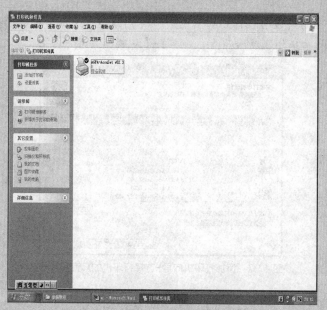

图 1.24　打印机和传真机窗口

③ 单击【文件】→【添加打印机】命令，弹出"添加打印机向导"对话框，如图 1.25 所示，选择"连接到此计算机的本地打印机"单选按钮。

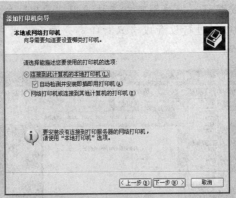

图 1.25　添加打印机向导-选择本地打印机

④ 单击【下一步】按钮，弹出如图 1.26 所示对话框，选择打印机连接到的接口(一般为 LPT1)。

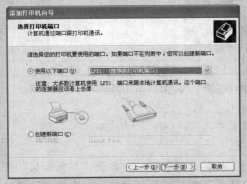

图 1.26　添加打印机向导-选择端口

⑤ 单击【下一步】按钮，弹出如图 1.27 所示对话框，选择打印机的生产厂商和型号，如果使用随打印机带来的驱动程序盘，则单击【从磁盘安装】按钮。

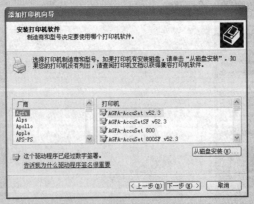

图 1.27　添加打印机向导-选择打印机的厂商和型号

⑥ 单击【下一步】按钮，系统即开始安装打印机驱动程序。

⑦ 下一步，添加打印机向导会让用户选择"是否希望将这台打印机设为默认打印机"，选择"是"单选按钮，则将此打印机设为默认打印机。在向导对话框中，用户还可以选择是否共享打印机。如果选择共享，则网络上的其他计算机也可以使用该打印机。

多个打印机时选择打印：

　　如果用户曾经设置过多个打印机，而默认打印机与当前正在使用的打印机不符时，使用【打印】命令，会弹出如图 1.28 所示的提示，这就需要用户重新选择打印机了。

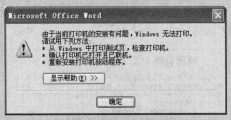

图 1.28　提示当前打印机无法打印的对话框

　　① 在图 1.28 对话框中单击【确认】按钮后，会弹出如图 1.29 所示的"打印设置"对话框，用户可在其中选择正确的打印机，并单击【设为默认打印机】按钮。

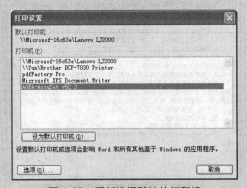

图 1.29　重新选择默认的打印机

　　② 用户也可以单击【开始】→【打印机和传真】命令，打开"打印机和传真"窗口，可看到其中的多个打印机，如图 1.30 所示，在其中选择当前使用的打印机，鼠标右键单击，并在弹出的快捷菜单中选择设为默认打印机命令，设置这个打印机为当前默认的打印机。

图 1.30　设置默认打印机

【拓展案例】

1．公司年度工作总结

　　总结是对一定时期进行过的工作（实践活动）全面地回顾，对其进行再认识的书面材料。总结应包括如下内容：（1）标题；（2）正文：基本情况，取得的成绩（可以分条写），获得的经验，存在的问题；（3）今后方向（或意见）。效果如图 1.31 所示。

2．会议记录

会议记录是在比较重要的会议上，由专人当场把会议的基本情况记录下来的第一手书面材料。会议记录是会议文件和其他公文形成的基础。会议记录应包括如下内容：（1）会议名称；（2）会议时间；（3）会议地点；（4）出席人；（5）列席人；（6）主持人；（7）记录人；（8）议项；（9）会议发言；（10）议决结果；（11）签名。会议记录效果如图1.32所示。

科源有限公司2013年度工作总结

2013年是科源有限公司硕果累累的一年，公司班子和员工统一思想、转变观念，以高度的责任心和强烈的使命感，发扬创新、务实、奉献的精神扎扎实实地努力工作，使公司步入了规范化、制度化运营的轨道，各项业务得到了长足发展，取得了明显的效益。

一、建立健全规章制度，实行规范化管理

2013年度公司领导把建立健全各项规章制度当作一项重要工作来抓，公司领导亲自抓落实，任何事情都按规章制度来办，并不断督促检查各项规章制度的落实情况。对按制度办事的给予表扬奖励，对不按制度办事的给予批评教育，对违反纪律的进行处罚。经过一段时间的严格整顿，公司员工的思想意识已从过去旧的管理模式，逐渐统一到有章可循，按章办事的思想上来。目前，公司上下政令畅通，人心稳定，员工精神面貌焕然一新，一种规范化、制度化管理的现代企业管理模式已在公司初显雏形。

二、较好地完成了今年的各项经济任务

根据年初各项工作任务指标，行政部、财务部、人力资源部、物流部、生产管理部等完成了全年的任务；截至12月底，公司各部完成的工作任务情况如下：

1. 行政部完成全公司的各项行政管理工作；
2. 财务部对全年全公司的财务收支和营销工作做好统筹和分配工作；
3. 生产管理部完成全年2000万的产值，创利润260万元；
4. 物流部完成全年400万的产值，创利润20万元；
5. 人力资源部除完成了人事制度改革外，还大力引入技术型人才，进一步增强了我公司的生产、竞争实力。

三、公开向社会承诺，提高服务质量，树立了公司新形象

服务的好坏直接关系到公司的整体形象。公司成立后，为树立公司新形象，要求全体员工严格遵守服务标准，热情为客户服务。即工作时要着装整齐、挂牌上岗，待人接物要热情，要讲文明礼貌；不许与客户争吵，不许损坏用户的物品。为方便客户，星期六仍照常上班。

四、存在的困难和问题

1. 公司员工素质参差不齐。
2. 由于公司成立的时间较短，与社会各界的沟通、协调力度需要进一步加强。

科源有限公司
2013年12月20日

图1.31 公司年度工作总结效果图

合资经营网络产品洽谈纪要

时间：2014年5月16日
地点：科源有限公司办公楼二楼会议室
主持：总经理王成业
出席：国际信托投资公司（甲方）张林、林望城、姜洁蓝
科源有限公司（乙方）王成业、李勇、米思亮
记录：柯娜

甲乙双方代表经过友好协商，对在中国成海市建立合资经营企业，生产网络产品均感兴趣，现将双方意向纪要如下。

一、甲、乙双方愿意共同投资，在成海市建立合资经营企业，生产网络产品，在中国境内外销售。

二、甲方拟以土地使用权、厂房、辅助设备和人民币等作为投资，乙方拟以外汇资金、先进的机械设备和技术作为投资。

三、甲、乙双方将进一步作好准备，提出合资经营企业的方案，在1个月内寄给对方进行研究。拟于2014年6月25日由甲、乙双方将派代表在成海市进行洽谈，确定合资经营企业的初步方案，为进行可行性研究作好准备。

甲方：国际信托投资公司　　　　乙方：科源有限公司
代表签字：　　　　　　　　　　代表签字：

图1.32 会议记录效果图

【拓展训练】

利用Word 2003制作一份公司年度宣传计划，效果图如图1.33所示。

操作步骤如下。

（1）启动Word 2003，新建一份空白文档，以"2014年公司宣传工作计划"为名保存至"D:\科源有限公司\行政部\"文件夹中。

（2）选中【文件】菜单中的【页面设置】命令，在"页面设置"对话框中，将纸张设为

A4，页边距分别设置为上、下各 2 厘米，左、右各 1.8 厘米。

（3）按照如图 1.34 所示录入文字。

图 1.33　公司年度宣传计划效果图

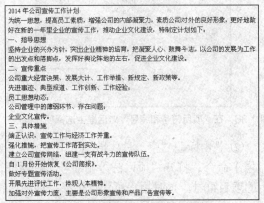

图 1.34　公司年度宣传计划文字内容

（4）设置文章标题格式。

选中标题"2014 年公司宣传工作计划"，利用"格式"工具栏上的相应命令，将标题文字设置为隶书、二号、红色；再单击"格式"菜单中的【段落】命令，将标题对齐方式设置为居中，段后间距 12 磅。

（5）选择【格式】→【段落】命令，在"段落"对话框中，将正文的所有段落设置为首行缩进 2 字符。

（6）设置正文标题行格式。

① 选中标题"一、指导思想""二、宣传重点"和"三、具体措施"，在"格式"工具栏中将其设置为仿宋、四号、加粗。

② 利用【格式】→【边框和底纹】命令，打开"边框与底纹"对话框，如图 1.35 所示，在其中的"边框"选项卡中设置边框为方框、实线、颜色自动、宽度为 1/2 磅、应用于文字，完成后单击【确定】按钮。

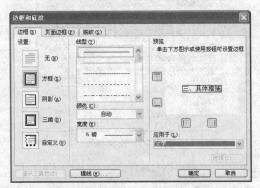

图 1.35　"边框与底纹"对话框中设置边框

（7）设置项目符号编号。

① 选中标题"二、宣传重点"下的文本内容后，选择【格式】→【项目符号和编号】命令，在如图 1.36 所示的"项目符号和编号"对话框中选择"项目符号"选项卡，再选择与如图 1.37 所示相同的项目符号，单击【确定】按钮，应用于选中的文字段落。

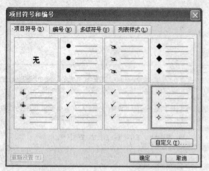

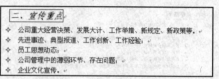

图 1.36 在"项目符号和编号"对话框中选择项目符号

图 1.37 为文本添加项目符号

② 选中标题"三、具体措施"下"2."下方段落的文字，使用【格式】→【项目符号和编号】命令，打开"项目符号和编号"对话框，在"项目符号"选项卡中并没有如图 1.38 所示的项目符号。这时用户可任意选择一种项目符号，单击【自定义】按钮，进入如图 1.39 所示的"自定义项目符号列表"对话框，在其中选择项目符号字符，这里仍然没有列出需要的字符，故单击【字符】按钮，弹出"符号"对话框，在字体处选择类别"Wingdings"，再在下方列出的符号中选择需要的符号，如图 1.40 所示，单击【确定】按钮用于所选段落。

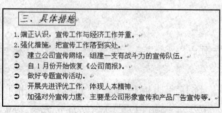

图 1.38 为文本添加项目符号

图 1.39 "自定义项目符号列表"对话框

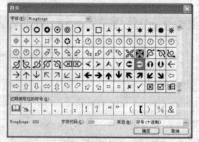

图 1.40 选择符号

（8）增加段落的缩进量。

① 选中标题"二、宣传重点"下已加项目符号的段落，并利用"格式"菜单中的【段落】命令，打开"段落"对话框，设置这部分的段落"左缩进"为 1.4 厘米，如图 1.41 所示。

② 选中标题"三、具体措施"下的"1"和"2"部分的文字，拖动标尺上的左缩进游标到合适的左缩进量，如图1.42所示。

图 1.41　设置段落"左缩进"

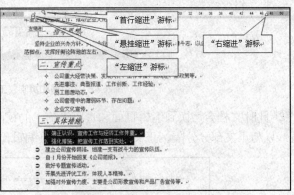

图 1.42　利用标尺进行行左缩进的设置

③ 选中"2"下方进行了项目符号设置的段落，利用标尺滑动"首行缩进"游标到合适的位置设置这些段落的首行缩进量，如图1.43所示。

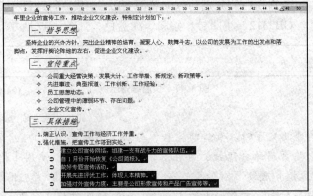

图 1.43　利用标尺进行首行缩进的设置

（9）设置编号。

选中标题"三、具体措施"下方的两段文字，使用【格式】→【项目符号和编号】命令，打开"项目符号和编号"对话框并切换到"编号"选项卡，选中需要的编号，如图1.44所示，单击【确定】按钮后应用于所选段落。

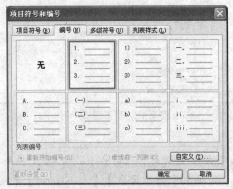

图 1.44　选择需要的编号

（10）添加页眉页脚。

① 选择【视图】→【页眉和页脚】命令，弹出设置"页眉和页脚"的工具栏，如图 1.45 所示。

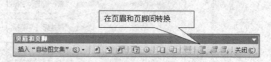

图 1.45 "页眉和页脚"工具栏

② 此时文档会切换到编辑页面和页脚等信息的视图，如图 1.46 所示，页眉处自动出现一条直线以与正文部分分隔，正文部分的文本不可编辑，变成灰色。

图 1.46 编辑页面页脚的视图

③ 在"页眉"的左侧和右侧分别写入"科源有限公司""行政部"等字样，并选中这些文字，将其设为楷体-GB2312、小四号、倾斜、深蓝色，如图 1.47 所示。

图 1.47 页眉编辑示例

【提示】

① 页眉和页脚处的文字输入和编辑操作，与正文部分是一样的。

② 用户若不需要页眉的分隔线，可在选中页眉的段落后，使用【格式】→【边框和底纹】命令，弹出"边框和底纹"对话框，在"边框"对话框中取消应用于段落的边框。

③ 单击"页眉和页脚"工具栏上的【在页眉和页脚间转换】按钮，切换到页脚编辑区，如图 1.48 所示。在"页眉和页脚"工具栏上单击【插入"自动图文集"】命令，在下拉列表中选择"第 X 页 共 Y 页"选项，系统则将自动插入有当前页码 X 和文档页数 Y 的文字、将字体设为小五号、居中对齐。

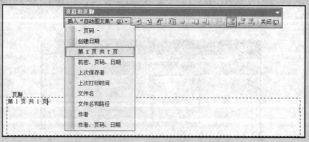

图 1.48 页脚编辑示例

【提示】

① 用户在给文档添加页眉和页脚时，也可以在图 1.49 所示的"页眉和页脚"工具栏中，利用【自动图文集】、【插入页码】、【插入页数】、【插入日期】、【插入时间】等工具按钮，自动插入页码、日期等内容。

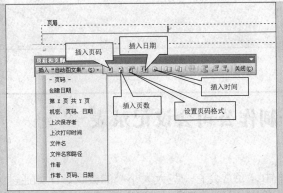

图 1.49　添加"页眉和页脚"工具栏中的插入"自动图文集"

②　"自动图文集"会根据当前文字的字体呈现不同的选择，若当前字体为中文字体，则会出现如图 1.49 所示的选项，若为英文字体，则出现图 1.50 所示的选项。

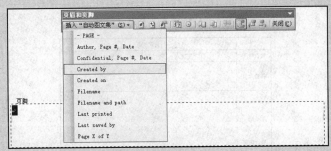

图 1.50　英文字体时的"自动图文集"选项

③　单击"页眉和页脚"工具栏上的【关闭】命令，或在正文文字区双击鼠标，关闭页眉和页脚的编辑视图，回到正文编辑视图。

（11）预览，如有不合适处，继续修改，当文档效果如图 1.33 所示时，可打印文档，完成所有操作后关闭文档。

【案例小结】

通过本案例的学习，读者可学会 Word 文档的创建、保存、页面设置、文档的录入、编辑等操作，对文档中字符的字体、颜色、大小以及字型的设置，段落的缩进、间距和行距的设置以及利用项目符号和编号对段落进行相关的美化和修饰，还可学会对页面的页眉和页脚等进行相应的设置以及打印机的安装、文档的预览和打印文档等行政部门工作中常用的操作。

📖 学习总结

本案例所用软件	
案例中包含的知识和技能	
你已熟知或掌握的知识和技能	
你认为还有哪些知识或技能需要进行强化	

案例中可使用的 Office 技巧	
学习本案例之后的体会	

1.2 案例 2 制作公司会议记录表

【案例分析】

在公司的行政管理中，经常会有一些大大小小的会议，比如通过会议来进行某项工作的分配、某个文件精神的传达或某个议题的讨论等，这就需要用户制作会议记录表来记录会议的主题、时间、主要内容、形成的决定等。本案例将利用 Word 来为公司制作一份会议记录表，案例主要涉及的知识点包括表格的创建、表格内容的编辑、表格格式的设置，制作好的会议记录表如图 1.51 所示。

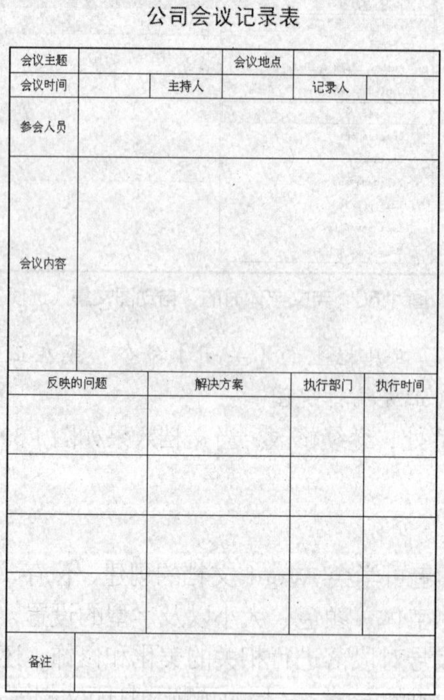
公司会议记录表

会议主题			会议地点		
会议时间		主持人		记录人	
参会人员					
会议内容					
反映的问题		解决方案		执行部门	执行时间
备注					

图 1.51 “会议记录表”效果图

【解决方案】

步骤 1 新建并保存文档

（1）启动 Word 2003 程序，新建空白文档“文档 1”。

（2）将创建的新文档以“公司会议记录表”为名，保存类型为“文档模板”，保存到“D:\科源有限公司\行政部\”文件夹中，如图 1.52 所示。

【小知识】

模板就是 Office 为我们提供的各种文档的比较固定的模式，这些模板可以在编辑文档时直接引用，为工作提供更多的方便；模板可以是 Office 中已有的，也可以自己添加，引用模板时，单击“文件”菜单中的【新建】命令，选择所需的模板即可。

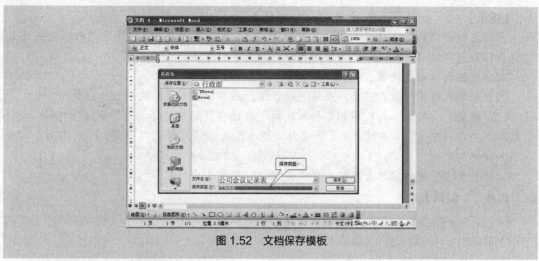

图 1.52 文档保存模板

步骤 2 输入表格标题

（1）在文档开始位置输入表格标题文字"公司会议记录表"。

（2）按【Enter】键换行。

步骤 3 创建表格

（1）选择【表格】→【插入】→【表格】命令，打开如图 1.53 所示"插入表格"对话框。

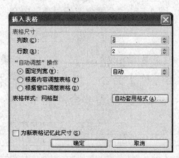

图 1.53 "插入表格"对话框

（2）通过观察图 1.51 所示的"公司会议记录表"可知，用户需要创建 1 个 10 行 6 列的表格，所以用户在对话框中分别输入要创建的表格列数为"6"，行数为"10"。

（3）单击【确定】按钮，出现如图 1.54 所示表格。

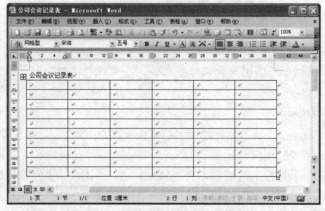

图 1.54 创建了 1 个 10 行 6 列的表格

【提示】

系统自动创建的表格会以纸张的正文部分，即左右边距之间的宽度，平均分成表格列数的宽度作为列宽，以1行当前文字的高度作为行高绘制表格。

创建表格的常用方法有3种。

（1）利用表格菜单打开“插入表格”对话框，在其中输入表格的列数和行数。

（2）使用“常用”工具栏中的【插入表格】按钮，拖曳鼠标构造需要的行数和列数。

（3）使用“常用”工具栏中的【表格和边框】按钮，从外边框开始，依次手动绘制外边框和内部的框线。

对于初学者，我们推荐使用前两种比较标准的创建方法。

步骤4　编辑表格

（1）编辑表格内容。在图1.55所示表格中输入内容，每输完1个单元格中的内容，可按【Tab】键切换至下一单元格继续输入。

会议主题			会议地点		
会议时间		主持人		记录人	
参会人员					
会议内容					
反映的问题		解决方案		执行部门	执行时间
备注					

图1.55　“公司会议记录表”内容

（2）合并单元格。

① 选中表格第1行的第2和第3单元格。

② 选择【表格】→【合并单元格】命令，将选定的单元格合并为一个单元格。

③ 类似地，如图1.56所示，合并其他需要合并的单元格。

<table>
<tr><td>会议主题</td><td colspan="2"></td><td>会议地点</td><td colspan="2"></td></tr>
<tr><td>会议时间</td><td></td><td>主持人</td><td></td><td>记录人</td><td></td></tr>
<tr><td>参会人员</td><td colspan="5"></td></tr>
<tr><td>会议内容</td><td colspan="5"></td></tr>
<tr><td colspan="2">反映的问题</td><td colspan="2">解决方案</td><td>执行部门</td><td>执行时间</td></tr>
<tr><td colspan="2"></td><td colspan="2"></td><td></td><td></td></tr>
<tr><td colspan="2"></td><td colspan="2"></td><td></td><td></td></tr>
<tr><td colspan="2"></td><td colspan="2"></td><td></td><td></td></tr>
<tr><td colspan="2"></td><td colspan="2"></td><td></td><td></td></tr>
<tr><td>备注</td><td colspan="5"></td></tr>
</table>

图1.56　编辑后的“公司会议记录表”

（3）保存文件。

【提示】

合并单元格的操作也可选中要合并的单元格，单击鼠标右键，从快捷菜单中选择【合并单元格】命令。

步骤5　美化表格

（1）设置表格标题格式。将表格标题文字的格式设置为：黑体、二号、居中、段后间距1行。

① 选中标题文字“公司会议记录表”。

② 利用“格式”工具栏上的按钮，将字体设置为“黑体”、字号设置为“二号”。

③ 利用“格式”工具栏上的按钮，将段落的对齐方式设置为“居中”。

④ 利用“段落”对话框，将其段后间距设置为1行。

（2）设置表格内文本的格式。

① 选中整张表格。将鼠标指针移到表格上时，表格左上角将出现"⊞"符号，单击该符号，可选中整张表格。

② 利用"格式"工具栏上的按钮，将字体设置为"宋体"、字号设置为"小四"。

③ 将表格中已输入内容的单元格的对齐方式设置为"中部居中"（空白单元格除外）。

【提示】

"格式"工具栏上的【段落对齐】按钮只是设置了文字在水平方向上的左、中或右对齐，而在表格中，既要考虑文字水平方向的对齐，又考虑在垂直方向的对齐，所以这里使用了单元格中"中部居中"方式，使单元格中的内容处于单元格的正中位置。

（3）设置表格行高。

① 使用"表格属性"对话框调整行高。将表格第1、2行的行高设置为0.8厘米，第3、6、7、8、9、10行的行高设置为2厘米。

a. 选中表格第1、2行。

b. 选择【表格】→【表格属性】命令，打开"表格属性"对话框。

c. 切换到"行"选项卡，设置表格的行高，选择"指定高度"复选框，指定高度为0.8厘米，如图1.57所示，单击【确定】按钮。

d. 类似地，选中表格第3、6、7、8、9、10行，将行高设置为2厘米。

② 使用鼠标指针调整第4行的行高。将鼠标指针指向"会议内容"一行的下框线，鼠标指针变为"⬍"形状时，按住鼠标左键向下拖曳，增加"会议内容"一行的行高。

设置表格行高后的表格效果如图1.58所示。

图1.57　设置表格行高

图1.58　设置表格行高后的表格效果

【提示】

调整表格列宽的方法类似于行高，可使用"表格属性"对话框的"列"选项卡设置选定列的列宽，也可使用鼠标指针调整选定列的列宽。用户在调整过程中，如不想影响其他列宽度的变化，可在拖曳时按住【Shift】键；若想实现微调，可在拖曳时按住【Alt】键。

（4）设置表格的边框样式。将表格的内边框线条设置为3/4磅的黑色实线，外框线设置为1½磅的黑色实线。

① 选中整张表格。

② 选择【格式】→【边框和底纹】命令，打开"边框和底纹"对话框。

③ 切换到"边框"选项卡，设置为"全部"框线，线型为"实线"，宽度为"3/4 磅"，可以在右侧的"预览"框中看到效果，如图 1.59 所示。

④ 单击右侧的"预览"中的外框线处，将细实线的外框线取消掉，如图 1.60 所示。

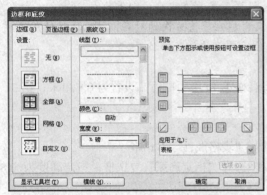

图 1.59　设置全部框线为 3/4 磅的黑色实线　　　　图 1.60　取消表格外框线

【提示】

取消表格某处的线条，用户也可以单击预览表格效果图的外围的各处框线按钮。如实现上步中的效果，也可以单击▔、▇、▏和▕按钮，使其由凹陷状态变为凸起。即若某线条在表格中显现，该按钮就是凹陷的；若某处没有线条，则该处的按钮是凸起的。

⑤ 选择宽度是 1/2 磅的实线，再单击表格的外框线处或外框线的按钮，使外框应用1½磅的黑色实线，如图 1.61 所示，单击【确定】按钮。

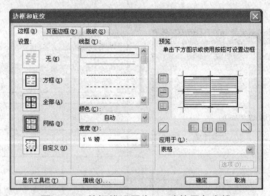

图 1.61　外框线设置为1½磅的黑色实线

（5）保存文档。

【拓展案例】

1. 制作文件传阅单，如图 1.62 所示。

文件传阅分为分传、集中传阅、专传和设立阅文室。分传是按照一定顺序，分别将文件传送给有关领导人批阅；集中传阅是利用机关领导集中学习或开会的机会，将紧急而又简短的传阅件集中传阅；专传是专人传送给领导人审批的过程；设立阅文室是由秘书工作人员管理，阅文人到阅文室阅读文件。文件传阅单是文件在传递过程中的记录单。

来文单位		收文时间		文号		份数	
文件标题							
传阅时间	领导姓名		阅退时间		领导阅文批示		
备注							

图 1.62　文件传阅单

2．制作收文登记表，如图 1.63 所示。

收文登记是行政部门日常工作中非常重要的一个环节，收到的公文在启封后，由收发人员记载收文日期、来文机关、来文字号、文件标题、密级等信息。

收文日期		来文机关	来文原号	秘密性质	件数	文件标题或事由	编号	处理情况	归档号	备注
月	日									
收文机关：					收文人员签字：					

图 1.63　收文登记表

【拓展训练】

发文和收文是机关或企事业单位行政部门工作中非常重要的一个环节，发文单用于机关、企事业单位拟发文件作记载用，该案例主要涉及的知识点是表格的创建、表格格式的设置以及表格内容的录入和内容格式设置，制作好的发文单如图 1.64 所示。

科源有限公司发文单

密级：

签发人：	规范审核	核稿人：
	经济审核	核稿人：
	法律审核	核稿人：
主办单位：	拟　稿　人	
	审　稿　人	
会签：	共打印　　份，其中文　　份，附件　　份	
	缓　急：	
标题：		
发文　　字［　　］第　　号　　年　　月　　日		
附件：		
主送：		
抄报：		
抄送：		
抄发：		
打字：　　　　　校对：　　　　　　　监印：		
主题词：		

图 1.64　"发文单"效果图

操作步骤如下。

（1）新建空白文档，以"科源公司发文单"为名，保存类型为"文档模板"，保存到"D:\科源有限公司\行政部\"文件夹中。

（2）制作表格标题。

① 参照图 1.64 所示，录入"科源有限公司发文单"表格标题文字。

② 将标题格式设置为黑体、小二号、居中。

（3）创建表格。

① 单击图 1.65 所示的"表格"菜单中的"插入"选项中的【表格】命令，打开图 1.66 所示的"插入表格"对话框。

② 在对话框中将列数设为 3 列、行数设为 16 行，建立一个 3 列 16 行的表格，如图 1.67 所示。

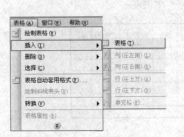

图 1.65　插入表格菜单

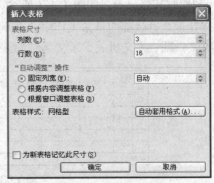

图 1.66　插入表格对话框

图 1.67　3 列 16 行的表格

【提示】

用户建立表格时，还可以单击如图 1.68 所示的"表格和边框"工具栏上的【插入表格】按钮或者单击图 1.69 所示的"常用"工具栏上的【插入表格】按钮。

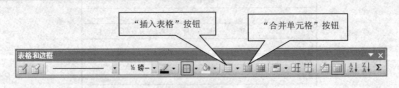

图 1.68　"表格和边框"工具栏

图 1.69　"常用"工具栏

（4）合并单元格。选中表格第 1、2、3 行的第 1 单元格，单击图 1.68 所示的"表格和边框"工具栏上的【合并单元格】按钮，将其合并为 1 个单元格，仿照样表将其余需要合并的单元格用相同的方法合并为一个单元格。

（5）录入并设置表格文字。

① 在各单元格中录入图 1.64 所示表格中的文字。

② 选中表格的文字，在"字体"对话框中或"格式"工具栏上将表格内的文字设置为宋体、小四号。

（6）设置单元格对齐方式。

① 选中合并后的第 1、2、3 行的第 1 单元格，单击"表格和边框"工具栏上的【对齐】按钮，将选中的内容设为中部两端对齐方式，如图 1.70 所示。

对齐按钮

图 1.70　表格和边框工具栏

② 表格其余单元格中内容的对齐方式参照图 1.64 进行。

【提示】

设置单元格对齐方式也可先选中要设置对齐方式的单元格，然后单击鼠标右键，从快捷菜单中选择单元格对齐方式命令，出现如图 1.70 所示的【对齐】按钮后进行设置。

（7）设置表格边框。

① 选中整个表格，单击【格式】→【边框和底纹】命令，打开图 1.71 所示的"边框和底纹"对话框。

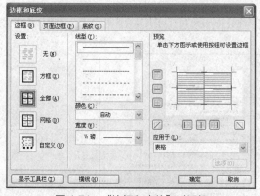

图 1.71　"边框和底纹"对话框

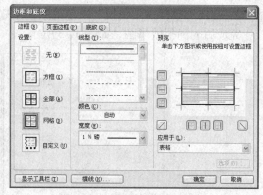

图 1.72　设置表格边框

② 分别将表格的内外框线设置为 3/4 磅和 1 1/2 磅，制作完毕的表格如图 1.64 所示。

（8）保存并关闭文件。

【案例小结】

本案例通过讲解制作"公司会议记录表""文件传阅单""收文登记表"以及"公司发文单"等表格，可使读者学会创建表格及表格中单元的合并、拆分等表格的编辑操作，同时使读者掌握表格内文本的对齐设置等操作方法，并能使读者学会对表格边框和表格中其他内容进行相应的设置。

📖 学习总结

本案例所用软件	
案例中包含的知识和技能	
你已熟知或掌握的知识和技能	
你认为还有哪些知识或技能需要进行强化	
案例中可使用的Office技巧	
学习本案例之后的体会	

1.3 案例3 制作公司工作简报

【案例分析】

简报是由组织（企业）内部编发的用来反映情况、沟通信息、交流经验、促进了解的书面报道。简报有一定的发送范围，起着"报告"的作用。简报应包括如下内容：（1）报头，包括简报名称、期数、编写单位、日期；（2）正文，包括标题、前言、主要内容、结尾，包括（3）报尾：抄报抄送单位、发送范围、印数等；（4）简报后可附附件。

完成后的简报效果图，如图1.73所示。

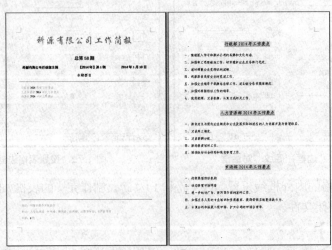

图1.73 公司简报效果图

【解决方案】

步骤1 新建并保存文档

（1）启动 Word 2003 程序，新建一个空白文档。

（2）以"公司简报–58期"为名保存至"D:\科源有限公司\行政部\"文件夹中。

步骤 2　设置简报页面

（1）设置页面大小和方向。将页面纸张大小设置为 A4、纸张方向为纵向。

（2）设置页边距分别为：上 2.5 厘米、下 2.3 厘米、左 2 厘米、右 2 厘米。

步骤 3　编辑简报

（1）录入图 1.74 所示的简报文字。

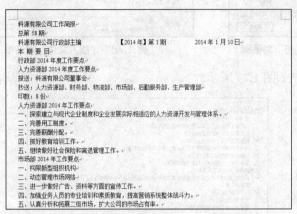

图 1.74　工作简报内容

【提示】

① 在用户录入有顺序的编号段落时，Word 2003 办公软件通常会自动识别为自动编号，故进入下一段时，会自动延续这样编号风格，并自动增加数值，如图 1.75 所示。

② 用户如果不需要自动编号，可以按【Esc】键，或单击出现自动编号的文字左侧的【自动更正选项】按钮，在弹出的下拉列表中选择"撤消自动编号"选项，如图 1.76 所示。

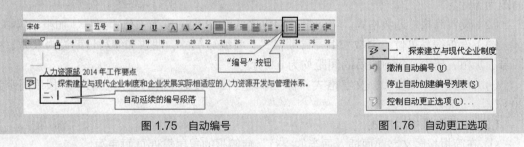

图 1.75　自动编号　　　　　　　　　　图 1.76　自动更正选项

（2）分页。

简报的封面和正文分别位于第一页和后面的页面，这里需要用户手工分页操作。将光标置于正文文字部分，选择【插入】→【分隔符】命令，打开"分隔符"对话框，如图 1.77 所示，选择"分节符类型"中的"下一页"，将这些文字分页到下一个页面。

（3）插入"行政部 2014 年工作要点"的文字。

这里，我们假定事先已做好一份"行政部 2014 年工作要点"文档，现在只需将做好的文件插入到当前文档中。

① 将光标置于需要添加行政部内容的插入点处（第二页的首行位置）。

② 单击【插入】→【文件】命令，打开图 1.78 所示为"插入文件"对话框，在其中选择"行政部 2014 年工作要点"文档，双击该文档或单击对话框中的【插入】按钮以确定插入该文档的内容。

图 1.77 "分隔符"对话框

图 1.78 "插入文件"对话框

③ 插入后的文档如图 1.79 所示。

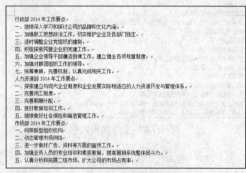

图 1.79 插入文档后的效果

步骤 4　制作简报封面

（1）设置简报标题格式。将简报标题字体设为华文行楷、小初、红色；居中对齐，段后间距为 1 行。

（2）设置简报总期数格式。将简报总期数"总第 58 期"设为宋体、三号、加粗、居中。

（3）设置编写单位、期数和编写日期格式。将编写单位、期数和编写日期设为宋体、小四号、加粗、居中，段前段后的间距均为 0.5 行。

（4）设置"本期要目"文字格式。将"本期要目"设为宋体、四号、居中、段后间距为 20 磅。

（5）设置简报报尾格式。

① 在简报报尾文字前面插入适当的空行，使简报的报尾靠近页面底端。

② 将报尾的 3 行文字设为宋体、五号、1.5 倍行距。

（6）绘制简报中报头和报尾的分隔线。

① 利用 Word 提供的"绘图"工具栏中的"直线" ＼工具，在"本期要目"一行的下方绘制一条实线。

② 选中绘制的直线，利用"绘图"工具栏中的【线型】按钮，将其设置为 1.5 磅，再利用"线条颜色"工具将该直线颜色设置为红色，如图 1.80 所示。

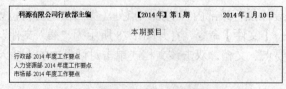

图 1.80　绘制线条线型为 1.5 磅的红色直线

【提示】

　　用户在绘制线条时，Word 2003 办公软件会自动弹出一个画布，如果用户要取消"画布"可按【Esc】键退出画布，或者单击【工具】→【选项】命令，在"常规"选项卡中取消勾选插入"自选图形"时自动创建绘图画布复选框。

　　③ 选中该直线，复制一条直线后移动至报尾的上方，如图 1.81 所示。

> 报送：科源有限公司董事会
>
> 抄送：人力资源部、财务部、物流部、市场部、后勤服务部、生产管理部
>
> 印数：8 份

图 1.81　复制并移动到报尾上方的直线

　　④ 预览一下页面的排版效果，如图 1.82 所示，如果各处不是十分合理，可做一些调整，以使页面美观。完成后关闭预览状态，回到页面视图。

步骤 5　美化修饰简报正文

（1）设置 3 个正文标题的格式。

　　① 设置字体格式。按住【Ctrl】键，使用鼠标选中 3 个正文的标题文字"行政部 2014 年工作要点""人力资源部 2014 年工作要点"和"市场部 2014 年工作要点"，设置字体为"楷体 GB-2312"、三号；单击【下画线】按钮选择"点式下画线"，为文字添加下画线；再单击【字符底纹】按钮为文字添加字符底纹。

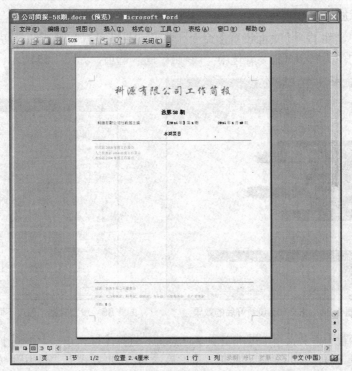

图 1.82　预览封面的效果

　　② 设置段落格式。将段落对齐方式设置为"居中"；再选择【格式】→【段落】命令，打开"段落"对话框，设置段间距为段前 1.8 行、段后 0.5 行，段落行距为 1.5 倍。设置完成后可看到"格式"工具栏上的相应按钮均为凹陷状态，如图 1.83 所示。

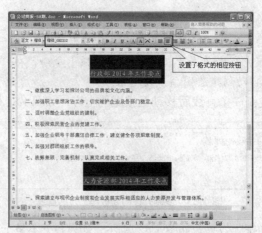

图 1.83　正文标题设置好后的效果

【提示】

用户在设置距离、粗细等使用磅值或数字的单位的具体值时，既可以通过微调按钮实现上调下调，也可以自行输入设置的数值，如上述的"1.8 行"段前间距。

（2）设置正文其他文字格式。

① 选中正文其他文字。

② 设置字体为仿宋、12 磅，并在"格式"工具栏的【字体颜色】按钮处选择"深蓝色"；再选择【格式】→【段落】命令，设置行距为"固定值"28 磅，设置好的效果如图 1.84 所示。

步骤 6　添加页码

（1）选择【文件】→【页面设置】命令，打开"页面设置"对话框，切换到"版式"选项卡，在其中的"页眉和页脚"处选中"首页不同"选项，如图 1.85 所示。

图 1.84　正文文字设置好后的效果

图 1.85　设置文档"首页不同"的页面和页脚

（2）将光标置于正文文字（即非首页）任意处，选择【插入】→【页码】命令，打开"页码"对话框，设置要添加的页码位置在"页面底端"，对齐方式为"居中"，如图 1.86 所示。

（3）单击该对话框中的【格式】按钮，弹出图 1.87 所示的"页码格式"对话框，用户可以设置页码数字的格式，这里选择带横线的页码，"在页码编排"处选择本节的起始页码为"1"，选好后单击【确定】按钮回到"页码"对话框，再单击【确定】按钮以应用于文档正文，效果如图 1.88 所示。

图 1.86 "页码"对话框中的设置 　　图 1.87 "页码格式"对话框

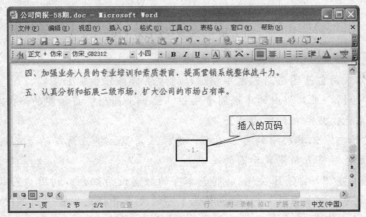

图 1.88 插入的页码

步骤 7　预览整体效果。

（1）完成所有美化修饰后，选择【文件】→【打印预览】命令，预览文档效果，并利用【多页】按钮用鼠标拖动选择 1×2 页，即 1 行 2 页，其效果如图 1.89 所示。

用户如需打印，可使用【打印】命令实现。文档如有不妥之处，可返回"页面"视图继续编辑修改。

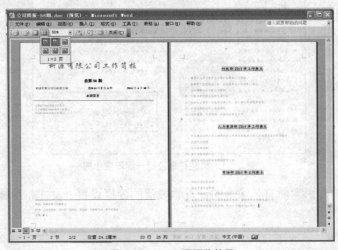

图 1.89 　1×2 页预览效果

（2）所有工作完成后，保存文档并关闭窗口。

【拓展案例】

制作图 1.90 所示的企业成立公告。

图1.90　企业成立公告效果图

【提示】

图章的制作采用自选图形与艺术字相结合的方法，操作步骤如下。

① 单击"绘图"工具栏中的【椭圆】按钮，画一个圆形，将该圆的线条颜色设为红色，填充颜色设为无色，线条粗细设为2.25磅。

② 单击"绘图"工具栏中的自选图形，选择五角星，将五角星的填充颜色设为红色，线条颜色设为无色，将五角星置于圆的正中。

③ 插入艺术字"科源有限公司"，将艺术字的颜色设为红色，利用"艺术字"工具栏将艺术字的形状设为"细上弯弧"，然后调整艺术字的大小并将文字置于圆形中的合适位置。

④ 选中以上的正圆、艺术字和五角星图形，单击"绘图"工具栏中的【组合】按钮，将三者组合为一个整体即可。

【拓展训练】

1. 根据图1.91所示的效果图制作一份科源有限公司一周年庆小报。

图1.91　科源有限公司一周年庆小报

该案例涉及的知识主要有艺术字的设置、段落的分栏设置、文本框的操作、图片的设置等内容。

操作步骤如下。

（1）新建文件并保存。

（2）根据小报需要的版面大小，设置页面。

① 纸张大小为A4、方向为横向，页边距为左右各2.5厘米、上下各2.3厘米。

② 在"页面设置"对话框的"版式"选项卡中，设置页眉和页脚分别距纸张的边界1.2厘米和1厘米，如图1.92所示。

图 1.92　设置"版式"对话框

（3）录入周年庆小报正文文字。

科源有限公司创办一周年以来，在广大员工的精心呵护下，正越来越兴旺地发展起来。一周年，是蓬勃向上的年龄，是茁壮成长、前途无量的年龄，也是走向成熟发展的年龄。越过曲曲折折、沟沟坎坎的困难时期，凭风华正茂的年龄、凭公司各级领导的正确决策、凭公司领导积累的成熟经验和认真负责的精神，再加上我们吃苦耐劳的精神，任何摆在我们面前的困难都将被我们打败。

目前公司形势大好，任务比较饱满，在当今竞争激烈的形势下，我们公司有今天的氛围，也说明了公司的领导集体精力充沛，能把握住形势、拓展未来。在公司条件相当艰苦的情况下，我们能够战胜困难，发展到今天这个地步，实属不易，这充分体现了我们公司领导集体的聪明智慧，我们公司领导是有战斗力的，我们广大员工是有信心的。

放眼当前，我们公司领导比任何时候都更切合实际、更加务实。随着形势的好转，公司领导越来越注重人性化管理。我们现在有这样的公司领导，有现在公司来之不易的大好形势，我们要珍惜今天、放眼明天，公司上下团结一致、同舟共济，把公司建设得更美好。美好的曙光就在前面。最后，在公司成立一周年之际，祝公司兴旺发达。

（4）制作小报标题。

① 选择【插入】→【图片】→【艺术字】命令，弹出图 1.93 所示的"艺术字库"对话框。

② 选择需要的艺术字样式后单击【确定】按钮，弹出图 1.94 所示的"编辑'艺术字'文字"对话框，在对话框中输入标题文字，并进行字体、字号等设置（如需修改艺术字文字，双击艺术字，系统将弹出同样的对话框，在对话框中修改文字即可）。

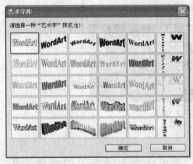

图 1.93　"艺术字库"对话框

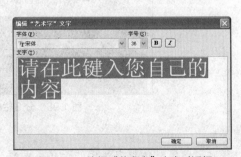

图 1.94　编辑"艺术字"文字对话框

③ 选中艺术字，单击鼠标右键，从弹出的快捷菜单中选择设置艺术字格式命令，切换到"版式"选项卡，如图 1.95 所示。再单击【高级】按钮，打开"高级版式"对话框，在其中选

择"上下型",并设置下方距正文 0.3 厘米,如图 1.96 所示,单击【确定】按钮。

 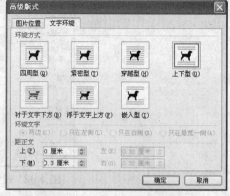

图 1.95　在"设置艺术字格式"对话框中对版式进行设置　　　图 1.96　"高级版式"对话框

【提示】
① 在设置艺术字格式,也可以在"格式"菜单中找到该命令。
② 在版式设置中,对环绕方式进行设置,就是设置对象位于文字中时,对象与文字的关系,如设置为四周型,则对象的四周会环绕文字。

（5）对正文进行分栏设置。
先在正文最后增加一个空白段落,选中除该段之外的正文所有文字,选择【格式】→【分栏】命令,弹出图 1.97 所示的"分栏"对话框,选择栏数为 2 栏,设置栏宽相等,应用于"所选文字",单击【确定】按钮,获得分栏的效果如图 1.98 所示。

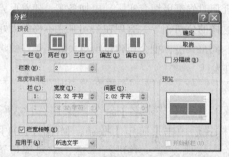

图 1.97　"分栏"对话框中设置栏宽相等的两栏

图 1.98　分 2 栏的正文文字

【提示】
① 栏时,除了对话框中列出的一栏、两栏、三栏、偏左和偏右的预设效果之外,还可以分更多栏,这取决于纸张宽度、边距、各栏的栏宽和间距的数值,只要纸张中正文的宽度够大,就可以在其中进行更多栏数的分栏。
② 分栏时,每栏之间还可以添加一条分隔线,只需在"分栏"对话框中选中"分隔线"

选项即可，但系统默认的分隔线是黑色细实线，用户如果需要其他线条作为分隔线，只能自己添加自绘图形中的相应线条。

（6）设置正文文字及段落格式。

① 选中正文部分的文字，设置字体为华文行楷、小四号，设置段落格式首行缩进 2 字符。

② 为文档进行整体美化修饰，可使用"常用"工具栏上的【显示比例】命令，选择比较小的显示比例以便查看全纸的效果，这里我们选择 75% 的比例后，窗口效果如图 1.99 所示。

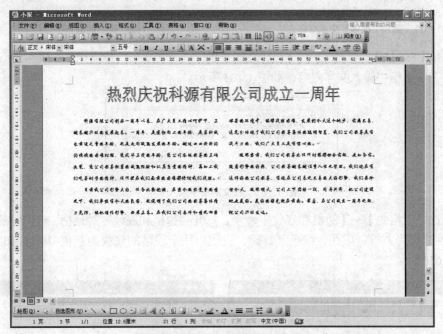

图 1.99　选择显示比例为 75% 的效果

（7）设置正文第一段"首字下沉"。

① 选中需要设置首字下沉的段落，或将光标置于需要设置首字下沉的段落中。

② 选择【格式】→【首字下沉】命令，弹出如图 1.100 所示的"首字下沉"对话框，在其中选择"下沉"的方式，字体为"华文行楷"，下沉行数为"2"，单击【确定】按钮。

图 1.100　"首字下沉"对话框

（8）制作文本框。

① 选择【插入】→【文本框】→【横排】命令，如图 1.101 所示，系统在文档中自动插入一个绘图画布，如图 1.102 所示。

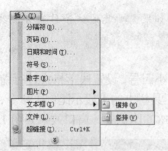

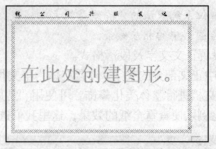

图 1.101 插入"横排"文本框命令　　　　图 1.102 弹出的画布

② 按【Esc】键取消画布，按住鼠标左键拖曳，画出文本框，并调整文本框的大小和位置。

③ 在文本框中输入文字内容，如图 1.103 所示。

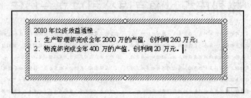

图 1.103 在文本框中录入文字

④ 选择【格式】→【边框和底纹】命令，打开"边框和底纹"对话框，在其中设置应用于文字的边框为方框、虚线、绿色、1 磅，设置应用于段落的底纹为灰色-10%，如图 1.104 和图 1.105 所示。

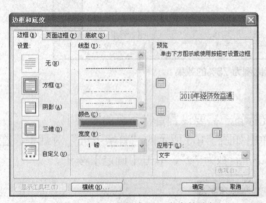

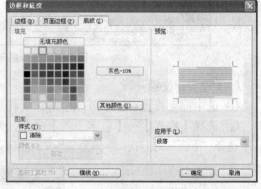

图 1.104 设置应用于文字的边框　　　　图 1.105 设置应用于段落的底纹

⑤ 设置完成后，根据文字内容调整文本框的大小，并选中文本框边沿，利用"绘图工具栏"设置文本框的边框为蓝色、6 磅线型，如图 1.106 和图 1.107 所示。

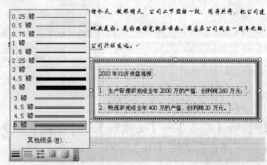

图 1.106 利用"绘图工具栏"设置"线条颜色"　　　　图 1.107 利用"绘图工具栏"设置"线型"

【提示】

① 用户在调整文本框这样的图形对象的大小时，可以先按住【Alt】键，再使用鼠标拖动边沿，以实现微调。

② 如果用户需要调整图形对象的位置，可选中对象外框，使用鼠标或按【Ctrl】+【↑】、【↓】、【←】、【→】组合键实现位置的微调。

③ 设置文本框的边框，也可以双击文本框的边框，弹出图1.108所示的"设置文本框格式"对话框，在"线条与颜色"选项卡中进行相关设置。

⑥ 利用"设置文本框格式"对话框，切换到"版式"选项卡，设置文本框的环绕方式为"四周型"，如图1.109所示。

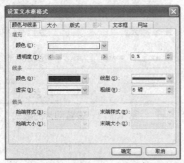 

图 1.108　"设置文本框格式"对话框　　　图 1.109　设置文本框为"四周型"环绕

（9）插入图片并设置图片格式。

① 选择【插入】→【图片】→【来自文件】命令，弹出图1.110所示的对话框，选择"公司文档"文件夹中的公司.jpg，双击图片或单击【插入】按钮，将所需的图片插入到当前文档中，如图1.111所示。

图 1.110　"插入图片"对话框

图 1.111　在当前文档中插入一张图片

② 双击图片，弹出"设置图片格式"对话框，系统在相应的选项卡中对图片的颜色、大小和版式进行设置。在"大小"选项卡中设置图片的高度为 4 厘米，选中锁定"纵横比"复选框，系统自动获得图片宽度为 5.37 厘米；切换到"版式"选项卡，设置为"紧密型"环绕方式，如图 1.112 和图 1.113 所示。

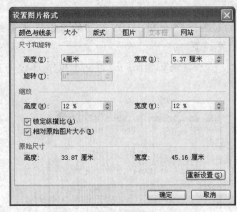

图 1.112　设置图片大小　　　　　　图 1.113　设置图片的版式

③ 移动图片到文档的合适位置。

（10）插入自绘图形。

① 利用"绘图"工具栏上的"自选图形"命令，在其中选择需要插入的"星与旗帜/前凸带形"，如图 1.114 所示，并在文档中利用鼠标拖出前凸带形的形状，如图 1.115 所示。

　　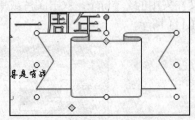

图 1.114　插入"前凸带形"自选图形　　　图 1.115　利用鼠标绘制的前凸带形图形

② 插入艺术字，选择如图 1.116 所示的字库后，在如图 1.117 所示的对话框中输入文字"KEYUAN"，并设置字体为 Harrington、24 磅、加粗，利用"艺术字"工具条上的【文字环绕】按钮，设置环绕方式为"浮于文字上方"。

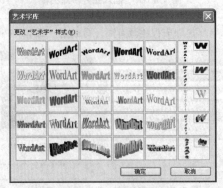

图 1.116　选中艺术字的字库

③ 将艺术字移至前凸带形之上合适的位置，然后调整前凸带形的大小，以适应艺术字。再按住【Shift】键，将前凸带形和艺术字一起选中，单击鼠标右击，在弹出的快捷菜单中选中【组合】命令中的【组合】子命令，将 2 个对象组合成 1 个。

【提示】
　① 自选图形如果无需旋转，用户可以在选中该对象时，单击鼠标右键并在快捷菜单中选择添加文字命令，获得输入点后在其中输入文字，并进行字体设置即可。添加的文字无法以一定角度来跟随图形的旋转。
　② 自选图形对象通常都有一个或多个黄色的调整手柄，用户可以利用它们对图形的多处进行如角度、深度、倾斜度、线条弯度等的修改设置。
　③ 选中组合好的对象，单击鼠标右键，在弹出的快捷菜单中选择设置对象格式命令，在弹出的"设置对象格式"对话框中设置该对象的环绕方式为"紧密型"。

④ 利用图形的绿色旋转柄，旋转一定的角度，效果如图 1.118 所示。

图 1.117　设置艺术字文字格式

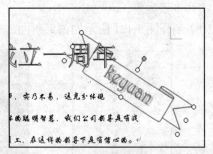

图 1.118　旋转图形至合适的角度

（11）预览效果，出现图 1.119 所示的情况，有部分文字掉到第二页去了，这时就需要用户重新调整各对象的位置和文字的行距。

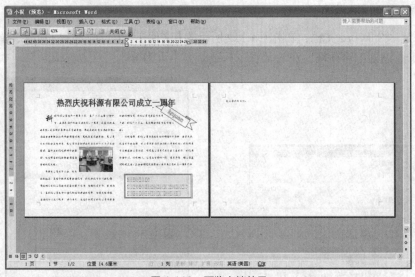

图 1.119　预览文档效果

① 将各个对象的位置移动至合适处。
② 重新选中正文文字，调整段落行距为固定值 26 磅。
③ 结合预览，逐步完成对所有对象的调整，最终获得图 1.91 所示的效果。

【提示】

用户在设置行距时，可以使用多倍行距，也可以设置为固定值，但是有时多倍行距不起作用，就只能通过固定磅值的行距来进行设置。

（12）制作完成后，再次保存文档，关闭文档窗口。

2．制作一份科源有限公司的订货会请柬，并将请柬保存为模板

请柬，也叫请帖，是单位或个人为邀请客人而发出的专用通知书。使用请柬，既表示主人对事件的郑重态度，又表明主人对客人的尊敬，拉近主客间的关系，还可使客人欣然接受邀请。按内容分，请柬有喜庆请柬和会议请柬。会议请柬格式与喜庆请柬格式大致相同，均由标题、正文、落款 3 部分组成：（1）标题写上"请柬"二字；（2）正文写明被邀人与活动内容，如纪念会、联欢会、订货会、展销会等，不仅要写明活动的时间和地点，还要写上"敬请光临"等；（3）落款写上发出请柬的个人或单位名称和日期，通用格式如图 1.120 所示。本案例涉及到艺术字、文本框以及自选图形等知识点的综合运用。

操作步骤如下。

（1）制作图 1.121 所示的请柬封面，操作过程如下。

图 1.120　请柬通用格式　　　　　　　　　图 1.121　请柬封面

① 新建一个 Word 文档，单击图 1.122 所示的【文件】→【页面设置】命令，弹出图 1.123 所示的"页面设置"对话框，在对话框中将纸张大小设为 B5。

图 1.122　"文件"菜单中的页面设置命令　　　图 1.123　"页面设置"对话框

② 插入一个矩形自选图形，如图 1.124 所示，将鼠标置于矩形的右下角，拖动矩形大小控制按钮，将矩形的大小调整为 B5 纸张大小。

③ 双击矩形自选图形，在图 1.125 所示的"设置对象格式"对话框中，单击"颜色与线条"选项卡，将填充颜色设为红色，将线条设为无线条颜色，即将请柬封面底色设为红色。

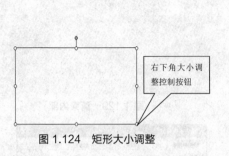

图 1.124　矩形大小调整　　　　　　图 1.125　"设置对象格式"对话框

④ 选择【插入】→【图片】→【剪贴画】命令，在请柬封面中插入如图 1.126 和图 1.127 所示的剪贴画，并参照图 1.121 调整剪贴画的大小和位置。

图 1.126　剪贴画 1　　　　　　　　　图 1.127　剪贴画 2

⑤ 选择【插入】→【图片】→【艺术字】命令，插入艺术字"邀"；用鼠标右键单击艺术字，在弹出的快捷菜单中选择设置"艺术字格式"命令，在图 1.128 所示的对话框中，将该艺术字的填充颜色设置为褐色、线条颜色设置为无线条颜色，再将艺术字字体设置为隶书，字号为 54。

⑥ 调整艺术字"邀"的位置，使其位于如图 1.121 所示的剪贴画之上，并将剪贴画与艺术字进行组合，也可将封面中所有的图形对象进行组合，形成一个整体。

⑦ 请柬的封面制作完毕，如图 1.121 所示。

【提示】
　　在文档的图形处理过程中，当有多个图形时，包括图片、自选图形、艺术字、文本框等，用户都可将这些图形进行组合，形成一个整体，以防止各图形移位。操作方法为：选中需要组合的图形，单击"绘图"工具栏中的【绘图】按钮，选择【组合】命令。

（2）制作请柬内部，操作过程如下。

① 请柬内部效果图，如图 1.129 所示。

② 在文档中插入分页符，在第二页中制作请柬内容。

③ 绘制一茶色矩形，作为请柬内部背景。

④ 在页面中插入"请"艺术字，并将"请"艺术字设为宋体、36 号，填充色为黄色，线条为红色。

⑤ 如图 1.130 所示，选择【插入】→【文本框】→【竖排】命令，在茶色矩形上方插入一个文本框，并在文本框中输入图 1.120 所示的文字。

⑥ 双击文本框，在图 1.131 所示的"设置文本框格式"对话框中，将文本框颜色和线条均设为无色。

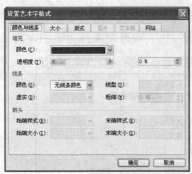

图 1.128 "设置艺术字格式"对话框

图 1.129 请柬内部

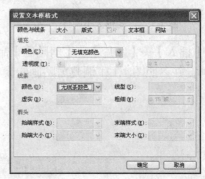

图 1.131 "设置文本框格式"对话框

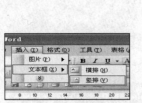

图 1.130 插入文本框菜单

【案例小结】

本案例通过运用 Word 文档制作公司工作简报、企业成立公告、请柬以及公司小报等，介绍了 Word 文档图文混排的操作方法，包括艺术字、文本框、图片、自绘图形等图形的制作、编辑和修饰以及对图形进行组合等操作，还介绍了文档的分栏、图片与文字的环绕设置等。

📖 学习总结

本案例所用软件	
案例中包含的知识和技能	
你已熟知或掌握的知识和技能	
你认为还有哪些知识或技能需要进行强化	
案例中可使用的 Office 技巧	
学习本案例之后的体会	

1.4　案例 4　制作客户信函

【案例分析】

现代商务活动中，用户遇到如邀请函、会议通知、聘书、客户回访函等日常办公事务处理时，往往需用计算机完成信函的信纸、内容、信封、批量打印等工作。本节将通过讲解 Word 的邮件合并功能，让用户掌握方便、快捷地完成以上事务的方法。

制作邮件合并文档可利用"邮件合并"向导，即单击"工具"菜单中的【信函和邮件】命令下的【邮件合并】命令，按向导的提示过程创建邮件合并文档。此外，用户还可以按以下操作步骤实现邮件合并文档的创建：建立邮件合并主文档→制作邮件的数据源数据库→建立主文档与数据源的连接→在主文档中插入域→邮件合并。

案例中的客户及相关信息包含在图 1.132 所示的表中。

客户姓名	称谓	购买产品	通讯地址	联系电话	邮编	购买时间
李勇	先生	纽曼GPS导航仪	成都一环路南三段68号	028-85408361	610043	2012-11-27
田丽	女士	联想X230i笔记本电脑	成都市五桂桥迎晖路218号	028-87392507	610025	2013-6-12
彭剑	先生	宏基V3-571G-53234G50笔记本电脑	成都市金牛区羊西线蜀西路35号	028-85315646	610087	2013-10-5
周娟	女士	索尼HDR-PJ510E摄像机	成都高新区桂溪乡建设村165号	028-86627983	610010	2013-5-23
程立伟	先生	惠普Laserjet 1020 plus打印机	成都市二环路西二段80号	028-65432178	610072	2012-8-16

图 1.132　客户及相关信息

为加强公司与客户的沟通、交流，为客户提供优质的售后服务，公司需进行客户信函回访。制作好的客户回访函如图 1.133 所示。

图 1.133　客户回访函效果图

【解决方案】

步骤 1　制作主文档（客户回访信函）

（1）启动 Word 2003，新建一个空白文档。

（2）录入图 1.134 所示的"客户回访函"内容。

图 1.134　邮件的主文档"客户回访函"

（3）对"客户回访函"的字体和段落进行适当的格式化处理。

（4）在客户回访函的下方，利用艺术字制作公司服务热线号码。

（5）将"客户回访函"作为邮件的主文档，保存在"D:\科源有限公司\行政部\客户回访函"文件夹中。

步骤2　制作邮件的数据源数据库（客户信息）

（1）启动 Excel 2003。

（2）在 Sheet1 工作表中录入图 1.135 所示的"客户个人信息"数据。

（3）将"客户个人信息"作为邮件的数据源，保存到"D:\科源有限公司\行政部\客户回访函"文件夹中。

（4）关闭制作好的数据源文件。

	A	B	C	D	E	F	G
1	客户姓名	称谓	购买产品	通讯地址	联系电话	邮编	购买时间
2	李勇	先生	纽曼GPS导航仪	成都市一环路南三段68号	028-85408361	610043	2012-11-27
3	田丽	女士	联想X230i笔记本电脑	成都市五桂桥迎晖路218号	028-87392507	610025	2013-6-12
4	彭剑	先生	宏基V3-571G-53234G50笔记本电脑	成都市金牛区羊西线蜀西路35号	028-85315646	610087	2013-10-5
5	周娟	女士	索尼HDR-PJ510E摄像机	成都高新区桂溪乡建设村165号	028-86627983	610010	2013-5-23
6	程立伟	先生	惠普Laserjet 1020 plus打印机	成都市二环路西二段80号	028-65432178	610072	2012-8-16

图 1.135　邮件的数据源"客户个人信息"

【提示】

制作邮件数据源还可以用以下方法。

① 利用 Word 表格制作。

② 使用数据库的数据表制作。

步骤3　建立主文档与数据源的连接

（1）打开制作好的主文档"客户回访函"。

（2）在菜单栏中单击"视图"菜单中的"工具栏"选项下的【邮件合并】命令，打开图 1.136 所示的"邮件合并"工具栏。

图 1.136　"邮件合并"工具栏

（3）单击"邮件合并"工具栏上的【打开数据源】按钮，弹出"选取数据源"对话框，如图 1.137 所示，找到保存的"客户信息"数据文件，选中该文件，然后单击【打开】按钮，弹出图 1.138 所示的"选择表格"对话框。

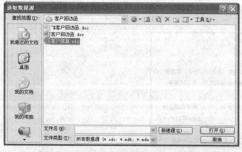

图 1.137　"选取数据源"对话框

图 1.138　"选择表格"对话框

（4）在对话框中选中 Sheet1 工作表，然后单击【确定】按钮。"邮件合并"工具栏将变为如图 1.139 所示的状态。

图 1.139　"邮件合并"工具栏的"插入域"按钮

步骤4　在主文档中插入域

（1）在主文档"客户回访函"中将光标移至信函中"尊敬的"之后，单击"邮件合并"工具栏上的【插入域】按钮，弹出图 1.140 所示的"插入合并域"对话框。在对话框中，选中"客户姓名"，然后单击【插入】按钮。同样，在"客户姓名"域之后插入"性别"域。再将光标移至"您购买的"之后，插入"购买产品"域。插入域之后的信函如图 1.141 所示。

图 1.140　"插入合并域"对话框

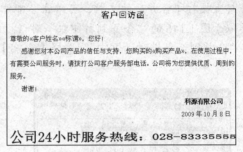

图 1.141　插入域之后的信函

（2）分别对信函中插入的域设置成图 1.142 所示的字符格式，如字体、字形、字号和颜色等。

图 1.142　设置插入域的字符格式

步骤5　预览信函

（1）单击"邮件合并"工具栏上的【查看合并数据】按钮，如图 1.143 所示，生成图 1.144 所示的客户个人信函预览效果。

图 1.143　"邮件合并"工具栏上的"查看合并数据"按钮

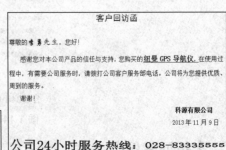

图 1.144　客户个人信函预览效果

（2）单击"邮件合并"工具栏上的【上一记录】◀或【下一记录】▶按钮，可预览其他客户的信函。

【提示】

用户若直接单击【查看合并数据】按钮，系统一般默认将数据源中提供的全部记录进行合并；若用户只需合并部分记录，则可单击图 1.143 中的【收件人】按钮，从弹出的"邮件合并收件人"对话框中选取需要的收件人，如图 1.145 所示。

步骤 6　完成合并

（1）单击"邮件合并"工具栏上的【合并到新文档】按钮，弹出如图 1.146 所示的"合并到新文档"对话框。

【提示】

用户若想直接打印合并后的文档，可单击"邮件合并"工具栏上的【合并到打印机】按钮，弹出类似于图 1.146 的"合并到打印机"对话框，即可打印合并后的新文档。

（2）在"合并到新文档对话框中"，选择【全部】单选框，然后单击【确定】按钮，生成合并文档。

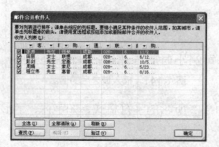

图 1.145 "邮件合并收件人"对话框　　　　图 1.146　"合并到新文档"对话框

（3）以"客户回访函（合并）"为名，将合并后生成的新文档保存至"D:\科源有限公司\行政部\客户回访函"文件夹中。

生成的信函（部分）效果如图 1.147 所示。

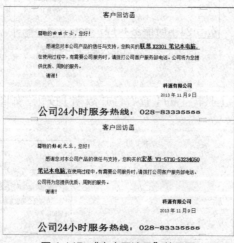

图 1.147 "客户回访函"效果图

【拓展案例】

利用邮件合并制作请柬，如图 1.148 所示。

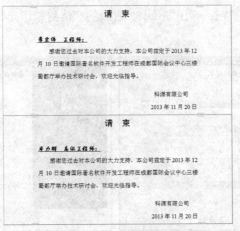

图 1.148　请柬效果图

【拓展训练】

为前面制作的客户回访函制作信封，如图 1.149 所示。

图 1.149　客户回访函信封

操作步骤如下。

（1）启动 Word 2003。

（2）选择【工具】→【信函与邮件】→【中文信封向导】命令，打开图 1.150 所示的"信封制作向导"第 1 步对话框。

【提示】

用户也可选择【工具】→【信函与邮件】→【信封和标签】命令，从弹出的"信封和标签"对话框中选择"信封"选项卡制作信封。

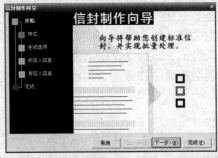

图 1.150　"信封制作向导"第 1 步对话框

（3）单击【下一步】按钮，弹出图 1.151 所示的"信封制作向导"第 2 步对话框，选择所需的标准信封样式。

（4）单击【下一步】按钮，弹出图 1.152 所示的"信封制作向导"第 3 步对话框，设置生成信封的格式。

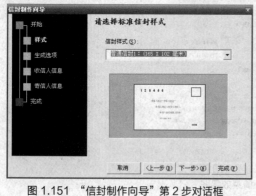

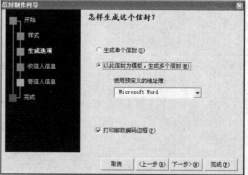

图 1.151 "信封制作向导"第 2 步对话框　　　图 1.152 "信封制作向导"第 3 步对话框

（5）单击【完成】按钮，生成标准信封格式，如图 1.153 所示。

（6）建立信封主文档与客户信息数据库的连接。单击"邮件合并"工具栏上的【打开数据源】按钮，选择信封数据源"客户个人信息"。

（7）插入相关数据域后的信封格式如图 1.154 所示。

（8）合并数据，生成客户信封，如图 1.149 所示。

（9）以"客户回访函（信封）"为名保存到保存到"D:\科源有限公司\行政部\客户回访函"文件夹中。

图 1.153 生成的标准信封格式　　　　　　图 1.154 插入域后的信封格式

【案例小结】

用户在实际工作中常常遇到处理大量报表、信件一类文档的工作，这些文档的主要内容、格式都相同，只是具体的数据有变化，为减少重复工作，可使用"邮件合并"功能。邮件合并的处理过程为：（1）创建主文档，输入固定不变的内容；（2）创建或打开数据源，存放变动的信息内容，数据源一般来自于 Excel、Access 等数据库；（3）在主文档所需的位置插入合并域；（4）执行合并操作，将数据源中的变动数据和主文档的固定文本进行合并，生成一个合并文档或打印输出。

学习总结

本案例所用软件	
案例中包含的知识和技能	

你已熟知或掌握的知识和技能	
你认为还有哪些知识或技能需要进行强化	
案例中可使用的Office 技巧	
学习本案例之后的体会	

1.5 案例 5 利用 Microsoft Outlook 管理邮件

【案例分析】

Microsoft Outlook 是 Office 软件中自带的一款邮件管理软件,公司员工经常利用它来收发电子邮件、管理联系人信息、记日记、安排日程、分配任务等。用户在桌面上找到该软件的图标时,将鼠标停留在图标上即弹出图 1.155 所示的 Outlook 功能简述。

图 1.155 Microsoft Outlook 的桌面图标

本案例中,行政部经理林帝将使用他的邮箱 ky_lindi @126.com 作为办公邮箱,利用 Microsoft Outlook 收发、 阅读邮件,管理通讯簿,添加收件人,群发邮件,定制会议并发给收件人。

【解决方案】

步骤 1 初始设置

(1)启动 Microsoft Outlook 2003,弹出图 1.156 所示的“Outlook 2003 启动”对话框,并弹出图 1.157 所示的“正在配置 Outlook”提示。单击【下一步】按钮,需要设置电子邮件升级选项,用户可选择希望 Outlook 进行升级或不升级的选项,这里默认是“升级自”Outlook Express,如图 1.158 所示。

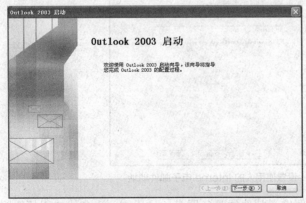

图 1.156 Outlook 2003 启动对话框

图 1.157 “正在配置 Outlook”提示

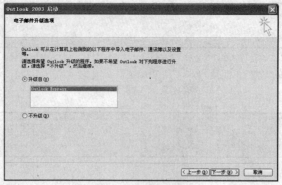

图 1.158　电子邮件升级选项

（2）单击【下一步】按钮，进入 Internet 连接向导，需要设置使用本软件人员的姓名，这里输入使用者"林帝"，如图 1.159 所示。

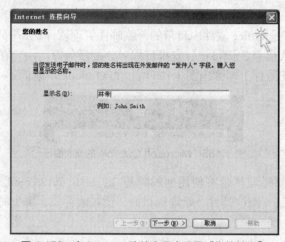

图 1.159　在 Internet 连接向导中设置"您的姓名"

（3）单击【下一步】按钮，设置使用人的电子邮件地址，这里输入林帝的邮箱 ky_lindi @126.com，如图 1.160 所示。

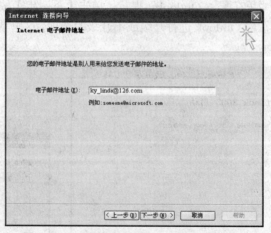

图 1.160　设置使用人的 Interne 电子邮件地址

（4）单击【下一步】按钮，设置电子邮件的服务器名，这里需要先查找使用邮件服务商提供的是哪种服务，故打开网络浏览器，在其中找到网易的主页（www.126.com），如图 1.161 所示。

图 1.161 126 的主页

（5）单击其中的【帮助】按钮，打开提供各类帮助信息的页面，在"常见问题"中找到图 1.162 所示"客户端"选项，单击该选项，进入关于客户端设置的内容介绍页面，用户可以在其中选择关于"Outlook"的选项，如图 1.163 所示。

图 1.162 邮箱设置中关于客户端设置的选项

图 1.163 选择关于"Outlook"的选项

（6）参考其中的信息，获得图 1.164 所示的信息，回到原来的 Outlook 对话框，做同样的设置。

- 在"接收邮件（pop、IMAP或HTTP）服务器"字段中输入 pop3.126.com或pop.126.com均可。在"发送邮件服务器(SMTP)"字段中输入 smtp.126.com，然后单击"下一步"；

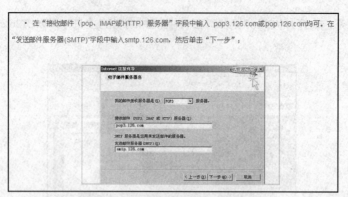

图 1.164　帮助中的邮件服务器信息

【提示】

POP 是发送邮件协议，填写你的 pop 地址，例如：126 是 pop3.126.com。

SMTP 是接收邮件协议，例如：sohu 是 smtp.sohu.com。

用户所选择的邮件，提供商所采用的协议不同，就需要选择不同的协议。目前，sohu、126 和 163 是采用 POP 和 SMTP 方式收发邮件的，qq 邮箱则为 pop.qq.com 和 smtp.qq.com，hotmail 是采用 http 方式收发邮件的。

用户填写协议需要根据所使用的邮件服务，一般邮件服务网站上会有关于设置的帮助信息，可查询后再设置自己计算机上的 Outlook 中的相应协议。

另外，有些网站的电子邮箱服务器以及网站提供的聊天室附带的电邮服务不支持 Outlook Express，这样做可能是为了让用户更多地登录他们的网站、使用他们的聊天工具、确保邮件安全，或者是其他什么原因。

（7）进行 Internet Mail 登录设置，用户名系统已经自动获取，用户只需要输入该邮箱的密码即可，如图 1.165 所示。

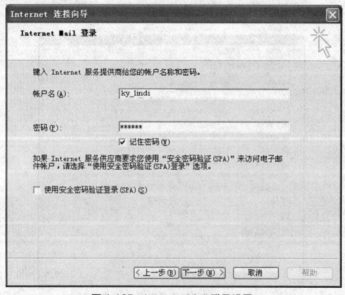

图 1.165　Internet Mail 登录设置

（8）选择连接 Internet 的方式，由于用户在公司使用的一般是局域网，所以这里选择"使用局域网（LAN）连接（2）"，如图 1.166 所示。

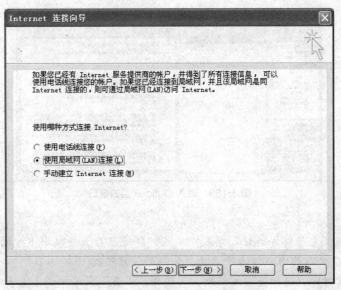

图 1.166　选择连接 Internet 的方式

（9）单击【下一步】按钮，则完成对账户的设置，会弹出图 1.167 所示的对话框，单击【完成】按钮，系统会自动创建 Outlook 数据库，并弹出图 1.168 所示的对话框。

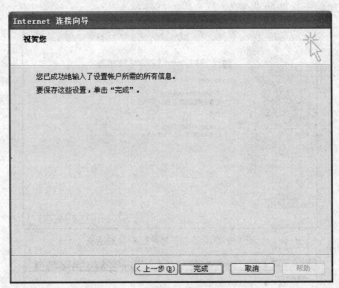

图 1.167　完成账户设置的提示对话框

（10）单击【是】按钮，系统即从 Outlook 中导入电子邮件和地址，便进入 Outlook 的窗口，如图 1.169 所示。

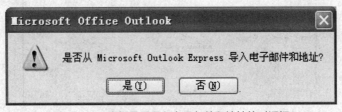

图 1.168　询问是否导入电子邮件和地址的对话框

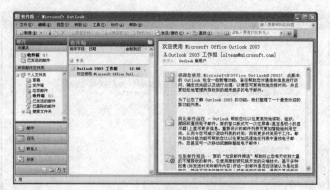

图 1.169　进入 Outlook 后的窗口

【提示】

① 当用户在"电子邮件地址"字段中输入邮件地址后，一般中下方的"账户名"字段会自动填入邮址@之前的部分作为账户名，如不同，可修改。

② 用户如需对账户进行查看或修改，可使用"工具"菜单中的【电子邮件账户】命令，打开图 1.170 所示的"电子邮件账户"对话框，选择"查看或更改现有电子邮件账户"后，单击【下一步】按钮，进入图 1.171 所示的电子邮件账户列表，可以在其中选择需要查看或更改的电子邮件账户，如这里选择"lindi"，然后单击【更改】按钮，进入图 1.172 所示的界面，即可以查看到关于林帝的账户信息，并进行修改。

图 1.170　"电子邮件账户"对话框

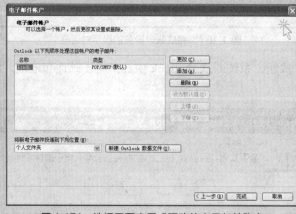

图 1.171　选择需要查看或更改的电子邮件账户

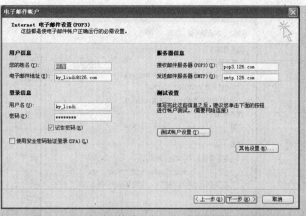

图 1.172　查看和修改 Internet 电子邮件账户设置

③ 用户可以单击图 1.172 中的【测试账户设置】按钮，来测试自己所设置的账户是否可以完成正常的邮件收发。测试过程中，系统会弹出图 1.173 所示的对话框显示各项测试的完成情况。

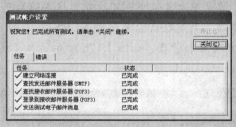

图 1.173　测试账户

④ 单击图 1.173 中的【其他设置】按钮，系统会弹出"Internet 电子邮件设置"对话框，用户可在其中对账户进行更加详细的各项设置，如"常规""发送服务器""连接"和"高级"。这里用户可选择"发送服务器"选项卡里的"我的发送服务器（SMTP）要求验证"及"使用与接收邮件服务器相同的设置"，如图 1.174 所示；选择"高级"选项卡里的"在服务器上保留邮件的副本"，如图 1.175 所示，这样即使用户不将邮件下载到本机，服务器上仍然留有副本，否则，当邮件下载到本机后，邮件服务器上就不再留有邮件信息。

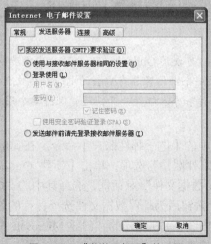

图 1.174　"发送服务器"的设置

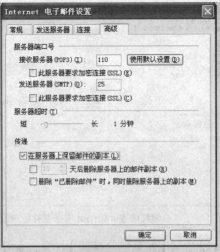

图 1.175　电子邮件账户"高级"设置

【提示】

　　用户进入 Outlook 后，在主窗口左侧可利用按钮实现不同主题的查看和管理，如"邮件""日历""联系人""任务"等。系统默认管理内容是"邮件"，用户也可以切换到"日历"，对今天各个时段的事务进行查看和管理，如图 1.176 所示。在"视图"菜单中，用户也可以对窗口的布局做适当地修改。

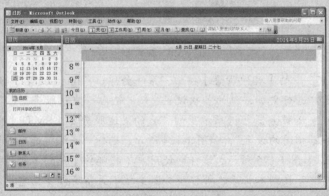

图 1.176　主界面为"日历"

【小知识】

　　如果你有几封电子邮件，可使用 Outlook 在一个窗口中处理它们。你也可以为同一个计算机创建多个用户或身份。每一个身份皆具有唯一的电子邮件文件夹和一个单个通讯簿。多个身份可使你轻松地将工作邮件和个人邮件分开，还能保持单个用户的电子邮件是独立的。

　　步骤 2　收取邮件

　　（1）选择"工具"菜单中的【电子邮件账户】命令，在弹出的"电子邮件账户"窗口中选择"查看或更改现有电子邮件账户"选项，单击【新建 Outlook 数据文件】按钮，弹出图 1.177 所示的"新建 Outlook 数据文件"对话框，选择其中的"Office Outlook 个人文件夹文件（.pst）"，单击【确定】按钮后为邮件数据文件选择保存的路径和文件名，如图 1.178 所示，单击【确定】按钮后弹出图 1.179 所示的"创建 Microsoft 个人文件夹"对话框，用户在其中可以设置打开该文件夹的密码。

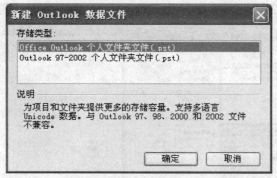

图 1.177　"新建 Outlook 数据文件"对话框

（2）单击工具栏上的 <kbd>发送和接收(C)</kbd> 按钮，就可以将刚才设置好的 126 邮箱中的邮件保存在所选择的路径中，这个过程中会出现图 1.180 所示的"Outlook 发送/接收进度"对话框，用来显示收发邮件的进度。

图 1.178　"Outlook 数据文件保存"对话框

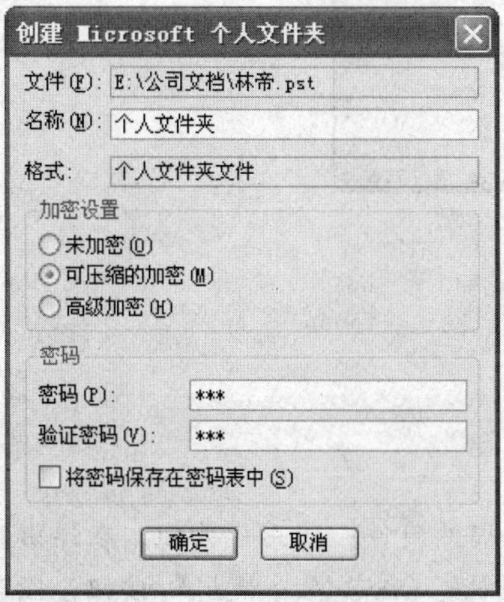

图 1.179　个人文件夹的相应设置 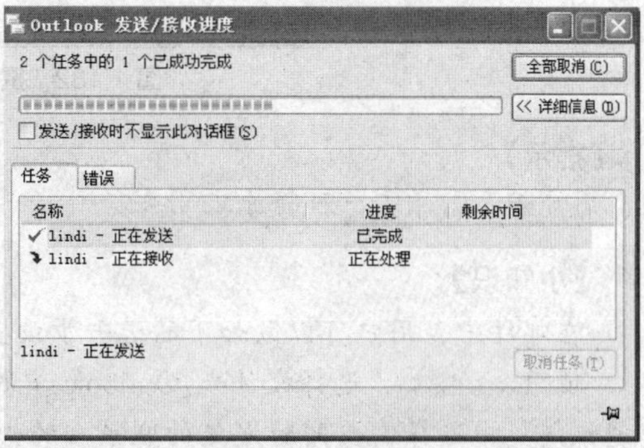　　　　图 1.180　"Outlook 发送/接收进度"对话框

【提示】
　　用户也可以选择"发送/接收时不显示此对话框"，以后发送和收取邮件时，系统将不再弹出此对话框。
（3）这时，用户可看到原来 126 邮箱中的所有邮件都接收下来了，如图 1.181 所示。

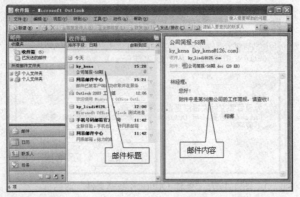

图 1.181　Outlook 收件箱

步骤 3　发送邮件（对收到的邮件进行回复）

（1）选中"ky_kena"发来的邮件"公司简报–58 期"，使用工具栏上的按钮 ✉答复发件人(R)，进入撰写邮件界面，如图 1.182 所示，将邮件内容写入邮件正文中。

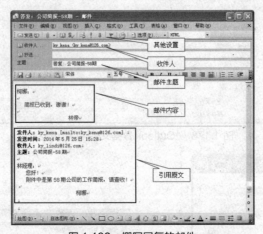

图 1.182　撰写回复的邮件

（2）使用 ▦发送(S) 按钮，发送已经写好的邮件，则可以在"发件箱"中看到你发送的邮件，如图 1.183 所示。

步骤 4 添加联系人

（1）在 Outlook 窗口中，切换到"联系人"快捷方式，如图 1.184 所示。

图 1.183 发件箱中的邮件

图 1.184 "联系人"快捷方式

（2）此时用户可双击窗口中心处添加联系人，在弹出的"联系人"对话框中填入相应信息，如图 1.185 所示为添加柯娜的联系人信息。

图 1.185 新建一个联系人

（3）可以单击【详细信息】按钮，切换到"详细信息"选项卡，为联系人设置更加详细的信息，如图 1.186 所示。

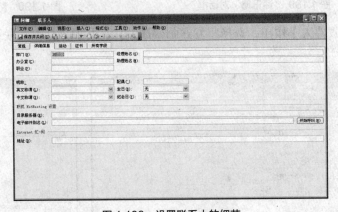

图 1.186 设置联系人的细节

（4）还可以切换到"活动""证书"和"所有字段"选项卡，查看该联系人的相应信息，这里不做相关的设置。

（5）完成所有设置后，单击  保存并关闭(S) 按钮，完成该联系人的设置，得到如图 1.187 所示的结果。

（6）继续双击窗口的正中心位置，添加另外的联系人，如图 1.188 所示。

| 图 1.187　添加了一个联系人 | 图 1.188　添加了 3 个联系人 |

（7）用户如需修改某位联系人的信息，则双击具体联系人处，或通过【工具】→【通讯簿】命令进行选择，会弹出图 1.189 所示的"通讯簿"对话框，在其中选择需要修改的联系人信息进行修改即可。

步骤 5　创建会议，并群发

（1）选择【新建】→【会议要求】命令，如图 1.190 所示，新建一个会议，如图 1.191 所示。

图 1.189　"通讯簿"对话框

图 1.190　新建"会议"

（2）单击【收件人】按钮，选择将发送邮件邀请其来参加该会议的联系人，如图 1.192 所示。

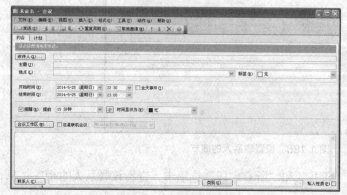

图 1.191　未命名的会议

图 1.192　选择与会者

【提示】

这里用户也可以使用【Ctrl】键来选择多个不连续的对象。

（3）将会议的主题"讨论行政部计算机维护工作外包的事宜"及地点"行政部 3 号会议室"填入，开始时间和结束时间的日期和时间，都可以通过单击日历和时间的下拉菜单来确定，如图 1.193 所示。

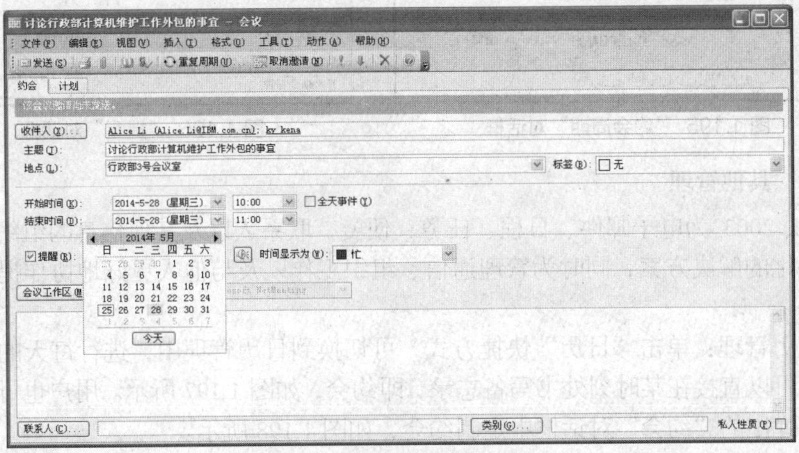

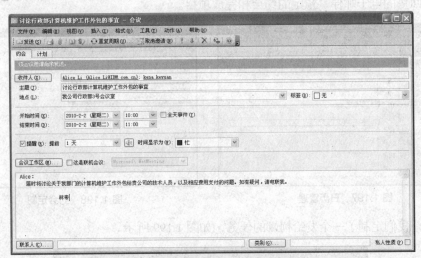

图 1.193　选择结束的日期

（4）选择提前 1 天提醒我，并输入会议邀请的内容，如图 1.194 所示。

图 1.194　书写完内容的会议邀请

【提示】

如果一个会议重复进行，那么这个邀请邮件需要有一定的周期重复发送，我们可单击 重复周期(U)... 按钮，在弹出的图 1.195 所示的"约会周期"对话框中进行设置。

（5）会议的其他设置，如粘贴附件、重要性等，与邮件设置相同。

（6）单击 发送(S) 按钮，将此会议邀请发送到所选的收件人邮箱中。

（7）当用户选择的时间已到或未阅读而过期打开 Outlook 时，系统会自动弹出图 1.196 所示的对话框来提示有会议或约会。

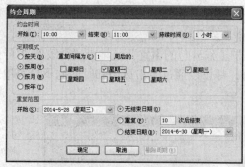

图 1.195 "约会周期"对话框

图 1.196 "提醒"对话框

步骤6 其他管理

Outlook 2003 为电子邮件、日程、任务、便笺、联系人以及其他信息的组织和管理提供了一个集成化的解决方案，同时为管理通信、组织工作以及与他人更好地协作提供了诸多创新功能。

（1）日历管理：单击"日历"快捷方式，可切换到日历管理中，进行每天的日历管理，用户在这里可以直接在某时刻处书写备忘录，即约会，如图 1.197 所示。用户也可以在该时刻处双击，在弹出的"约会"对话框中定制约会，如图 1.198 所示。

（2）快速访问联系人、日程和任务信息：用户可以使用新的导航窗格（Navigation Pane）或者单击菜单栏上的相应按钮来访问联系人、日程、任务、文件夹、快捷方式和日记，以及查找需要回复的电子邮件、预定的约会和完成项目。

图 1.197 日历管理

图 1.198 约会定制

例如，我们定制了一个发给柯娜的任务，如图 1.199 所示。

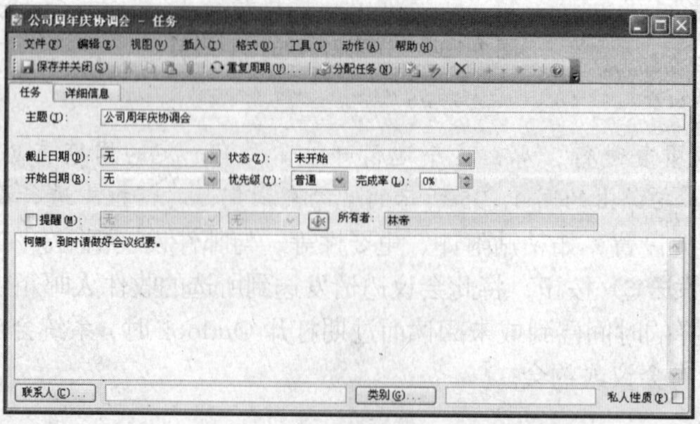

图 1.199 发给柯娜的任务

【拓展案例】

1．管理自己的 Outlook 账户

在计算机上，利用 Outlook 创建一个你自己使用的账户，用于收发你的某实际电子邮件服务器上的邮件并管理它们，同时在该账户中管理日历，定制一个约会，并发给一个或多个你的朋友。

2．群发邮件合并产生的新文档

在上一个案例已经做好邮件合并的基础上，选择"合并到邮件"，利用 Outlook 将它们发送给收件人。

【拓展训练】

利用 Outlook 创建一个邮件账户，定制一个将举办 2014 年公司周年庆的约会，并备份林帝的账户数据文件。

操作步骤如下。

（1）启动 Outlook，新建一个邮件账户。

【提示】

可参考前面内容。

（2）选择【新建】→【约会】命令，在图 1.200 所示的对话框中，设置约会的各项内容。

（3）利用 邀请与会者 按钮，选择柯娜和周家树为收件人，主题为"关于 2014 年公司周年庆的参加事宜"；地点是"我的办公室"；将约会标记设置为"重要性：高"；时间为 2014 年 6 月 9 日 15：00 至 16：00；提前 1 周通知；时间显示为"暂定"；标签选择"需要准备"；下方空白处可填写约会内容。如图 1.201 所示。

图 1.200　定制约会

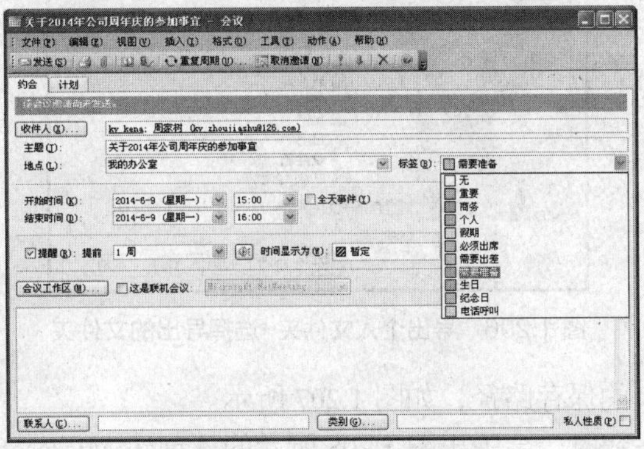

图 1.201　定制约会的步骤

（4）选择【文件】→【保存】命令，将约会保存起来，关闭约会时，会遇到提示，如图1.202 所示，单击【是】按钮，立即发送。

（5）备份林帝的账户数据文件。

① 选择【文件】→【导入导出】命令，启动"导入和导出向导"对话框，如图 1.203 所示，选择要执行的操作是"导出到一个文件"。

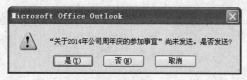

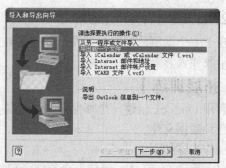

图 1.202　发送约会提示框　　　　图 1.203　导入和导出向导-选择要执行的操作

② 单击【下一步】按钮，弹出图 1.204 所示的"个人文件夹密码"对话框，在其中输入密码，单击【确定】按钮。

③ 择导出到"个人文件夹文件"，如图 1.205 所示，然后选择导出的文件夹是"联系人"，如图 1.206 所示。

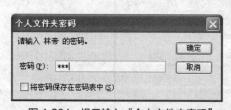

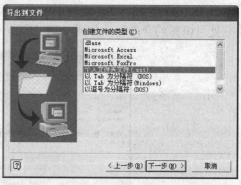

图 1.204　提示输入"个人文件夹密码"　　图 1.205　导入和导出向导-选择创建文件的类型

图 1.206　导出个人文件夹-选择导出的文件夹

④ 选择导出文件夹的保存路径，如图 1.207 所示。

⑤ 单击【完成】按钮时，会弹出图 1.208 所示的"创建 Microsoft 个人文件夹"对话框，

用户可以对导出的文件做加密设置等，设置好后，单击【确定】按钮，完成保存，再次确认个人文件夹的密码。然后可在资源管理器中看到所保存的文件"林帝 backup.pst"。

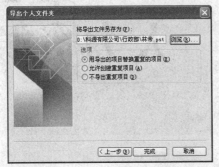

图 1.207　导出个人文件夹的保存路径

图 1.208　个人文件夹中文件的加密设置

【提示】

　　在 Outlook 中，你可以很方便地将邮件储存起来。在查看邮件的窗口下，选择【文件】→【另存为】命令然后给你的邮件起个名字，该邮件就会被自动保存为以.eml 为后缀的文件。以后，你可以不用打开 Outlook，只要双击这个 xxx.eml 文件就可以直接用 Outlook 的邮件查看器来阅读这封邮件。而且，你还可以把这个邮件文件作为一个附件发送出去。但是，有一点大家应该注意：所谓的电子邮件文件实际上是由普通的 HTML 文件再加上 E-mail 的表头合成的，其中也包括图形。

　　由于*.eml 经常是病毒邮件，所以你一定要在看清楚是你保存的邮件后再使用。同时，也要避免你的重要邮件被杀毒软件删除！

【案例小结】

　　本案例通过讲解使用 Outlook 来收发位于网易 126 上的一个具体邮箱中的邮件、回复邮件、新建和管理联系人信息、定制会议并发送至多人、日历管理、备份文件等，使用户了解了 Outlook 的常用操作，并让用户对其中的邮件管理、联系人管理、会议、约会、任务、日记等功能有了进一步的认识，这样有助于用户在计算机上有序地管理日常工作。

📖 学习总结

本案例所用软件	
案例中包含的知识和技能	
你已熟知或掌握的知识和技能	
你认为还有哪些知识或技能需要进行强化	
案例中可使用的 Office 技巧	
学习本案例之后的体会	

第 2 篇
人力资源篇

人力资源部门在企业中的地位至关重要。如何按照制度严格管理，如何激发员工的创造力，如何为员工提供各种保障，都是人力资源部门要重点关注的问题。本篇针对人力资源部门在工作中遇到的各种 Office 应用问题，提炼出人力资源部门最需要的 Office 应用案例，帮助人事管理人员用高效的方法处理人事管理的各方面事务，从而快速、准确地为企业人力资源的调配提供帮助。

📖 学习目标

1. 利用 Word 软件中的"图形""图示"等工具展示公司组织结构图、员工绩效评估指标等图例。

2. 运用 Word 表格制作个人简历、履历表、员工出勤记录表、部门年度招聘计划报批表等常用人事管理表格。

3. 利用 Word 制作劳动用工合同、请假条、员工转正申请书等常见文档。

4. 运用 PowerPoint 制作常见的会议、培训、演示等幻灯片。

5. 使用 Excel 电子表格记录、分析和管理公司员工人事档案以及员工的工资基本信息。

2.1 案例 6 制作公司组织结构图

【案例分析】

组织结构图是用来表示一个机构、企业或组织中人员结构关系的图表。它采用一种由上而下的树状结构，由一系列图框和连线组成，显示一个机构的等级和层次。用户在制作组织结构图之前，要先搞清楚组织结构的层次关系，再利用 Word 提供的图片或图示工具来完成组织结构图的制作、编辑和修饰。本案例所制作的"科源有限公司组织结构图"如图 2.1 所示。

科源有限公司组织结构图

图 2.1 科源有限公司组织结构图

【解决方案】

步骤1　新建并保存文档

（1）启动 Word 2003 程序，新建一个空白文档。

（2）将创建的新文档以"公司组织结构图"为名，保存到"D:\科源有限公司\人力资源部"文件夹中。

步骤2　输入标题

（1）在文档开始位置输入组织结构图标题文字"科源有限公司组织结构图"。

（2）按【Enter】键换行。

步骤3　插入"组织结构图"

（1）选择【插入】→【图示】命令，打开如图 2.2 所示的"图示库"对话框。

【提示】

插入组织结构图的方法还有以下几种。

① 在"插入"菜单中，选择【图片】→【组织结构图】命令。

② 单击"绘图"工具栏中的【插入组织结构图或其他图示】按钮。

（2）选择图示类型"组织结构图"，插入如图 2.3 所示的组织结构图框架。

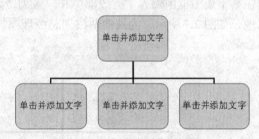

图 2.2　"图示库"对话框　　　　　　图 2.3　组织结构图框架

【提示】

当用户插入组织结构图时，系统默认是二级层次，用户可根据需要对图框进行插入、删除等操作，以控制图框的层次和数量。用户插入组织结构图后，图中显示出"单击并添加文字"的占位符，即先占住一个固定的位置，等用户往里面添加内容。

步骤4　编辑"组织结构图"

（1）编辑组织结构图的内容。

① 单击最上层的图框，输入"总经理"。

② 分别在第2层的图框中输入3个"副总经理"，如图 2.4 所示。

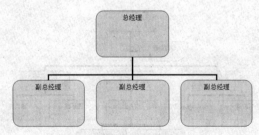

图 2.4　为组织结构图添加文字

（2）添加"经理助理"。

① 选中第一层的"总经理"图框。

② 单击"组织结构图"工具条上"插入形状"右侧的下拉按钮，打开图 2.5 所示的下拉列表。

③ 选择"助手"选项，为"总经理"添加一个"助手"图框，输入文本"经理助理"，如图 2.6 所示。

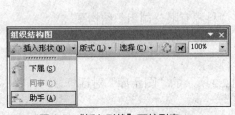

图 2.5 "插入形状"下拉列表

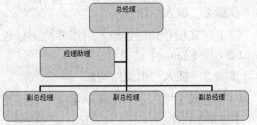

图 2.6 添加"经理助理"

（3）为"副总经理"添加下属部门。

① 选中第一个"副总经理"图框，单击"组织结构图"工具条上"插入形状"右侧的下拉按钮，为该副总经理添加两个下属部门。

② 分别在其下属图框中输入"行政部"和"人力资源部"。

③ 类似地，如图 2.7 所示，为其他两位副总经理添加下属部门。

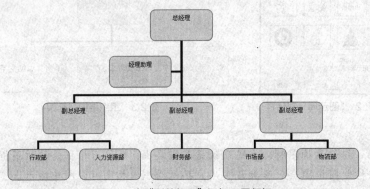

图 2.7 为"副总经理"添加下属部门

（4）为"财务部"添加下属部门。

① 选中"财务部"图框，单击"组织结构图"工具条上"插入形状"右侧的下拉按钮，为其添加两个下属部门。

② 分别在其下属图框中输入"审计科"和"财务科"，如图 2.8 所示。

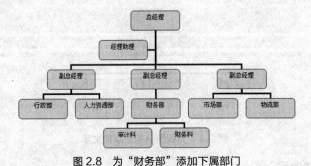

图 2.8 为"财务部"添加下属部门

【提示】

单击"组织结构图"工具条上"版式"旁的下拉按钮，在下拉列表中选中一种版式，可改变组织结构图的布局。

步骤5 修饰"组织结构图"

（1）设置组织结构图样式。

① 选中整个组织结构图。

② 单击"组织结构图"工具条上的【自动套用格式】按钮 ，打开图 2.9 所示的"组织结构图样式库"对话框。

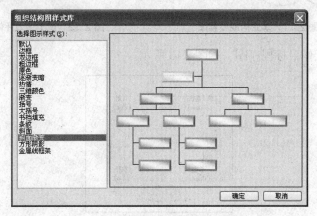

图2.9 "组织结构图样式库"对话框

③ 从"选择图示样式"列表中选择一种样式，右侧可预览该样式。这里，我们选择"斜面渐变"，单击【确定】按钮，将选定的样式应用到组织结构图中，如图 2.10 所示。

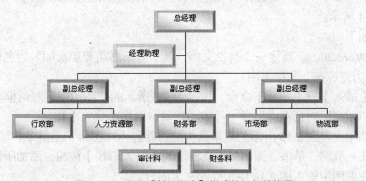

图2.10 应用"斜面渐变"样式的组织结构图

（2）设置组织结构图字体格式。

① 选中整个组织结构图。

② 设置字体为"宋体"、字号为"小四"。

（3）将组织结构图的标题设置为黑体、二号、居中、段后间距1行。

（4）保存制作的组织结构图 。

【拓展案例】

1. 制作事业构成要素图，如图 2.11 所示。

2. 制作公司"员工绩效评估指标图"，如图 2.12 所示。

事业有成三要素：TOP 模式

图 2.11　事业构成要素图　　　　　图 2.12　员工绩效评估指标图

3. 制作实现工作目标程序图，如图 2.13 所示。

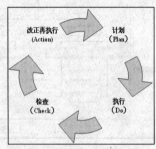

图 2.13　实现工作目标程序图

【拓展训练】

利用"图示"命令中的"棱锥图"，制作人力资源管理的经典激励理论——马斯洛需要层次图，如图 2.14 所示。

操作步骤如下。

（1）启动 Word 2003，新建一个空白文档，以"马斯洛需要层次图"为名保存到"D:\科源有限公司\人力资源部"文件夹中。

（2）选择【插入】→【图示】命令，弹出图 2.2 所示的"图示库"对话框。

（3）在"图示库"对话框中选择"棱锥图"后，单击【确定】按钮。

（4）在文档中出现图 2.15 所示的基本结构图，并显示"图示"工具条。

（5）选中任一框图，单击"图示"工具条上的【插入形状】按钮，添加所需个数的框图。

（6）分别在框图中输入图 2.14 中相应的文字内容。

图 2.14　马斯洛需要层次图　　　　　图 2.15　棱锥图基本图

【提示】

由于随着图示形状的添加，位于顶部的形状中的字符将会超出图示外。这里，我们可适当采用一些小技巧进行处理。如：先在顶端的框中以一个空格字符将占位符占去，然后借助"文本框"工具来输入顶部的"自我实现"，再适当调整文本框的位置来适应图示；再将文本框的填充色和线条颜色均设置为"无"即可。

（7）选中各框图，分别设置适当的字体、字号。

（8）分别选中各框图，为每个框图设置合适的填充颜色。

（9）分别选中各框图，将各框图的三维效果均设置为"三维样式1"。如图2.16所示。

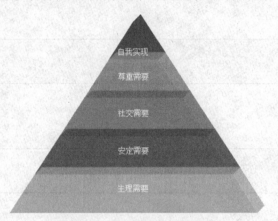

图2.16　设置各框图的三维效果

【提示】

设置三维效果后，图示会出现不同的图层效果，用户可通过调整各框图的叠放次序来改变显示效果。

（10）选中第2层的框图，单击"绘图"工具栏上的【绘图】按钮旁的下拉按钮，打开图2.17所示的绘图菜单，再选择"叠放次序"中的"上移一层"命令。

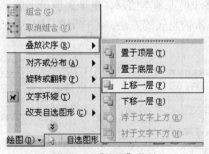

图2.17　"绘图"菜单

（11）同样地，分别将第3、4、5层的框图图层依次上移。

【提示】

图层每增加1层，上移的次数随之增加1次。最后，用户再将添加的文本框移到最上面一层。

（12）调整好后的层次图如图2.14所示，保存图示后关闭文档。

【案例小结】

本案例通过讲解制作"公司组织结构图""事业构成要素图""员工绩效评估指标图""实

现工作目标程序图"和"马斯洛需要层次图",介绍了在 Word 中插入图示对象、编辑和修饰图示的方法。图示包括组织结构图、循环图、目标图、射线图、维恩图和棱锥图等类型。

图示可用来说明各种概念性的材料。在展示一个机构和组织的结构关系、实现目标的步骤、元素之间的关系时，可在文档中插入图表或图示，这比纯粹的文字说明更直观，也能使文档更加生动。

📖 学习总结

本案例所用软件	
案例中包含的知识和技能	
你已熟知或掌握的知识和技能	
你认为还有哪些知识或技能需要进行强化	
案例中可使用的 Office 技巧	
学习本案例之后的体会	

2.2 案例 7 制作员工基本信息表

【案例分析】

公司员工的基本信息管理是人力资源管理一项非常重要的工作。制作一份专业、规范的员工基本信息表，有利于收集、整理员工基本信息，也是实现员工信息管理工作的首要任务。本案例将教您利用 Word 制作员工基本信息表的方法，制作好的员工基本信息表的效果如图 2.18 所示。

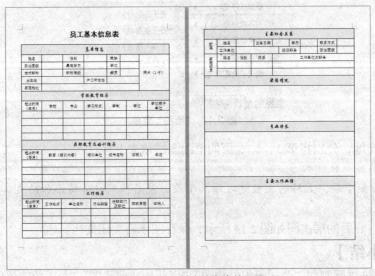

图 2.18 员工基本信息表效果图

【解决方案】

步骤1　新建并保存文档

（1）启动 Word 2003，新建一个空白文档。

（2）将创建的新文档以"员工基本信息表"为名保存在"D:\科源有限公司\人力资源部"文件夹中。

步骤2　设置页面

（1）设置页面纸张大小为 A4。

（2）设置纸张方向为纵向，页边距为上下各 2.5 厘米、左右各 2 厘米。

步骤3　创建表格

（1）输入表格标题"员工基本信息表"，按【Enter】键换行。

（2）插入表格。

① 选择【表格】→【插入】→【表格】命令，打开图 2.19 所示的"插入表格"对话框。

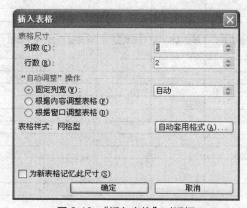

图 2.19　"插入表格"对话框

【提示】

插入表格的方法还有几种。

① 单击"常用"工具栏上的【插入表格】按钮，在弹出的面板中拖动鼠标，设置出表格需要的行、列数。

② 选择【表格】→【绘制表格】命令，进行手动制表。

② 在"插入表格"对话框中，设置要创建的表格列数为 7，行数为 30，然后单击【确定】按钮，即在文档中插入一个空白表格。

【提示】

当表格的行数较多时，可先设置大概的行列数，然后在操作过程中根据需要进行行列的增加和删除。

步骤4　编辑表格

（1）在表格中输入如图 2.20 所示的内容。

（2）合并单元格。

① 选定表格第一行"基本信息"所在行的所有单元格，如图 2.21 所示。

基本信息						
姓名		性别		民族		照片（1寸）
政治面貌		最高学历		学位		
技术职称		职称等级		籍贯		
出生地			户口所在地			
家庭地址						
学校教育经历						
起止时间（年月）	学校	专业	学习形式	学制	学位	学位授予单位
在职教育及培训经历						
起止时间（年月）	教育（培训内容）		培训单位	证书名称	证明人	备注
工作经历						
起止时间（年月）	工作地点	单位名称	行业类型	任职部门及职位	离职原因	证明人
奖惩情况						
专业特长						
主要工作业绩						

图 2.20　员工基本信息表的内容

基本信息						
姓名		性别		民族		照片（1寸）
政治面貌		最高学历		学位		
技术职称		职称等级		籍贯		

图 2.21　选定需合并的区域

② 选择【表格】→【合并单元格】命令，将选定的单元格合并为 1 个单元格。

【提示】

合并单元格还可以先选定要合并的单元格，单击鼠标右键，然后从弹出的快捷菜单中选择合并单元格命令，也可单击"表格和边框"工具栏上的【合并单元格】按钮。

③ 同样，对"学校教育经历""在职教育及培训经历""工作经历""奖惩情况""专业特长"及"主要工作业绩"所在的行进行相应的合并操作。

④ 按照图 2.22，对表格中其余需要合并的单元格进行合并。

（3）在表格中添加"主要社会关系"内容。

① 选中表格最后 6 行。

② 选择【表格】→【插入】→【行（在上方）】命令，在选中的行之前添加 6 个空行。

③ 按图 2.23，对添加的行进行拆分和合并，并输入相应的文字。

基本信息						
姓名		性别		民族		照片（1寸）
政治面貌		最高学历		学位		
技术职称		职称等级		籍贯		
出生地			户口所在地			
家庭地址						
学校教育经历						
起止时间（年月）	学校	专业	学习形式	学制	学位	学位授予单位
在职教育及培训经历						
起止时间（年月）	教育（培训内容）	培训单位	证书名称	证明人	备注	
工作经历						
起止时间（年月）	工作地点	单位名称	行业类型	任职部门及职位	离职原因	证明人
奖惩情况						
专业特长						
主要工作业绩						

图 2.22　合并处理后的表格

主要社会关系						
配偶	姓名		出生日期		学历		联系方式
	工作单位			现任职务		政治面貌
家庭成员		姓名	性别		关系	工作单位及职务

图 2.23　在表格中添加"主要社会关系"内容

步骤 5　美化修饰表格

（1）设置表格的行高。

① 选中整个表格。

② 选择【表格】→【表格属性】命令，打开图 2.24 所示的"表格属性"对话框。

【提示】

选择整个表格有以下两种操作方法。

① 常规的选定方法：按住鼠标左键不放，通过拖拽鼠标进行选择。

② 将光标置于表格中，表格左上角会出现"⊞"符号，单击此符号即选中整张表格。

③ 在"表格属性"对话框中单击"行"选项卡，选中"指定高度"选项，将行高设置为"0.8 厘米"，如图 2.25 所示。

（2）设置表格标题格式。

① 选中表格标题"员工基本信息表"。

② 将标题格式设置为黑体、二号、加粗、居中、段后间距 1 行。

（3）设置表格内文字格式。

① 选中整张表格。

② 将表格内所有文字设置为宋体、小四号。

③ 设置整张表格中所有文字的对齐方式为"中部居中"。

图 2.24 "表格属性"对话框

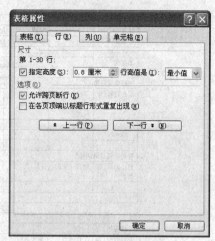

图 2.25 设置表格行高

（4）设置表中各栏目的格式。

① 选中表格中的"基本信息"单元格，将字体设置为"华文行楷"，字号设置为"三号"。

② 选择【格式】→【边框和底纹】命令，打开"边框和底纹"对话框，切换到如图 2.26 所示的"底纹"选项卡，设置单元格底纹为"灰色-5%"，设置后效果如图 2.27 所示。

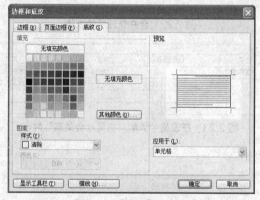

图 2.26 "底纹"选项卡

基本信息					
姓名		性别		民族	
政治面貌		最高学历		学位	
技术职称		职称等级		籍贯	照片（1寸）
出生地		户口所在地			
家庭地址					

图 2.27 设置字体和底纹后的效果

③ 用同样的方法将对"学校教育经历""在职教育及培训经历""工作经历""主要社会关系""奖惩情况""专业特长"及"主要工作业绩"所在单元格的字体和底纹设置相同的格式。

（5）设置文字方向。

① 选定"配偶"单元格。

② 选择【格式】→【文字方向】命令，在"文字方向-主文档"对话框中，选定图 2.28 所示的纵向文字方向。

③ 用同样的方法将"家庭成员"单元格的文字方向改为纵向。

（6）设置表格边框。

① 选中整个表格。

② 选择【格式】→【边框和底纹】命令，打开"边框和底纹"对话框，将表格边框设置为外边框 1 1/2 磅、内框线 3/4 磅，如图 2.29 所示。

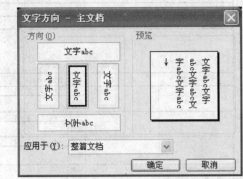
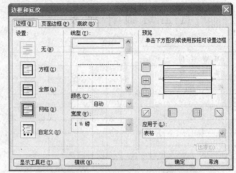

图 2.28 "文字方向-表格单元格"对话框　　　　图 2.29 "边框和底纹"对话框

步骤 6　调整表格整体效果

（1）调整部分单元格的行高和列宽。适当减小"配偶"和"家庭成员"单元格的列宽，使竖排文字刚好容纳。

（2）使用手动调整方式增加"奖惩情况""专业特长"及"主要工作业绩"下方的内容单元格行高，以增加预留空间。

（3）根据单元格中文本的实际情况，适当对整个表格作一些调整，一份专业而规范的员工基本信息表就制作完成了。

（4）保存美化后的表格。

【拓展案例】

1. 公司应聘人员登记表（如图 2.30 所示）

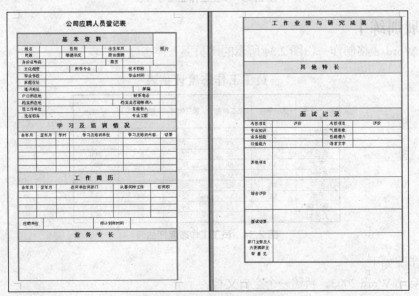

图 2.30　公司应聘人员登记表

2. 员工培训计划表（如图 2.31 所示）

3. 员工面试表（如图 2.32 所示）

员 工 培 训 计 划 表

单位_____　　　　编号_____

工 号	培 训 类 别				备注
	培 训 名 称				
	姓名	工作类别			

批准_____　　审核_____　　拟订_____

图 2.31　员工培训计划表

面 试 表

面试职位		姓名		年龄		面试编号	
居住地			联系方式				
时间		毕业学校			专 业		
学历		期望月薪			专 长		
工作经历							

问 题	回 答	评价（分数）
1		5　4　3　2　1
	理由	
2		5　4　3　2　1
	理由	
3		5　4　3　2　1
	理由	

综合议价（分数） A　B　C　D　E	考官评语	分数 总计

图 2.32　员工面试表

4. 员工工作业绩考核表（如图 2.33 所示）

工作业绩考核表

重点工作项目	目标衡量标准	关键策略	权重(%)	资源支持承诺	参与评价者评分	自评得分	上级评分
1、							
2、							
3、							
4、							
5、							
合计	评价得分=∑（评分*权重）		100%				

图 2.33　员工工作业绩考核表

【拓展训练】

利用 Word 表格制作一份图 2.34 所示的"员工工作态度评估表"。

员工工作态度评估表

时间\姓名	第一季度	第二季度	第三季度	第四季度	平均分
慕容上	91	92	95	96	93.5
柏国力	88	84	80	82	83.5
全程希	80	82	87	87	84.0
文念	83	88	78	80	82.3
皮建业	90	80	70	70	77.5
段齐	84	83	82	85	83.5
费乐	84	84	83	84	83.8
高玲林	85	83	84	82	83.5
黄信利	80	79	90	81	82.5

图 2.34　员工工作态度评估表

操作步骤如下。

（1）启动 Word 2003，新建一个空白文档。

（2）输入图 2.34 中的表格标题的文字内容"员工工作态度评估表"。

（3）选择【表格】→【插入】→【表格】命令，插入一个6列、10行的表格。

（4）绘制斜线表头。将光标置于表格中的任意单元格中，选择【表格】→【绘制斜线表头】命令，打开图2.35所示的"插入斜线表头"对话框，选择用户需要的表头样式，设置表头字体大小，再分别输入所需的行、列等标题，最后单击【确定】按钮。

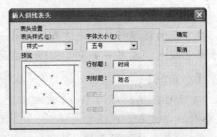

图2.35　"插入斜线表头"对话框

【提示】

绘制斜线表头还有以下操作方法。

① 在"边框和底纹"对话框中，选择"预览"区域的【斜下框线】按钮或【斜上框线】按钮，可以设置表格的斜线。

② 在"表格和边框"工具栏上，选择【斜下框线】按钮或【斜上框线】按钮，可以设置表格的斜线。

③ 在"表格和边框"工具栏上，选择【绘制表格】按钮，自己画出斜线。

（5）根据图2.34输入表格中的数据（除"平均分"列）。

（6）计算平均分。将光标置于第二行的"平均分"列单元格中，选择【表格】→【公式】命令，打开图2.36所示的"公式"对话框，在"公式"框中输入计算平均分的公式或在"粘贴函数"列表中选择需要的函数，再输入参与计算的单元格，如图2.37所示，最后单击【确定】按钮。

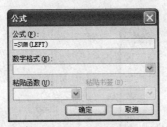

图2.36　"公式"对话框

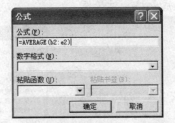

图2.37　在"公式"对话框中输入所需函数

【提示】

在公式或函数中一般引用单元格的名称来表示参与运算的参数。单元格名称的表示方法是：列标采用字母"A""B""C"……来表示，行号采用数字"1""2""3"……来表示。因此，若表示第二列第三行的单元格时，其名称为"B3"。

（7）依次计算出其他行的平均分。

（8）选中表格标题"员工工作态度评估表"，将其设置为"黑体""二号""加粗""居中"。

（9）选定整个表格，设置表格的边框为外粗内细的边框线。

（10）将表格中除斜线表头外的其他单元格的字符对齐方式设置为"中部居中"。

（11）适当对整个表格做一些调整后，就完成了如图2.34所示的"员工工作态度评估表"。

【提示】

用Word制作表格时，当表格中的数据量较大时，表格长度往往会超过一页，Word提供了重复标题行的功能，即让标题行反复出现在每一页表格的首行或数行，这样便于用户对表格内容进行理解，也能满足某些时候表格打印的要求。操作方法如下。

① 选择一行或多行标题行，选定内容必须包括表格的第一行。

② 选择【表格】→【标题行重复】命令。

【注意】

要重复的标题行必须是该表格的第一行或开始的连续数行，否则"标题行重复"命令将处于禁止状态。在每一页重复出现表格的表头，对用户阅读、使用表格带来了很大方便。

【小知识】

对于已经编辑好的 Word 文档来说，如果用户想把文本转换成表格的形式，或者想把表格转换成文本，也很容易实现。

（1）文本转换成表格

① 插入分隔符（分隔符：将表格转换为文本时，用分隔符标识文字分隔的位置，或在将文本转换为表格时，用其标识新行或新列的起始位置。例如逗号或制表符，如图 2.38 和图 2.39 所示。），以指示将文本分成列的位置，再使用段落标记指示要开始新行的位置。

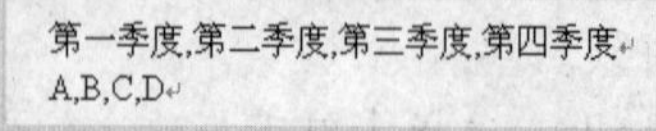

第一季度,第二季度,第三季度,第四季度
A,B,C,D

图 2.38　使用逗号作为分隔符

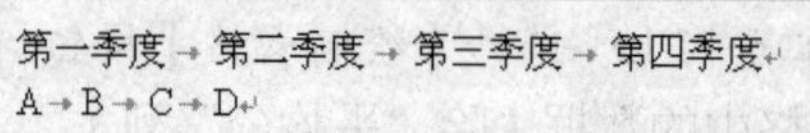

第一季度 → 第二季度 → 第三季度 → 第四季度
A → B → C → D

图 2.39　使用制表符作为分隔符

② 选择要转换的文本。

③ 选择【表格】→【转换】→【文本转换成表格】命令，打开图 2.40 所示的"将文字转换成表格"对话框。

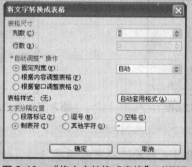

图 2.40　"将文字转换成表格"对话框

④ 在"文本转换成表格"对话框的"文字分隔位置"下，单击要在文本中使用的分隔符对应的选项。

⑤ 在"列数"框中，选择列数。

如果未看到预期的列数，则可能是文本中的一行或多行缺少分隔符。这里的行数由文本的段落标记决定，因此为默认值。

⑥ 选择需要的其他选项，然后单击【确定】按钮，即可将文本转换成如图 2.41 所示的表格。

（2）表格转换成文本

① 选择要转换成文本的表格。

② 选择【表格】→【转换】→【表格转换成文本】命令，打开图 2.42 所示的"表格转换成文本"对话框。

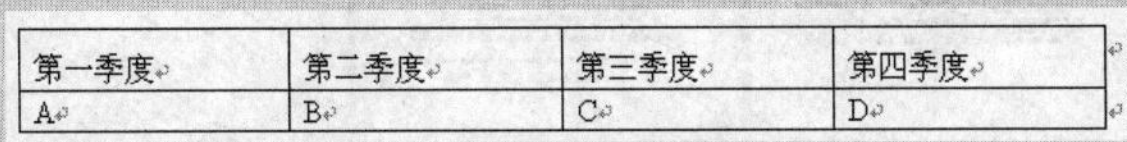

第一季度	第二季度	第三季度	第四季度
A	B	C	D

图 2.41　由文本转换成的表格　　　　　　　　图 2.42　"表格转换成文本"对话框

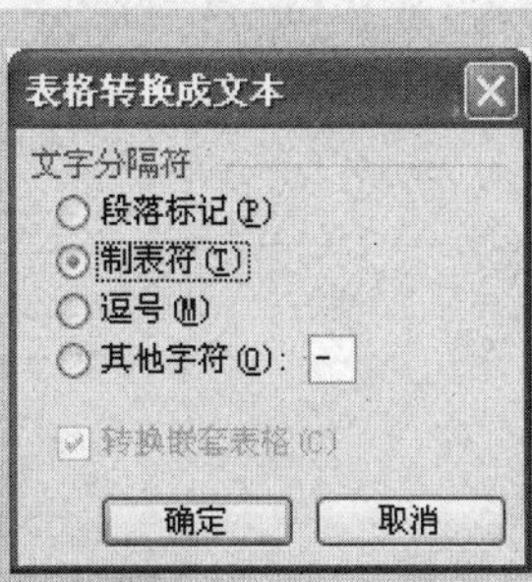

③ "文字分隔符"下，单击要用于代替列边界的分隔符对应的选项，表格各行默认用段落标记分隔，然后单击【确定】按钮即可将表格转换成文本。

【案例小结】

本案例通过讲解制作"员工基本信息表""公司应聘人员登记表""员工培训计划表""员工面试表""员工工作业绩考核表"和"员工工作态度评估表"等人力资源部门常用的表格，向读者介绍了在 Word 文档中表格的创建和插入、表格行高和列宽的设置、表格的插入和删除等基本操作，同时介绍了斜线表头的绘制、表格数据的计算处理。此外，本节还介绍了表格中单元格的合并和拆分、以及表格内字符的格式化处理、表格的边框和底纹设置等美化和修饰操作。

📖 学习总结

本案例所用软件	
案例中包含的知识和技能	
你已熟知或掌握的知识和技能	
你认为还有哪些知识或技能需要进行强化	
案例中可使用的 Office 技巧	
学习本案例之后的体会	

2.3　案例 8　制作公司员工人事劳动合同

【案例分析】

劳动用工合同是劳动者和用工单位之间签订的书面合同，它用于明确用工单位和受雇者双方的权利和义务，实行责、权、利相结合的原则。本案例将讲解利用 Word 文档制作通用的劳动用工合同文书，要求效果如图 2.43 所示。

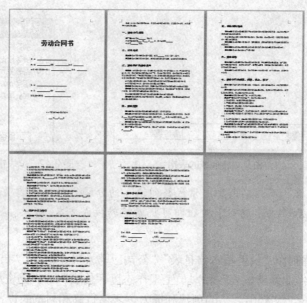

图2.43 "劳动合同书"效果图

【解决方案】

步骤1 准备合同资料

（1）打开本书提供的素材文件夹中"人力资源篇\案例8"中的"劳动合同书（原文）.doc"文档。

（2）单击【文件】→【另存为】命令，打开"另存为"对话框，将文件以"劳动合同书"为名、以"文档模板"为保存类型，保存在"D:\科源有限公司\人力资源部"文件夹中，如图2.44所示。

步骤2 插入分页符

（1）将光标置于"根据《中华人民共和国劳动法》"文本之前。

（2）选择【插入】→【分隔符】命令，打开图2.45所示的"分隔符"对话框，选择"分页符"选项，将光标之后的文本分隔到下一页。

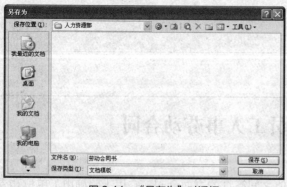

图2.44 "另存为"对话框

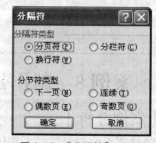

图2.45 "分隔符"对话框

步骤3 设置和应用样式

（1）修改"标题1"样式。

① 选择【格式】→【样式和格式】命令，打开图2.46所示的"样式和格式"任务窗格。

② 在"样式和格式"任务窗格中的"请选择要应用的格式"列表框中，单击"标题 1"右侧的下拉按钮，从弹出的菜单中选择图 2.47 所示的【修改】命令，打开图 2.48 所示的"修改样式"对话框。

图 2.46　"样式和格式"任务窗格

图 2.47　选择"修改"命令

③ 在"修改样式"对话框中，对"标题 1"样式的字体、段落等进行修改。在此，将其字体设置为黑体、初号、居中、段前段后各 6 行间距，然后单击【确定】按钮。

（2）应用"标题 1"样式。

① 选中文档第一页的标题"劳动合同书"。

② 从"样式"窗格中单击修改后的"标题 1"，将该样式应用于选中的文本"劳动合同书"。

（3）应用"标题 3"样式。

① 按住【Ctrl】键，依次选中文档中的一级标题，如图 2.49 所示。

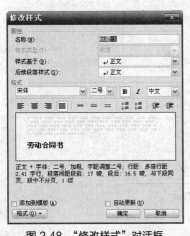

图 2.48　"修改样式"对话框

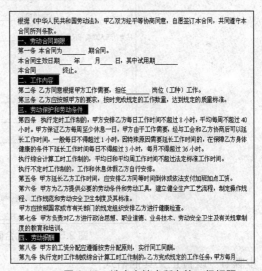

图 2.49　选中文档中所有的一级标题

② 在"样式和格式"任务窗格中单击"标题 3"，使所有选中的内容应用"标题 3"的样式，如图 2.50 所示。

【提示】
单击"格式"工具栏中的"样式"列表，也可为选中的内容设置样式。

步骤 4　制作合同封面

（1）将光标移至文档的第一页。

（2）分别在"乙方"以及"××市劳动和社会保障局监制"之前输入两行空行。

（3）将"甲方……"至"××市劳动和社会保障局监制"之前的段落设置为 2 倍行距，并增加该部分的段落缩进量。

（4）将"××市劳动和社会保障局监制"和"__年__月__日"两行设置为居中、段前间距 1 行。

设置好的封面效果如图 2.51 所示。

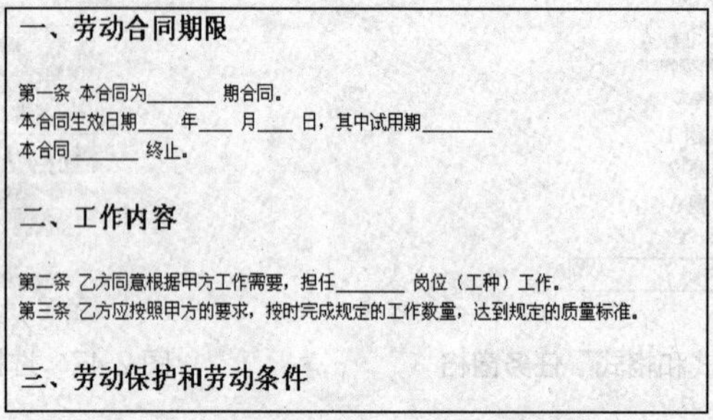

一、劳动合同期限

第一条 本合同为_____ 期合同.

本合同生效日期___ 年___ 月___ 日, 其中试用期_____

本合同_____ 终止.

二、工作内容

第二条 乙方同意根据甲方工作需要, 担任_____ 岗位（工种）工作.

第三条 乙方应按照甲方的要求, 按时完成规定的工作数量, 达到规定的质量标准.

三、劳动保护和劳动条件

图 2.50　应用"标题 3"样式后的文本

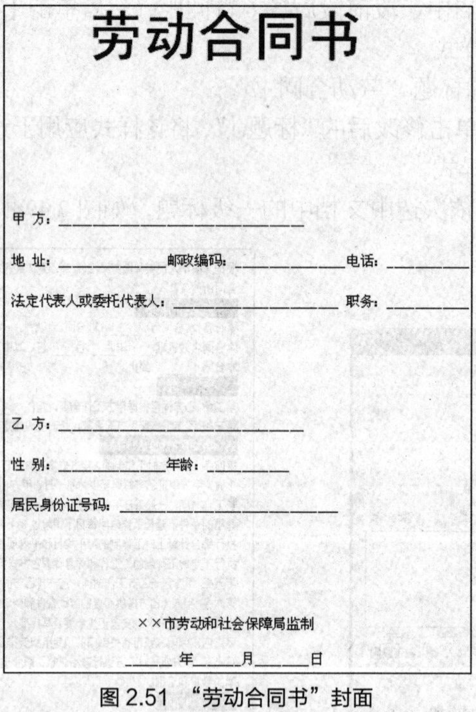

劳动合同书

甲 方: _____

地 址: _____ 邮政编码: _____ 电话: _____

法定代表人或委托代表人: _____ 职务: _____

乙 方: _____

性 别: _____ 年龄: _____

居民身份证号码: _____

××市劳动和社会保障局监制

_____ 年_____ 月_____ 日

图 2.51　"劳动合同书"封面

步骤 5　设置正文其他格式

（1）选中正文中除标题行外的其他段落，将其设置为首行缩进 2 字符。

（2）将文档中的"第一条"字符设置为宋体、五号、加粗。

（3）选中设置格式后的"第一条"字符，双击"常用"工具栏上的【格式刷】按钮，分别将该样式复制给文档中的其他"第×条"字符。

步骤 6　设置合同落款格式

（1）在落款的"甲方（盖章）"之前加入两行空行，使其与正文有间隔。

（2）选中文档的末尾，即从"甲方（盖章）"到"__年__月__日"，将其行距设置为 1.5 倍行距。

（3）保存并关闭文档。

【拓展案例】

1. 人事录用通知书（如图 2.52 所示）

录用通知书

李政先生：

经我公司研究，决定录用您为本公司员工，欢迎您加盟本公司，请您于 2009 年 9 月 18 日到本公司人事部报到。本公司试用期为 3 个月；若您不能就职，请于 2009 年 9 月 15 日前告知本公司。

科源有限公司人事部

2009 年 9 月 6 日

附：报到须知

报到时请持录取通知书，带本人 1 寸照片 3 张及身份证、学历学位证书原件和复印件，指定医院体检表。

图 2.52　人事录用通知书

2. 培训合约（如图 2.53 所示）
3. 部门岗位职责说明书（如图 2.54 所示）

培 训 合 约

甲方：
乙方：　　　　　　　身份证号码：

因业务需要，甲方派遣乙方参加　　　　　培训，为明确双方权利及义务关系，双方经协商达成如下协议：

一、甲方负责支付培训费用和交通费、食宿费；培训费全额支付，交通费和食宿费按甲方现行的财务制度执行。

二、根据培训小时数，乙方须相应延长为甲方服务的期限；受训时数以 8 小时为标准（不足 8 小时的按 8 小时计），每受训满 8 小时，则乙方为甲方服务期限增加一个月，即在甲、乙双方签订的本年度《劳动合同》中约定的合同期限的基础上增加一个月。

本次培训时数为＿＿＿小时，乙方应继续为甲方服务至　　年　　月　　日时止。

三、如乙方有下列情形之一者，所有培训甲方支付的费用由乙方负担，甲方将从乙方薪资中扣回，若乙方在扣清费用前离职（包括申请辞职与严重违反公司规章而被辞退），须缴清所欠剩余款项方可离职。否则，甲方将追究乙方法律责任。

1. 培训期间申请离职者；
2. 未通过培训考试或未取得合格证书者；
3. 培训期间缺席累计达培训时间三分之一者。

四、如乙方违背第二条规定，约定的服务期满之前离职（包括申请辞职与严重违反公司规章而被辞退），乙方须按所服务期时算费用赔偿甲方损失（计算方法：赔偿金额＝（培训费用、交通食宿等费用总额／约定的继续服务天数）×约定的继续服务天数－实际服务天数。）；否则，甲方将追究乙方法律责任。

五、本合约为双方签订的＿＿＿＿年度《劳动合同》的补充条款，自双方签字盖章之日起生效。

六、本合约一式两份，甲方、乙方各保存一份。

甲方签章：　　　　　　乙方签字：
日　　期：　　　　　　日　　期：

图 2.53　培训合约

岗位责任书

一、岗位名称：统计员
二、隶属单位：市场部销售科
三、岗位职级：
四、直接上级：销售科负责人
五、直接下级：
六、岗位职责：

1. 负责专柜周/月报、超市月报的录入、统计。
2. 负责完成经销商产品库存及促销品库存的录入、统计。
3. 负责出具各项销售报表，并进行分析与反馈。
4. 负责促销品的核销，并将核销中的异常情况反馈部门负责人。
5. 负责促销品的账目记录。
6. 负责售后服务工作。
7. 负责专柜周/月报、超市月报和促销品库存表的整理、归档和保管。
8. 负责《市场发货通知单》及其他文件的打印。

七、工作内容与要求：

1. 严格按照公司要求做好专柜周/月报、超市月报的统计工作，确保数据准确，并及时将销售报表及分析结果提交给各相关部门或相关岗位的负责人。
2. 定期将各市场报表中发现的异常情况反馈到销售科负责人。
3. 确保按财务制度规定的方式、时间完成促销品的第三级核销工作。
4. 对促销品核销工作中发现的问题应及时反馈到销售科负责人。
5. 协助做好促销品的管理工作，及时将促销品调拨申请等提交财务科开单。
6. 对消费者投诉事件进行有效指导，避免事态扩大。
7. 在半个工作日内完成《市场发货通知单》的制作工作，确保经销商名称、代码、产品名称、代码、数量、金额准确无误。
8. 准确、及时地完成上级交办的其他工作。

图 2.54　部门岗位职责说明书

4. 担保书（如图 2.55 所示）

【拓展训练】

利用 Word 制作"业绩报告"模板，并利用模板制作一份"物流部 2013 年度业绩报告"，如图 2.56 所示。

操作步骤如下。

（1）启动 Word 2003。

担保书

_____公司：

现推荐_____先生/女士去贵公司工作，其年龄_____，学历_____，户口所在地_____，曾从事过

_____工作。我对他（她）人品及工作能力的评价是

_____，为此我自愿为他（她）

进行担保。如其在贵公司工作期间因违纪违法给贵公司造成经济损失，本人愿意承担对其损害贵公司利益的行为进行劝阻、制止和及时反映的责任，并对其因故意或过失给贵公司造成的经济损失承担连带赔偿责任。如在贵公司书面通知本人后15日内未履行担保义务，贵公司可依法追究本人的法律责任。

谨此担保！

担保人（签章）：　　　　　　　　　　被担保人（签章）：

身份证号：　　　　　　　　　　　　　身份证号：

家庭住址：　　　　　　　　　　　　　家庭住址：

家庭电话：　　　　　　　　　　　　　联系电话：

单位地址：　　　　　　　　　　　　　日　　期：

单位电话：

日　　期：

图 2.55　担保书

（2）制作"业绩报告"模板。

① 单击【文件】→【新建】命令，打开"新建文档"任务窗格。

② 单击任务窗格"模板"区的"本机上的模板"，打开"模板"对话框，选择"报告"选项卡，在其中选中"典雅型报告"模板，然后选中"新建"区的【模板】单选按钮，如图2.57所示。

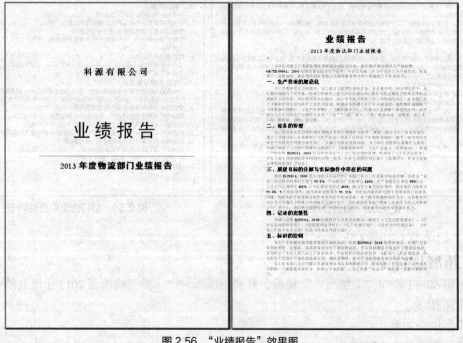

图 2.56　"业绩报告"效果图

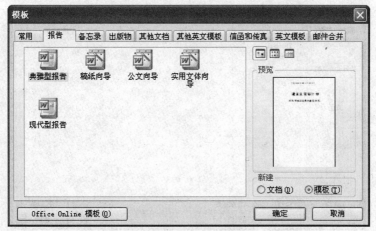

图 2.57 "模板"对话框

③ 单击【确定】按钮后,便以"典雅型报告"模板为基准创建了一个模板。接下来我们修改其中的文字和样式从而得到适合自己需要的模板。

④ 修改模板文字内容。为了便于浏览,我们切换到"普通视图"。在"单击此处键入公司名称"处输入公司的名称"科源有限公司",以后用此模板新建文档时就不必重新输入了。

⑤ 选中"营销计划"段落,将其更改为"业绩报告"。更改"向东部地区发展的最佳时机"为"××年度××部门业绩报告","分节符(下一页)"下方的标题也按此更改,完成后的效果如图 2.58 所示。

⑥ 删除模板后面其余的文本内容。

图 2.58　模板的初步效果

(3)利用"样式"进一步修改模板,以满足公司对文档外观的需求。

① 单击【格式】→【样式和格式】命令,打开"样式和格式"任务窗格。

② 修改"公司名"样式。选中公司名称"科源有限公司",在任务窗格中找到样式"公司名",单击其右侧的下拉按钮,再选择【修改】命令,打开"修改样式"对话框,将字体修改为宋体、二号、加粗,并选中"自动更新"选项,最后单击【确定】按钮。

③ 修改"封面标题"样式。同样地,选中封面标题"业绩报告",将封面标题的样式修改为黑体、48 磅、字符间距加宽 5 磅、段前段后间距为 3 行,并选中"自动更新"选项,最后单击【确定】按钮。

④ 将"公司名称"占位符文本框适当下移,以使封面内容居于页面中央。

(4)以"公司业绩报告"为名保存所做的模板。

① 单击工具栏上的【保存】按钮,或者选择【文件】→【另存为】命令,打开"另存为"对话框。由于我们在创建文档时就选择了"模板"选项,因此此时 Word 自动识别我们是要保存一个模板,并定位到了 Word 模板的默认保存位置,如图 2.59 所示。

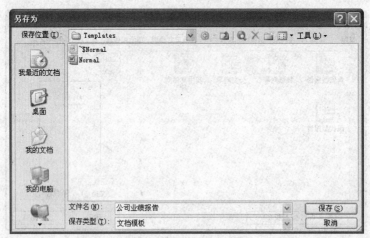

图 2.59 "另存为"对话框

② 单击【确定】按钮,退出 Word 程序。

【提示】

Word 用户创建模板的默认保存位置为 C:\Documents and Settings\×××(用户账号)\Application Data\Microsoft\Templates 文件夹。用户当然可以把自己创建的模板保存到其他位置,但是建议保存在这个默认位置,因为保存在这里的模板会在"模板"对话框的"常规"选项卡中显示,以后利用该模板新建文档时方便选用。

(5)应用"业绩报告模板"创建业绩报告。

① 启动启动 Word 2003。

② 单击【文件】→【新建】命令,打开"新建文档"任务窗格。

③ 再单击任务窗格"模板"区的"本机上的模板",打开"模板"对话框,选择"常用"选项卡。前面我们所创建的"公司业绩报告"模板出现在"常用"模板选项中,选中"公司业绩报告"模板,如图 2.60 所示,然后选中"新建"区的【文档】单选按钮,再单击【确定】按钮。

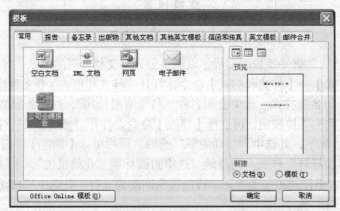

图 2.60 选择自己创建的"公司业绩报告"模板

④ 创建物流部 2013 年度业绩报告的具体内容。

【案例小结】

本案例通过解制作"劳动用工合同""公司业绩报告"等人力资源管理部门常用的文档,向读者介绍了 Word 文档的创建、编辑和文本的格式化处理等基本操作,同时讲解了利用样式、模板、格式刷等对文档进行修饰处理的方法。

此外，"人事录用通知书""培训合约""部门岗位职责说明书""担保书"等多个拓展案例的列举，可让读者举一反三，掌握 Word 在人力资源管理中的应用。

📖 学习总结

本案例所用软件	
案例中包含的知识和技能	
你已熟知或掌握的知识和技能	
你认为还有哪些知识或技能需要进行强化	
案例中可使用的Office 技巧	
学习本案例之后的体会	

2.4　案例 9　制作新员工培训讲义

【案例分析】

企业对员工的培训是人力资源开发的重要途径。对员工进行培训不仅能提高员工的思想认识和技术水平，而且有助于公司员工团队精神的培养，增强员工的凝聚力和向心力，满足企业发展对高素质人才的需求。本案例利用 PowerPoint 制作培训讲义，以提高员工培训的效果。员工培训讲义的效果图如图 2.61 所示。

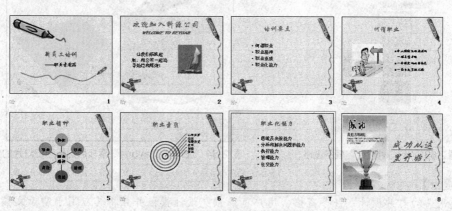

图 2.61　员工培训讲义的效果图

【解决方案】

步骤 1　新建并保存文档

（1）启动 PowerPoint 2003，新建一个空白演示文稿，出现一张"标题幻灯片"版式的幻灯片，如图 2.62 所示。

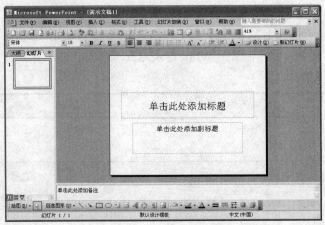

图 2.62 新建空白演示文稿

（2）将演示文稿按文件类型"演示文稿"、以"新员工培训"为名保存在"D:\科源有限公司\人力资源部"文件夹中。

步骤 2 应用幻灯片设计模板

【提示】

应用设计模板，该模板的幻灯片母版的背景、颜色、字体、效果、占位符大小及位置都将添加到演示文稿中。如果用户同时对所有的幻灯片应用其他的模板，旧的幻灯片模板将被新模板中的母版所代替。

（1）单击【格式】→【幻灯片设计】命令，打开如图 2.63 所示的"幻灯片设计"任务窗格。

（2）在"幻灯片设计"任务窗格中选择"应用设计模板"中的"Crayons"模板，可将选中的幻灯片模板应用到所有幻灯片中，图 2.64 为应用了"Crayons"模板后的标题幻灯片的效果图。

图 2.63 "幻灯片设计"任务窗格

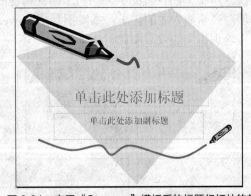

图 2.64 应用"Crayons"模板后的标题幻灯片的效果图

【提示】

使用"幻灯片设计"任务窗格，用户可以预览设计模板并且将其应用于演示文稿中。用户可以将模板应用于所有的或选定的幻灯片中，还可以在单个的演示文稿中应用多种类型的设计模板。

应用幻灯片设计模板还有如下的方法。

① 用鼠标右键单击幻灯片空白处，从弹出的快捷菜单中选择【幻灯片设计】命令，打开"幻灯片设计"任务窗格。

② 单击"格式"工具栏上的【设计】按钮 设计(S)，打开"幻灯片设计"任务窗格。

步骤3 编辑培训讲义

（1）制作第一张幻灯片。

① 单击"单击此处添加标题"框，输入标题"新员工培训"。

② 再单击"单击此处添加副标题"框，输入副标题"——职业素质篇"，并将其字体设置为楷体 GB_2312、32 磅。

（2）制作第二张幻灯片。

① 单击【插入】→【新幻灯片】命令，插入一张版式为"标题和文本"的新幻灯片。

② 在右侧的"幻灯片版式"任务窗格中选择"其他版式"中的"标题，文本与剪贴画"选项，新插入的幻灯片就套用了该版式，如图 2.65 所示。

【提示】
　　若右则的"幻灯片版式"任务窗格已关闭，用户可单击【格式】→【幻灯片版式】命令，打开任务窗格。

③ 在幻灯片的标题中输入"欢迎加入科源公司"以及"WELCOME TO KEYUAN"文本。

④ 在左侧的内容框中输入图 2.66 所示的文本。

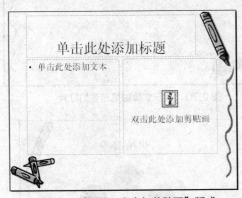

图 2.65 "标题，文本与剪贴画"版式

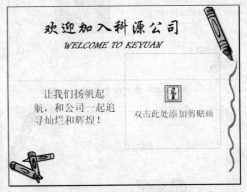

图 2.66 第二张幻灯片的标题和文本

⑤ 双击右侧的"剪贴画"占位符，打开图 2.67 所示的"选择图片"对话框。在"搜索文字"文本框中输入关键字"帆船"后，单击【搜索】按钮，搜索出图 2.68 所示的关于帆船的剪贴画。单击需要的剪贴画，将选择的剪贴画插入到右侧的内容框中。

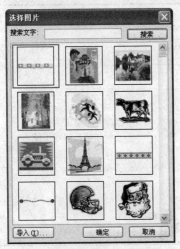

图 2.67 "选择图片"对话框

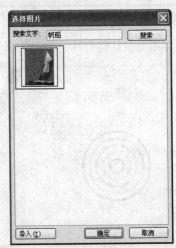

图 2.68 搜索到"帆船"的剪贴画

⑥ 对幻灯片中的字体、颜色等进行适当的设置，取消左侧文本的项目符号，再适当地调整剪贴画的位置和大小，完成图 2.69 所示的第 2 张幻灯片。

（3）制作第三张新幻灯片，创建图 2.70 所示的演示文稿的第三张幻灯片。

（4）制作第四张新幻灯片，应用"标题，剪贴画与文本"版式，创建图 2.71 所示的演示文稿的第四张幻灯片。

（5）制作第五张新幻灯片，利用"射线图"图示创建图 2.72 所示的演示文稿的第五张幻灯片。

（6）制作第六张新幻灯片，利用"目标图"图示创建图 2.73 所示的演示文稿的第六张幻灯片。

图 2.69　第二张幻灯片效果图

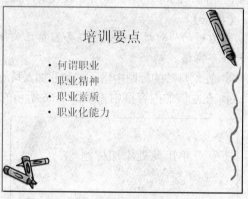

图 2.70　演示文稿的第三张幻灯片

图 2.71　演示文稿的第四张幻灯片

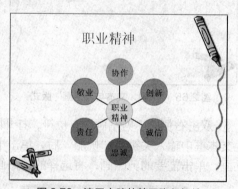

图 2.72　演示文稿的第五张幻灯片

（7）制作第七张新幻灯片，效果如图 2.74 所示。

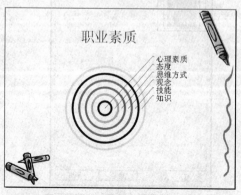

图 2.73　演示文稿的第六张幻灯片

图 2.74　演示文稿的第七张幻灯片

（8）制作第八张新幻灯片。插入一张"空白"版式的幻灯片，在幻灯片中插入一个文本框，输入文本"成功从这里开始！"，将文本字体设置为华文行楷、75磅、倾斜、下画线、红色。在文字左侧插入一幅图片，如图2.75所示。至此，幻灯片的内容制作完毕。

步骤4 修饰培训讲义

（1）设置幻灯片背景。

① 选择【格式】→【背景】命令，打开图2.76所示的"背景"对话框。

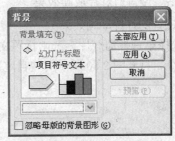

图2.75 演示文稿的第八张幻灯片　　　　图2.76 "背景"对话框

② 单击"背景填充"中的下拉按钮，打开下拉列表，选择【填充效果】命令，打开"填充效果"对话框。

③ 在"纹理"选项卡中，选择图2.77所示的"新闻纸"纹理效果。

④ 单击【确定】按钮，返回"背景"对话框，单击【全部应用】按钮，将选定的纹理应用到所有幻灯片背景中。

【提示】

设置幻灯片背景效果时，用户若只想将选定的样式应用于所选幻灯片中，可在"背景"对话框中单击【应用】按钮。

（2）插入幻灯片编号。

① 单击【插入】→【幻灯片编号】命令，打开图2.78所示的"页眉和页脚"对话框。

② 选择"幻灯片"选项卡，选中其中的【幻灯片编号】和【标题幻灯片中不显示】两项，然后单击【全部应用】按钮，在幻灯片中插入幻灯片编号。

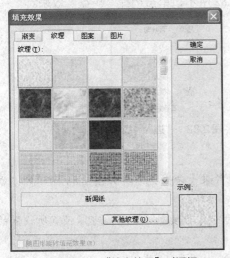

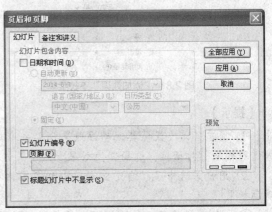

图2.77 "填充效果"对话框　　　　　　图2.78 "页眉和页脚"对话框

（3）设置幻灯片标题格式。将演示文稿中所有幻灯片的标题格式设置为华文行楷、48磅、红色、居中。

① 单击【视图】→【母版】→【幻灯片母版】命令，打开图2.79所示的幻灯片母版视图。

② 将幻灯片标题占位符中的文字"单击此处编辑母版标题样式"选中，设置其格式为华文行楷、48磅、红色、居中。

③ 单击"幻灯片母版视图"工具栏上的【关闭母版视图】按钮，返回普通视图，将所有幻灯片的标题设置为相同的格式。

步骤5　设置幻灯片放映效果

（1）设置幻灯片动画效果。

① 选择第一张幻灯片，选中标题文本"新员工培训"，单击【幻灯片放映】→【自定义动画】命令，打开图2.80所示的"自定义动画"任务窗格。

图2.79　幻灯片母版视图　　　　　图2.80　"自定义动画"任务窗格

② 单击"自定义动画"任务窗格中的【添加效果】按钮，打开图2.81所示的下拉菜单。

③ 单击【进入】命令，打开级联菜单，如图2.82所示，单击选择"棋盘"效果。

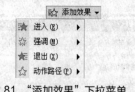 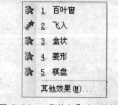

图2.81　"添加效果"下拉菜单　　　图2.82　"进入"级联菜单

【提示】

① 用户若需要设置其他动画效果，单击【其他效果】命令，可打开图2.83所示的"添加进入效果"对话框，选择其他效果。

② 用户若选中了"自定义动画"任务窗格中的"自动预览"选项，可以预览所设置的动画效果。

④ 同样，选中幻灯片副标题，将其进入效果设置为"百叶窗"。

⑤ 选中其他幻灯片中的对象，为其定义适当的动画效果。

（2）设置幻灯片切换效果。

① 单击【幻灯片放映】→【幻灯片切换】命令，打开图2.84所示的"幻灯片切换"任务窗格。

② 从"幻灯片切换"任务窗格中选择"应用于所选幻灯片"列表中的"随机"效果。

③ 对"幻灯片切换"任务窗格中的"修改切换效果"进行设置，将"速度"设置为"中速"，再将"换片方式"设置为"单击鼠标时"。

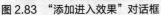

图2.83 "添加进入效果"对话框　　图2.84 "幻灯片切换"任务窗格

④ 单击任务窗格下部的【应用于所有幻灯片】按钮，可将设定的幻灯片切换方式应用于演示文稿的所有幻灯片。

【提示】

用户若需在每张幻灯片上设置不同的切换方式，则不用单击【应用于所有幻灯片】按钮，而是对每张幻灯片分别进行设置。

（3）设置演示文稿的放映。

① 选择【幻灯片放映】→【设置放映方式】命令，打开图2.85所示的"设置放映方式"对话框。

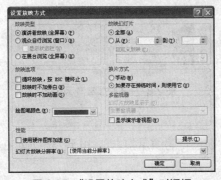

图2.85 "设置放映方式"对话框

② 对幻灯片的放映方式进行设置。设置放映类型为"演讲者放映（全屏幕）"，换片方式为"手动"。

（4）放映幻灯片。演示文稿设置完毕，选择【幻灯片放映】→【观看放映】命令，进入幻灯片放映视图，观看幻灯片。

（5）保存演示文稿后关闭 PowerPoint 程序。

【提示】

　若用户需要将演示文稿直接用于播放，也可将文件类型保存为"PowerPoint 放映"格式，即文件以".pps"格式保存。但需注意的是，"PowerPoint 放映"格式的演示文稿不能再进行编辑。

【拓展案例】

1. 公司年度总结报告演示文稿（如图 2.86 所示）

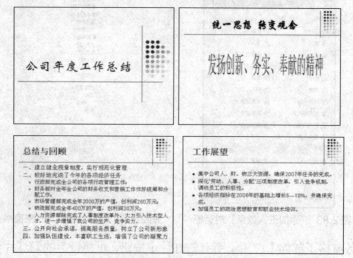

图 2.86　公司年度总结报告演示文稿

2. 述职报告演示文稿（如图 2.87 所示）

图 2.87　述职报告演示文稿

【拓展训练】

利用 PowerPoint 制作"职位竞聘演示报告"，用于公司人员在职位竞聘时播放，如图 2.88 所示。

操作步骤如下。

（1）启动 PowerPoint 2003，新建一个空白演示文稿，出现一张"标题幻灯片"版式的幻灯片，以"职位竞聘演示报告"为名保存在"D:\科源有限公司\人力资源部"文件夹中。

（2）单击"单击此处添加标题"文本框，输入标题"市场部主管"，并将其字体设置为宋体、60 磅、加粗、居中。

图 2.88　"职位竞聘演示报告"效果图

（3）单击"单击此处添加副标题"文本框，输入副标题"——职位竞聘"，并将其字体设置为华文行楷、32 磅、右对齐，如图 2.89 所示。

（4）单击【插入】→【新幻灯片】命令，插入一张版式为"标题和文本"的新幻灯片，在右侧的"幻灯片版式"任务窗格中选择"标题，剪贴画与文本"版式，新插入的幻灯片就套用了该版式。

（5）在该幻灯片的相应位置上分别添加图 2.90 所示的内容，并对字体、颜色等进行适当的设置。

图 2.89　第一张幻灯片　　　　　　　图 2.90　第二张幻灯片

（6）插入新的幻灯片，创建第三张、第四张幻灯片，如图 2.91 和图 2.92 所示。

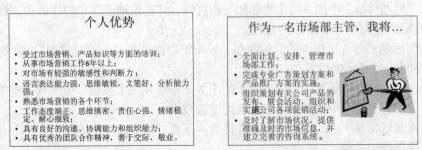

图 2.91　第三张幻灯片　　　　　　　图 2.92　第四张幻灯片

（7）选中第四张幻灯片，单击【编辑】→【复制】命令，再单击【编辑】→【粘贴】命令，将第四张幻灯片复制一份。

（8）在复制出来的第五张幻灯片中编辑图 2.93 所示的内容，重新插入所需的图片，并移动、调整文本框和剪贴画的位置。

（9）最后，插入一张版式为"空白"的幻灯片，在幻灯片中插入艺术字"谢谢!"，并适当地调整艺术字的大小和位置，如图 2.94 所示。

图 2.93　第五张幻灯片

图 2.94　第六张幻灯片

（10）设计幻灯片母版。

① 单击【视图】→【母版】→【幻灯片母版】命令，切换到"幻灯片母版"视图，如图 2.95 所示。

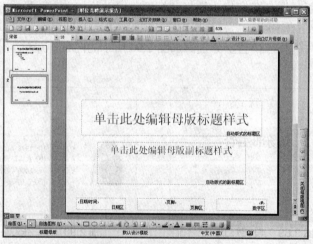

图 2.95　"幻灯片母版"视图

② 在"标题母版"中插入两个菱形和一条直线，并适当地设置它们的格式，将这三个图形进行组合后，移至图 2.96 所示的位置。

③ 复制标题幻灯片母版中的自绘图形，单击窗口左侧的"幻灯片母版"，将复制的自绘图形粘贴至图 2.97 所示的位置。

④ 单击"幻灯片母版视图"工具栏上的【关闭母版视图】按钮，返回普通视图。

（11）分别为幻灯片中的对象设置适当的动画效果。

（12）将演示文稿中的幻灯片切换方式设置为垂直"百叶窗"的效果。

（13）保存演示文稿。

（14）观看幻灯片放映，浏览所创建的演示文稿。

图 2.96　在"标题母版"版式中插入图形

图 2.97　在"幻灯片母版"中插入图形

【案例小结】

本案例以制作"员工培训讲义""年度总结报告""述职报告"和"职位竞聘演示报告"等常见的幻灯片演示文稿为例，讲解了利用 PowerPoint 创建和编辑演示文稿、复制和移动幻灯片等相关操作，还介绍了利用模板和幻灯片母版对演示文稿进行美化和修饰的操作方法。

幻灯片演示文稿的另外一个重要功能是实现了演示文稿的动画播放。本案例通过介绍演示文稿中对象的进入动画，讲解了自定义动画方案、幻灯片切换以及幻灯片播放等知识。

📖 学习总结

本案例所用软件	
案例中包含的知识和技能	
你已熟知或掌握的知识和技能	
你认为还有哪些知识或技能需要进行强化	
案例中可使用的 Office 技巧	
学习本案例之后的体会	

2.5　案例 10　制作员工培训管理表

【案例分析】

企业要想增强市场竞争力，就需要不断提高员工的各项素质和能力。人力资源部门需要根据企业的需要对员工进行培训和考核，按考核结果对员工进行评定。本案例通过讲解制作"员工培训管理表"，来介绍 Excel 软件在培训管理方面的应用。"员工培训管理表"效果如图 2.98 所示。

	A	B	C	D	E	F	G	H	I	J
1					公司员工培训成绩表					
2	序号	姓名	性别	部门	规章制度	质量管理	计算机技能	平均成绩	总成绩	名次
3	1	周苏嘉	女	行政部	85	90	89	88.0	264	3
4	2	周谦	男	物流部	78	70	60	69.3	208	15
5	3	尔阿	男	物流部	94	81	83	86.0	258	6
6	4	夏蓝	女	人力资源部	85	80	90	85.0	255	7
7	5	高亚玲	女	市场部	84	87	82	84.3	253	10
8	6	曾科	男	财务部	80	85	85	83.3	250	11
9	7	费乐	男	财务部	90	92	88	90.0	270	2
10	8	黄雅玲	女	市场部	80	72	50	67.3	202	16
11	9	王利伟	男	市场部	89	72	75	78.7	236	14
12	10	刘光利	女	行政部	82	80	87	83.0	249	12
13	11	林菱	女	市场部	94	85	75	84.7	254	8
14	12	苏洁	女	市场部	91	80	91	87.3	262	4
15	13	司马意	男	行政部	87	84	78	83.0	249	12
16	14	皮桂华	女	行政部	81	92	81	84.7	254	8
17	15	李莫薷	女	物流部	98	85	78	87.0	261	5
18	16	桑南	女	人力资源部	91	92	90	91.0	273	1
19	各培训项目平均成绩				86.8	82.9	80.1	不合格人数		2

图 2.98 "员工培训管理表"效果图

【解决方案】

步骤 1 新建工作簿，重命名工作表

（1）启动 Excel 2003，新建一个空白工作簿。

（2）将创建的工作簿以"员工培训管理表"为名保存在"D:\科源有限公司\人力资源部"中。

（3）选中工作表 Sheet1，然后选择【格式】→【工作表】→【重命名】命令，输入新的工作表名称"培训成绩"，按【Enter】键确认。

【提示】

工作表重命名的方法还有下面两种。

① 选中要重命名的工作表，单击鼠标右键，从弹出的快捷菜单中选择重命名命令，输入新的工作表名称，再按【Enter】键。

② 用鼠标双击工作表标签，输入新的工作表名称，再按【Enter】键。

步骤 2 创建"培训成绩表"框架

（1）在"培训成绩表"中输入工作表标题。在 A1 单元格中输入"公司员工培训成绩表"。

（2）输入表格标题字段。在 A2:J2 单元格中分别输入表格各个字段的标题内容，如图 2.99 所示。

	A	B	C	D	E	F	G	H	I	J
1	公司员工培训成绩表									
2	序号	姓名	性别	部门	规章制度	质量管理	计算机技能	平均成绩	总成绩	名次
3										
4										

图 2.99 "培训成绩表"标题字段

步骤 3 编辑"培训成绩表"数据

（1）输入"序号"。

① 选中 A3 单元格，输入数字"1"。

② 选中 A4 单元格，输入数字"2"。

③ 选中 A3:A4 单元格区域，鼠标指向选中单元格区域的右下角填充句柄，按住鼠标左键，拖曳至 A18 单元格，填充出序号 3～16，如图 2.100 所示。

图 2.100　自动填充序列

（2）输入"姓名"和"部门"。

① 参照图 2.98，在 B3:B18 单元格区域中填入员工"姓名"。

② 参照图 2.98，在 C3:C18 单元格区域中填入员工"性别"。

③ 参照图 2.98，在 D3:D18 单元格区域中填入员工"部门"。

【提示】

数据的录入技巧有以下几方面。

① "序号"录入：对于连续的序列填充，用户可首先输入序号"1"、"2"，然后选中填有"1"、"2"的两个单元格，拖动填充句柄进行填充。此外，用户可先输入数字序号"1"，然后选定填有"1"的单元格，按住【Ctrl】键，再拖动填充句柄进行填充。

② 对于"部门" "学历"等列的录入，当用户需要在多个区域输入同一数据（例如，在同一列的不同单元格中输入性别"女"）时，可以一次性输入：在按住【Ctrl】键的同时，分别点选需要输入同一数据的多个单元格区域，然后直接输入数据，输入完成后，按【Ctrl+Enter】组合键确认即可。

（3）设置各培训项目成绩的数据有效性。

用户在输入数据的过程中，为尽量减小数据输入的错误、提高数据的有效性，可对要输入数据的单元格区域设置有效性规则，使输入的数据在规定的范围之内。

① 选中 E3:G18 单元格区域。

② 选择【数据】→【有效性】命令，打开"数据有效性"对话框。如图 2.101 所示。单击"设置"选项卡，在"允许"下拉列表框中选择"整数"，在"数据"下拉列表框中选择"介于"，分别在"最小值"和"最大值"文本框中输入"0"和"100"，即输入的成绩范围在 0～100。

③ 单击"出错警告"选项卡，如图 2.102 所示。在"样式"下拉列表中选择"警告"，在"标题"文本框中输入"输入错误"，在"错误信息"文本框中输入"成绩应在 0～100 之间！"。

④ 单击【确定】按钮。

（4）参照图 2.98，在 E3:G18 单元格区域中输入员工各项目考核成绩。如果输入的数据不在 0～100，将出现如图 2.103 所示的提示信息。

步骤 4　统计"平均成绩"和"总成绩"

（1）计算"平均成绩"选中 H3 单元格。

（2）单击"常用"工具栏上的 Σ ▾ 按钮右侧的下拉按钮，打开∑下拉菜单，如图 2.104 所示。

（3）从菜单中选择【平均值】命令，在 H3 单元格中出现图 2.105 所示的计算平均值公式

"=AVERAGE(E3:G3)"。

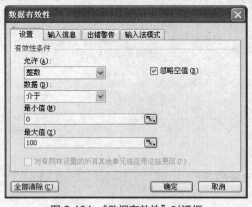

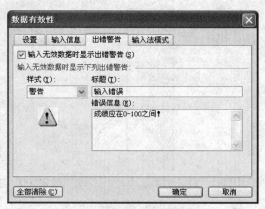

图2.101 "数据有效性"对话框   图2.102 "出错警告"选项卡

图2.103 "输入错误"提示信息   图2.104 Σ下拉菜单

图2.105 计算平均值公式"=AVERAGE(D3:G3)"

【提示】

AVERAGE 函数说明如下。

① 功能：返回参数的平均值（算术平均值）。

② 语法：AVERAGE(number1,number2,...)

其中：Number1, number2, ...为需要计算平均值的 1 到 30 个参数。

（4）按【Enter】键确认，得出 H3 单元格的平均成绩。

（5）选中 H3 单元格，按住鼠标左键不放拖拽其填充句柄至 H18 单元格，将公式复制到 H4:H18 单元格区域中。

（6）计算"总成绩"。选中 I3 单元格，单击"常用"工具栏上的 Σ ▾按钮，在 H3 单元格中出现图 2.106 所示的计算总成绩公式"=SUM(E3:H3)"。这里，我们要计算总成绩的单元格为 E3:G3。因此，我们用鼠标选取 E3:G3 单元格，公式相应地变为"=SUM(E3:G3)"。按【Enter】键确认，得出 I3 单元格的总成绩。

图2.106 默认的计算总成绩公式"=SUM(E3:H3)"

【提示】

SUM 函数说明如下。

① 功能：返回某一单元格区域中所有数字之和。

② 语法：SUM(number1,number2, ...)

其中：Number1, number2, ...为 1 到 30 个需要求和的参数。

（7）选中 I3 单元格，按住鼠标左键不放拖拽其填充句柄至 I18 单元格，将公式复制到 I4:I18 单元格区域中，分别计算出所有员工的总成绩，如图 2.107 所示。

A	B	C	D	E	F	G	H	I	J
1	公司员工培训成绩表								
2	序号	姓名	性别	部门	规章制度	质量管理	计算机技能	平均成绩	总成绩	名次
3	1	周苏嘉	女	行政部	80	90	89	86.33333	259	
4	2	周建	男	物流部	75	78	76	76.33333	229	
5	3	尔阿	男	物流部	89	81	93	84.33333	263	
6	4	夏蓝	女	人力资源部	80	80	90	83.33333	250	
7	5	段齐	女	培训部	90	83	85	86	258	
8	6	高亚玲	女	物业部	79	87	82	82.66667	248	
9	7	曾科	男	财务部	71	89	85	81.66667	245	
10	8	费乐	男	财务部	80	92	88	86.66667	260	
11	9	黄雅玲	女	市场部	85	76	69	76.66667	230	
12	10	王利伟	男	市场部	84	72	86	80.66667	242	
13	11	刘光利	女	行政部	77	80	87	81.33333	244	
14	12	林婴	女	市场部	89	85	75	83	249	
15	13	令狐珊	女	培训部	78	90	80	82.66667	248	
16	14	苏洁	女	市场部	86	80	91	85.66667	257	
17	15	司马髯	男	行政部	82	84	78	81.33333	244	
18	16	皮桂华	女	物业部	76	92	81	83	249	
19	17	辛莫蕾	女	物流部	93	78	85.33333	256	
20	18	慕容勤	女	财务部	83	80	65	76	228	
21	19	桑南	女	人力资源部	86	80	92	86	258	

图 2.107 计算出"平均成绩"和"总成绩"的表格

步骤 5　排列员工培训成绩的名次

（1）选中 J3 单元格。

（2）选择【插入】→【函数】命令，打开"插入函数"对话框。

（3）从"选择函数"列表中选择函数 RANK，打开图 2.108 所示的"函数参数"对话框。

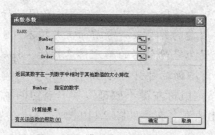

图 2.108 "函数参数"对话框

（4）设置"Number"文本框的参数为"I3"，在"Ref"文本框中设置参数为"I3:I18"。

【提示】

RANK 函数说明如下。

① 功能：返回一个数字在数字列表中的排位。数字的排位是其大小与列表中其他值的比值（如果列表已排过序，则数字的排位就是它当前的位置）。

② 语法：RANK(number,ref,order)

其中：

Number 为需要找到排位的数字。

Ref 为数字列表数组或对数字列表的引用。Ref 中的非数值型参数将被忽略。

Order 为一数字，指明排位的方式。如果 Order 为零或省略，Microsoft Excel 对数字的排位是基于 Ref 为按照降序排列的列表；如果 Order 不为零，Microsoft Excel 对数字的排位是基于 ref 为按照升序排列的列表。

③ 函数 RANK 对重复数的排位相同。但重复数的存在将影响后续数值的排位。例如，在一列按升序排列的整数中，如果整数 10 出现两次，其排位为 5，则 11 的排位为 7（没有排位为 6 的数值）。

（5）单击【确定】按钮，返回工作表中，在 J3 单元格中显示出排名值。

（6）单击 J3 单元格，在"编辑栏"中将公式"=RANK(I3,I3:I18)"公式中单元格区域的相对引用修改为绝对引用"=RANK(I3,$I$3:$I$18)"，如图 2.109 所示，然后按【Enter】键确认。

图 2.109　修改公式

【提示】

单元格区域的相对引用和绝对引用的区别。

① 相对引用：公式中的相对单元格引用（例如 A1）是基于单元格的相对位置的。如果公式所在单元格的位置改变，引用也随之改变；如果多行或多列地复制公式，引用会自动调整。默认情况下，公式使用相对引用。

② 绝对引用的概念。

有时候，用户在公式中需要引用的单元格，无论在哪个结果单元格中，它都固定使用某单元格的数据，不能随着公式的位置变化而变化，这种引用单元格的方式叫做绝对引用。

③ 绝对引用的书写方法。

引用单元格有同时固定列号和行号、只固定列号、只固定行号这三种方法。当用户直接输入单元格名称时，需在要固定的列号或行号前面直接输入"$"符号。另外，用户还可在编辑栏中将光标置于需要设置为绝对引用的单元格名称处，按功能键【F4】，系统即可分别在列号和行号、行号、列号前添加绝对引用符号"$"。

（7）选中 J3 单元格，按住鼠标左键不放拖曳其填充句柄至 J18 单元格，将公式复制到 J4:J18 单元格区域中，排列出所有名次，如图 2.110 所示。

图 2.110　排列名次后的表格

步骤 6　统计各培训项目的平均成绩

（1）在 A19 单元格中输入文本"各培训项目平均成绩"。

（2）选中 E19 单元格。

（3）单击"常用"工具栏上的 Σ - 按钮右侧的下拉按钮，打开图 2.104 所示的菜单。

（4）从菜单中选择【平均值】命令，在 E19 单元格出现公式"=AVERAGE(E3:E18)"，按【Enter】键确认。

（5）选中 E19 单元格，按住鼠标左键不放拖曳其填充句柄至 G19 单元格，将公式复制到 F19:G19 单元格区域中。

步骤7 统计考核不合格的员工人数

企业的人力资源部在对员工进行培训考核后，会根据员工的考核成绩进行划线，即某分数线下的员工被认为不合格。这里，我们假定员工的所有项目平均成绩低于70分，则认定为不合格。

（1）在H19单元格中输入文本"不合格人数"。

（2）选中J19单元格，单击编辑栏上的【*fx*】按钮，打开"插入函数"对话框。

（3）从"选择函数"列表中选择函数COUNTIF，单击【确定】按钮，打开【函数参数】对话框。按图2.111所示，设置函数参数。

图2.111 设置COUNTIF函数参数

（4）按【Enter】键确认，结果如图2.112所示。

图2.112 统计考核不合格的员工人数

步骤8 设置单元格数据格式

将"平均成绩"和"各培训项目平均成绩"的数据保留为1位小数。

（1）选中H3:H18、E19:G19单元格区域。

（2）选择【格式】→【单元格】命令，打开"单元格格式"对话框。

（3）单击"数字"选项卡，从"分类"列表中选择"数值"，将"小数位数"设置为"1"，如图2.113所示。然后单击【确定】按钮，即将"平均成绩"和"各培训项目平均成绩"设置为保留1位小数的数据。

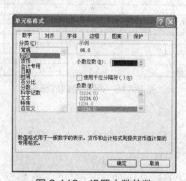

图2.113 设置小数位数

步骤 9　美化员工培训成绩表

（1）设置工作表标题格式。将 A1:J1 单元格合并及居中，并将标题字体格式设置为,华文隶书、22 磅。

（2）合并单元格。分别合并 A19:D19、H19:I19 单元格。

（3）将 A2:J2、A19、H19 单元格区域的字体格式设置为黑体、14 磅、加粗、居中。

（4）将表格中其余所有数据区域的内容设置为居中对齐。

（5）适当调整表格的行高和列宽，使其能显示表格内容。

（6）为表格设置边框。参照图 2.98，为表格设置内细外粗的边框线。

【拓展案例】

1. 员工业绩评估表（如图 2.114 所示）

	A	B	C	D	E	F	G	H	I	J	K	L	M	N
1	物流部员工业绩评估表													
2	编号	员工姓名	第一季度销售额	奖金比例	业绩奖金	第二季度销售额	奖金比例	业绩奖金	第三季度销售额	奖金比例	业绩奖金	第四季度销售额	奖金比例	业绩奖金
3	1	慕容上	51250	5%	2562.5	62000	5%	3100	112130	8%	8970.4	145590	13%	18926.7
4	2	柏国力	31280	0%	0	43210	5%	2160.5	99065	8%	7925.2	40000	5%	2000
5	3	全泉	76540	5%	3827	65435	5%	3271.75	56870	5%	2843.5	44350	5%	2217.5
6	4	文路南	55760	5%	2788	50795	5%	2539.75	41000	5%	2050	20805	0%	0
7	5	尔阿	56780	5%	2839	43265	5%	2163.25	78650	5%	3932.5	28902	0%	0
8	6	英冬	34250	0%	0	45450	5%	2272.5	26590	0%	0	41000	5%	2050
9	7	皮维	189050	15%	28357.5	65080	5%	3254	35480	0%	0	29080	0%	0
10	8	段齐	67540	5%	3377	59800	5%	2990	50005	5%	2500.25	21000	0%	0
11	9	费乐	45605	5%	2280.25	55580	5%	2779	43080	5%	2154	35080	0%	0
12	10	高玲珑	80870	5%	4043.5	25790	0%	0	60860	5%	3043	33450	0%	0
13	11	黄信念	22000	0%	0	54300	5%	2715	60005	5%	3000.25	50000	5%	2500
14	12	江庹来	43680	5%	2184	88805	5%	4440.25	65409	5%	3270.45	34520	0%	0

图 2.114　员工业绩评估表

2. 员工培训成绩表（如图 2.115 所示）

【拓展训练】

人事档案和工资的管理是企业人力资源部门的主要工作之一，这项工作涉及到企业所有员工的基本信息、基本工资、津贴、薪级工资等数据的整理分类、计算以及汇总等比较复杂的处理。用户使用 Excel 制作人事档案和工资管理表可以使管理变得简单、规范，并且还能提高工作效率。

	A	B	C	D	E	F	G
1	员工培训成绩表						
2	员工编号	员工姓名	Word文字处理	Excel电子表格分析	PowerPoint幻灯片演示	平均分	结果
3	0001	桑南	93	98	88	93	合格
4	0002	刘光利	90	80		85	合格
5	0003	李莫薷	82	90		86	合格
6	0004	慕容上		88		88	合格
7	0005	尔阿	76	78		77	不合格
8	0006	英冬	70	70	88	76	不合格
9	0007	段齐	90	88		89	合格
10	0008	牛婷婷		90		90	合格
11	0009	黄信念	65	67		66	不合格
12	0010	皮维		88	90	89	合格
13	0011	夏蓝			78	78	不合格
14	0012	费乐			90	90	合格
15	各科平均成绩		80.9	83.7	86.8	83.9	

图 2.115　员工培训成绩表

操作步骤如下。

（1）启动 Excel，新建一个工作簿，将文件以“员工人事档案和工资管理表”为名保存在“D:\科源有限公司\人力资源部”中。

（2）在 Sheet1 工作表中输入图 2.116 所示的的员工人事基本信息数据。

序号	姓名	部门	职务	职称	学历	参加工作时间	性别	籍贯	出生日期	婚否	联系电话	基本工资
	公司人事档案管理表											
1	王睿钦	市场部	主管	经济师	本科	1998-7-6	男	重庆	1976-1-6	已婚	63661547	3150
2	文路南	物流部	项目主管	高级工程师	硕士	1998-3-17	男	四川	1974-7-16	已婚	65257851	2800
3	钱新	财务部	财务总监	高级会计师	本科	1999-7-20	男	甘肃	1976-7-4	已婚	66018871	2800
4	英冬	市场部	业务员	无	大专	2003-4-3	女	北京	1978-6-13	已婚	67624956	1500
5	令狐颖	行政部	内勤	无	本科	2004-2-22	女	北京	1988-2-16	未婚	64366059	1350
6	柏国力	物流部	部长	高级工程师	硕士	2003-7-31	男	哈尔滨	1979-3-15	已婚	67017027	2600
7	白俊伟	市场部	外勤	工程师	本科	1995-6-30	男	四川	1973-8-5	已婚	68794651	2200
8	夏蓝	市场部	业务员	无	高中	2004-12-10	女	湖南	1986-5-23	未婚	64789321	1300
9	段齐	物流部	项目主管	工程师	本科	2005-5-6	女	北京	1983-4-16	未婚	64272883	2100
10	李莫薜	财务部	出纳	助理会计师	本科	1997-6-10	男	北京	1974-12-15	已婚	69244765	1400
11	林希	物流部	副部长	经济师	本科	1995-12-7	男	山东	1973-9-13	已婚	68874344	2100
12	牛婷婷	市场部	主管	经济师	硕士	2003-7-18	女	重庆	1978-3-15	已婚	69712546	3200
13	米思克	市场部	部长	高级经济师	本科	2000-8-1	男	山东	1978-10-18	已婚	67584251	4800
14	赵力	人力资源部	统计	高级经济师	本科	1992-6-6	男	北京	1971-10-23	已婚	64000872	3300
15	皮波	物流部	业务员	助理工程师	大专	1993-12-8	男	湖北	1973-3-21	已婚	63021549	1680
16	高玲珑	物流部	业务员	助理经理师	本科	2003-11-21	男	北京	1987-11-30	未婚	65966501	1600
17	陈可可	人力资源部	科长	经济师	硕士	1996-7-15	男	北京	1970-8-25	已婚	63035376	2100
18	周树家	行政部	部长	经济师	本科	2004-7-30	女	湖北	1981-8-30	已婚	63812307	2600
19	江庭来	市场部	项目主管	高级经济师	本科	1994-7-15	男	天津	1972-5-8	已婚	64581924	3000
20	司马勤	行政部	科员	助理工程师	本科	1998-7-17	女	天津	1975-3-8	已婚	62175686	1600
21	桑南	人力资源部	统计	助理统计师	本科	1986-10-31	男	山东	1963-4-1	已婚	65034080	1900
22	刘光利	行政部	科员	无	中专	1996-8-1	女	陕西	1973-7-13	已婚	64654756	1900
23	黄信念	市场部	内勤	无	高中	1989-12-15	女	陕西	1968-12-10	已婚	68190028	1350
24	尔阿	物流部	业务员	工程师	本科	1998-9-18	女	安徽	1974-5-24	已婚	65761446	1600
25	全泉	物流部	项目监察	工程师	本科	2009-8-14	女	北京	1985-4-18	未婚	63267813	1680
26	张梦	市场部	业务员	助理经济师	中专	2000-8-9	女	四川	1978-5-9	已婚	65897823	1600
27	慕容上	物流部	外勤	无	本科	2010-4-10	女	北京	1986-11-13	未婚	67225427	1400
28	曾思杰	财务部	会计	会计师	本科	1998-5-16	女	南京	1975-9-10	已婚	66032221	2600
29	费乐	物流部	项目监察	工程师	本科	2009-7-13	男	四川	1984-8-9	未婚	65922950	1680
30	柯娜	人力资源部	部长	高级经济师	大专	2000-9-11	女	陕西	1976-10-12	已婚	65910605	3500

图 2.116　公司人事档案管理表

（3）选中工作表 Sheet1，将工作表重命名为"员工档案"。

（4）单击 H 列，选择【插入】→【列】命令，在 H 列上插入一个空列，原来 H 列的数据后移。单击 H3 单元格，输入"年龄"。

（5）选择 H4 单元格，输入年龄的计算公式"=YEAR(TODAY())—YEAR(K4)"，再按【Enter】键。其中 YEAR(TODAY())表示取当前系统日期的年份，YEAR(K4)表示对出生日期取年份，两者之差即为员工年龄。

【提示】

若年龄的计算结果不是一个常规数据，而是一个日期数据，用户则可单击"格式"菜单中的"单元格"命令，在弹出的"单元格格式"对话框中选择"数字"选项卡，从"分类"列表中选择"常规"，再单击【确定】按钮。

（6）选中 H4 单元格，拖动单元格右下角的填充句柄进行自动填充，计算出所有员工的年龄。

（7）选中工作表"员工档案"中的"A3:C33"以及"N3:N33"单元格，选择【编辑】→【复制】命令，再选择"Sheet2"工作表中的 A1 单元格，然后选择【编辑】→【粘贴】命令，将选中的内容复制到"Sheet2"中。

【提示】

用户选择【编辑】→【选择性粘贴】命令，系统将弹出如图 2.117 所示的"选择性粘贴"对话框，用户可根据需要选择相应的粘贴选项进行粘贴。

（8）在 Sheet2 工作表的"A1"单元格之前插入两个空行，然后在 A1 中输入"公司员工工资管理表"，并将工作表"Sheet2"重命名为"员工工资"。

（9）在"员工工资"表的 E3、F3 和 G3 单元格中，分别输入"薪级工资""津贴"和"应发工资"。

（10）在"薪级工资"一列中输入如图 2.118 中所示的数据。

图2.117 "选择性粘贴"对话框

图2.118 "员工工资"表的数据

（11）在"津贴"一列中，计算"津贴"数据，津贴的值为"基本工资*0.3"。选中F4单元格，输入公式"=D4*0.3"，再按【Enter】键，然后利用自动填充的方法计算出其他员工的津贴。

（12）单击选中G4单元格，然后单击"常用"工具栏中的【Σ】按钮，在单元格中出现图2.119所示的公式，按【Enter】键，即可计算出"应发工资"数据，再利用自动填充的方法计算出其他员工的应发工资。

	A	B	C	D	E	F	G	H	I	J
1	公司员工工资管理表									
2										
3	序号	姓名	部门	基本工资	薪级工资	津贴	应发工资			
4	1	王睿钦	市场部	3150	1360	945	=SUM(D4:F4)			
5	2	文路南	物流部	2800	1220	840	SUM(number1, [number2], ...)			
6	3	钱新	财务部	2800	1220	840				
7	4	英冬	市场部	1500	700	450				

图2.119 计算"应发工资"

（13）设置"员工档案"表格式。

① 选择"员工档案"工作表，选定A1:N1单元格，单击"格式"工具栏中的【合并及居中】按钮，合并选定的单元格。

【提示】

合并单元格的操作也可以先选定要合并的单元格，然后选择【格式】→【单元格】命令，在弹出的"单元格格式"对话框中选择"对齐"选项卡，选中"文本控制"中的"合并单元格"复选框，如图2.120所示。

② 将合并后的标题格式设置为黑体、22磅、深蓝色。

③ 为数据区域自动套用格式。选中A3:N33单元格区域，选择【格式】→【自动套用格式】命令，打开图2.121所示的"自动套用格式"对话框，选择格式"序列2"，单击【确定】按钮。

④ 为数据区域设置边框。选中A3:N33单元格区域，单击"格式"工具栏上的【边框】按钮的下拉按钮，先单击【所有框线】按钮，再单击【粗匣框线】按钮，为表格设置内细外粗的边框线。

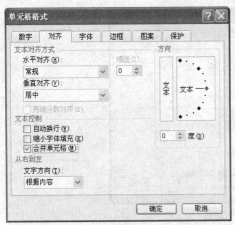

图 2.120 "单元格格式"对话框

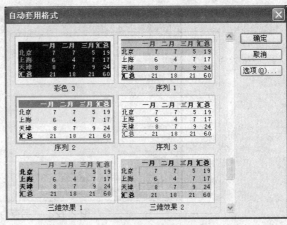

图 2.121 "自动套用格式"对话框

⑤ 将 A4:N33 单元格区域的对齐方式设置为水平居中。设置后的格式如图 2.122 所示。

（14）同样，可设置"员工工资"表的格式。

（15）导出"员工工资"表的数据。

为方便财务部进行工资的核算而不必重新输入数据，这里我们将生成的员工工资数据导出备用。

① 选中"员工工资"工作表。

② 选择【文件】→【另存为】命令，打开"另存为"对话框。

③ 将文件的保存类型设置为"CSV（逗号分隔）"类型，以"员工工资"为名保存在"D:\科源有限公司\人力资源部"中，如图 2.123 所示。

	A	B	C	D	E	F	G	H	I	J	K	L	M	N
1							公司人事档案管理表							
2														
3	序号	姓名	部门	职务	职称	学历	参加工作时间	年龄	性别	籍贯	出生日期	婚否	联系电话	基本工资
4	1	王睿钦	市场部	主管	经济师	本科	1998-7-6	38	男	重庆	1976-1-6	已婚	63661547	3150
5	2	文路南	物流部	项目主管	高级工程师	硕士	1998-3-17	40	男	四川	1974-7-16	已婚	65257851	2800
6	3	钱新	财务部	财务总监	高级会计师	本科	1999-7-20	38	男	甘肃	1976-7-4	已婚	66018871	2800
7	4	英冬	市场部	业务员	无	大专	2003-4-3	36	女	北京	1978-6-13	已婚	67624956	1500
8	5	令狐颖	行政部	内勤	无	高中	2004-2-22	26	女	北京	1988-2-16	未婚	64366059	1350
9	6	柏国力	物流部	部长	高级工程师	硕士	2003-7-31	35	男	哈尔滨	1979-3-15	已婚	67017027	2600
10	7	白俊伟	市场部	外勤	工程师	本科	1995-6-30	41	男	四川	1973-8-5	已婚	68794651	2200
11	8	夏蓝	市场部	业务员	无	高中	2004-12-10	28	女	湖南	1986-5-23	未婚	64789321	1300
12	9	段齐	物流部	项目主管	工程师	本科	2005-5-6	31	女	北京	1983-4-16	未婚	64272883	2100
13	10	李莫蕾	物流部	出纳	助理会计师	本科	1997-6-10	40	男	北京	1974-12-15	已婚	69244765	1400
14	11	林帝	行政部	副部长	经济师	本科	1995-12-7	40	男	山东	1973-9-13	已婚	68874344	2100
15	12	牛婷婷	市场部	主管	经济师	硕士	2003-7-18	36	女	重庆	1978-3-15	已婚	69712546	3200
16	13	米思亮	市场部	业务员	无	本科	2000-8-1	36	男	山东	1978-10-18	已婚	67584251	4800
17	14	赵力	人力资源部	统计	高级经济师	本科	1992-6-6	43	男	北京	1971-10-23	已婚	64000872	3300
18	15	皮维	市场部	业务员	助理工程师	大专	1993-12-8	41	男	湖北	1973-3-21	已婚	63021549	1680
19	16	高玲珑	物流部	业务员	助理经济师	本科	2003-11-21	27	男	北京	1987-11-30	未婚	65966501	1600
20	17	陈可可	人力资源部	科员	经济师	硕士	1996-7-15	44	男	四川	1970-8-25	已婚	63035376	2100
21	18	周树豪	行政部	部长	工程师	本科	2004-7-30	33	女	湖北	1981-8-30	已婚	63812307	2600
22	19	江庞来	市场部	项目主管	高级经济师	本科	1994-7-15	42	男	天津	1972-5-8	已婚	64581924	3000
23	20	司马勤	行政部	科员	助理工程师	本科	1998-7-17	39	女	天津	1975-3-8	已婚	62175686	1600
24	21	桑南	人力资源部	统计	助理统计师	本科	1986-10-31	51	男	山东	1963-4-1	已婚	65034080	1900
25	22	刘光利	行政部	科员	无	中专	1996-8-1	41	女	陕西	1973-7-13	已婚	64654756	1900
26	23	黄信念	市场部	内勤	无	高中	1989-12-15	46	女	陕西	1968-12-10	已婚	68190028	1350
27	24	尔阿	物流部	业务员	工程师	本科	1998-9-18	40	女	安徽	1974-5-24	已婚	65761446	1600
28	25	全泉	物流部	项目监察	工程师	本科	2009-8-14	29	女	北京	1985-4-18	未婚	63267813	1680
29	26	张梦	市场部	业务员	助理经济师	中专	2000-8-9	36	女	四川	1978-5-9	已婚	65897823	1600
30	27	慕容上	物流部	外勤	无	中专	2010-4-10	28	女	北京	1986-11-13	已婚	67225427	1400
31	28	曾思杰	财务部	会计	会计师	本科	1998-5-16	39	女	南京	1975-9-10	已婚	66032221	2600
32	29	费乐	物流部	项目监察	工程师	本科	2009-7-13	30	男	四川	1984-8-9	未婚	65922950	1680
33	30	柯娜	人力资源部	部长	高级经济师	大专	2000-9-11	38	女	陕西	1976-10-12	已婚	65910605	3500

图 2.122　设置完成后的"员工档案"表

图 2.123 "另存为"对话框

【提示】

  xls 文件是 Microsoft Excel 电子表格的文件格式，CSV（Comma Separated Value 的缩写）是最通用的一种文件格式，它可以非常容易地被导入各种 PC 表格及数据库中，这种文件格式经常用来作为不同程序之间的数据交互的格式。

  CSV (*.csv) 文件格式只能保存活动工作表中的单元格所显示的文本和数值。工作表中所有的数据行和字符都将保存。数据列以逗号分隔，每一行数据都以回车符结束。如果单元格中包含逗号，则该单元格中的内容以双引号引起。如果单元格显示的是公式而不是数值，该公式将转换为文本方式。所有格式、图形、对象和工作表的其他内容将全部丢失。欧元符号将转换为问号。

  .csv 是逗号分割的文本文件，可以用文本编辑器和电子表格如 Excel 等打开;.xls 是 Excel 专用格式，只能用 Excel 打开。

④ 单击【保存】按钮，弹出图 2.124 所示的提示框。

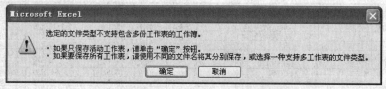

图 2.124 保存为"CSV（逗号分隔）"类型的提示框

⑤ 单击【确定】按钮，弹出图 2.125 所示的提示框。

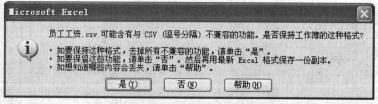

图 2.125 确认是否保持格式的提示框

⑥ 单击【是】按钮，完成文件的导出，导出的文件图标为 🔲。
⑦ 关闭另存为"CSV（逗号分隔）"类型的文件。

【提示】

很多时候，我们也会导出 Excel 的数据为文本格式，以便以最小的空间来存放数据文件。

① 保存格式为文本文件时，系统只能保存一张工作表——活动工作表，故用户需要先确保"员工工资"表为活动工作表。由于一个工作簿中有多张工作表，Excel 会自动给出图 2.126 所示的提示框，单击【确定】按钮后，得到一个文本文件。

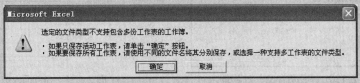

图 2.126　保存为文本文件时的提示框

② 有些格式会不被文本文件兼容，文本文件只会保存为文本数据，Excel 会弹出图 2.127 所示的对话框，提示用户保存文件时是否保留这些功能。

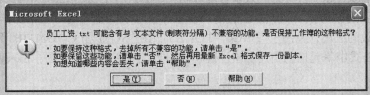

图 2.127　选择保持格式的对话框

③ 由于这些数据要用来做外部数据，而且很可能用到数据库中，因此文件最好是一个完整的数据清单，可以将原来的标题"公司员工工资管理表"删除。当然，即使标题未删除，Excel 在导入外部数据时，也会自动识别数据清单和标题部分。

（16）统计各部门人数。

① 打开"D:\科源有限公司\人力资源部"中的"员工人事档案和工资管理表.xls"文件。

② 插入新工作表"统计各部门人数"。选中"员工工资"工作表，选择【插入】→【工作表】命令，插入一张新的工作表，将插入的工作表重命名为"统计各部门人数"。

③ 在"统计各部门人数"工作表中创建图 2.128 所示的表格框架。

④ 选中 C4 单元格。

⑤ 单击【插入】→【函数】命令，打开图 2.129 所示的"插入函数"对话框，从"选择函数"列表中选择"COUNTIF"函数。

	A	B	C	D
1				
2		公司各部门人数统计表		
3		部门	人数	
4		行政部		
5		人力资源部		
6		市场部		
7		物流部		
8		财务部		
9				

图 2.128　"统计各部门人数"表格框架

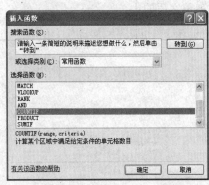

图 2.129　"插入函数"对话框

⑥ 单击【确定】按钮，打开"函数参数"对话框，设置图 2.130 所示的参数。

⑦ 单击【确定】按钮，得到"行政部"人数。

⑧ 利用自动填充方法，可统计出其他部门的人数，如图 2.131 所示。

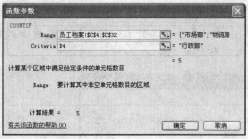

	A	B	C	D
1				
2		公司各部门人数统计表		
3		部门	人数	
4		行政部	5	
5		人力资源部	3	
6		市场部	10	
7		物流部	8	
8		财务部	3	
9				

图 2.130　"函数参数"对话框　　　　图 2.131　各部门人数统计结果

【案例小结】

　　本案例以制作"员工培训管理表""员工业绩评估表""员工培训成绩表"和"员工人事档案和工资管理表"等多个常见的人事管理表格为例，讲解了利用 Excel 电子表格创建和编辑工作表、工作表的移动和复制、数据的格式设置、工作表的重命名等基本操作。此外，通过讲解公式和函数的应用，介绍了 YEAR、TODAY、IF、SUM 和 COUNTIF 等几个常用函数的用法，以及公式中单元格的引用。通过讲解导出员工工资数据，介绍了 Excel 在数据导出方面的功能。

📖 学习总结

本案例所用软件	
案例中包含的知识和技能	
你已熟知或掌握的知识和技能	
你认为还有哪些知识或技能需要进行强化	
案例中可使用的 Office 技巧	
学习本案例之后的体会	

第 3 篇
市场篇

任何一个公司，要发展、成长、壮大，都离不开市场。公司在开发市场的过程中，会用到各种各样的电子文档向员工和客户诠释公司的发展思路。其中，员工要经常使用 Word 软件进行常规文档文件的处理，使用 Excel 电子表格软件制作市场销售的表格，使用 Power Point 软件制作宣传文档展示市场发展的情况。

📖 学习目标

1. 通过 Word 给长文档排版，熟悉长文档版面设置、页眉和页脚、分节符、题注、样式以及目录等的使用。

2. 应用 Excel 软件的公式和函数进行汇总、统计。

3. 掌握 Excel 软件中数据格式的设置、条件格式的应用。

4. 应用 Excel 软件的分类汇总、数据透视表、图表等功能进行数据分析。

5. 应用 PowerPoint 软件中的自选图形、图示等制作幻灯片，同时掌握图形操作中的对齐和分布操作的方法。

3.1 案例 11 制作市场部工作手册

【案例分析】

公司市场部为了规范日常的经营和管理活动，现在需要制作一份工作手册。对于工作手册这样类似于书籍的长文档的设计和制作，除了一般文档的排版和设置之外，通常需要有封面、目录、页眉和页脚、插图等。要使文档能自动生成目录，用户在设置标题格式时，不同级别的标题需要采用不同的格式，即使用样式模板来实现。制作好的市场部工作手册如图 3.1 所示。

【解决方案】

步骤 1 素材准备

（1）打开"D:\科源有限公司\市场部\素材"文件夹中的"市场部工作手册（原文）.doc"文档。

（2）选择【文件】→【另存为】命令，打开"另存为"对话框，将文件以"市场部工作手册.doc"为名保存在同一文件夹中。

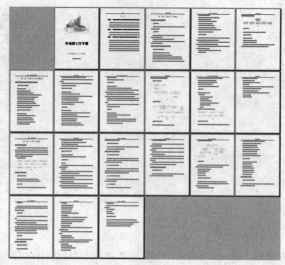

图 3.1 "市场部工作手册"效果图

步骤 2 设置版面

（1）单击【文件】→【页面设置】命令，打开"页面设置"对话框。

（2）在"纸张"选项卡中，将纸张大小设置为 16K。

（3）选择"页边距"选项卡，设置纸张方向为"纵向"；在页码范围的多页下拉列表中，选择"对称页边距"，再分别将上、下页边距设置为 2.5 厘米，内侧和外侧边距设置为 2.2 厘米，如图 3.2 所示。

【提示】

系统默认情况下，一般页码范围中的多页下拉列表中显示为"普通"，则在页边距中显示为上、下、左、右。由于这里我们设置了"对称页边距"，则页边距中显示为上、下、内侧、外侧。

（4）选择"版式"选项卡，在"页眉和页脚"中，选中【奇偶页不同】复选框，以便后面可以设置奇偶页不同的页眉和页脚。分别将页眉和页脚距边界的距离设置为 1.5 厘米，如图 3.3 所示。

图 3.2 设置页边距

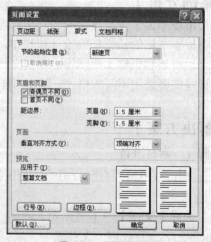

图 3.3 设置页面版式

（5）在"应用于"下拉列表中选择"整篇文档"选项，单击【确定】按钮。

步骤 3　插入分节符

（1）将光标置于文档的最前面位置。

（2）选择【插入】→【分隔符】命令，打开图 3.4 所示的"分隔符"对话框。

（3）在"分节符类型"中选择"下一页"选项，单击【确定】按钮，在文档的最前面为封面预留出一个空白页。

（4）将光标置于"第一篇　市场部工作概述"之前，再次插入一个分节符"下一页"，在此之前再为目录预留一个空白页。

（5）分别在"第二篇　市场部岗位职责管理"和"第三篇　市场活动管理"之前插入分节符，使各篇单独成为一节。这样，使整个文档分为 5 节。

步骤 4　为图片插入题注

（1）选中文档中第一张图片。

（2）单击【插入】→【引用】→【题注】命令，打开图 3.5 所示的"题注"对话框。

图 3.4　"分隔符"对话框

图 3.5　"题注"对话框

（3）单击【新建标签】按钮，打开图 3.6 所示的"新建标签"对话框。

【提示】

　　系统默认的题注标签为"图表"，此时"标签"下拉列表中含有"表格""公式"和"图表"。这里，我们需要新建"图"的标签。

（4）在"标签"文本框中输入新的标签名"图"。单击【确定】按钮，返回"题注"对话框，在"题注"名称框中显示出"图 1"，如图 3.7 所示。

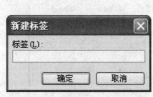

图 3.6　"新建标签"对话框

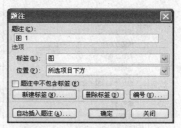

图 3.7　新建"图"标签

（5）在"位置"右侧的下拉列表中选择"所选项目的下方"。

（6）单击【确定】按钮，在文档中第一个图片下方添加题注"图 1"，如图 3.8 所示。

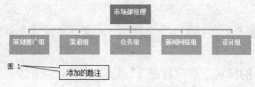

图 3.8　添加的题注效果

（7）类似地，依次在文档中的所有图片下方添加题注。图的编号将实现自动连续编号。

步骤5　设置样式

（1）修改"正文"的样式。将"正文"的格式定义为宋体、小四号、首行缩进 2 字符，行距为最小值 26 磅。

① 单击【格式】→【样式和格式】命令，打开图 3.9 所示的"样式和格式"任务窗格。

② 用鼠标右键单击样式名"正文"，从弹出的快捷菜单中选择修改命令，打开图 3.10 所示的"修改样式"对话框。

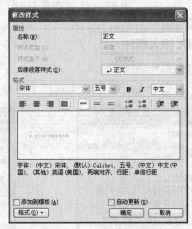

图 3.9　"样式和格式"任务窗格　　　图 3.10　"修改样式"对话框

③ 在"修改样式"对话框中，将字体格式设置为宋体、小四号。

④ 单击【格式】按钮，打开图 3.11 所示的"格式"菜单。

⑤ 选择【段落】命令，打开"段落"对话框，按图 3.12 所示设置段落格式。

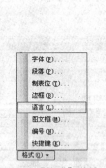

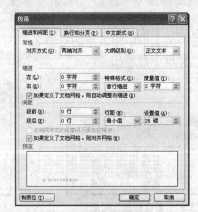

图 3.11　"格式"菜单　　　图 3.12　设置段落格式

⑥ 单击【确定】按钮，返回到"修改样式"对话框中。

⑦ 单击【确定】按钮，完成对"正文"格式的修改。

【提示】

由于文档中的文本格式默认样式为"正文"，当用户修改正文样式后，"正文"样式将自动应用于文档中。

（2）修改"标题1"的样式。将"标题1"的格式定义为宋体、二号、加粗、段前间距1行、段后间距1行、1.5 倍行距、居中对齐，如图 3.13 所示。

（3）修改"标题2"的样式。将"标题2"的格式定义为黑体、小二号、段前间距0.5行、段后间距0.5行、2倍行距，如图3.14所示。

（4）修改"标题3"的样式。将"标题3"的格式定义为黑体、小三号、首行缩进2字符、段前间距12磅、段后间距12磅、单倍行距，如图3.15所示。

图3.13　修改"标题1"样式　　　图3.14　修改"标题2"样式　　　图3.15　修改"标题3"样式

【提示】

系统默认情况下，样式列表中显示的为"推荐的样式"。要显示更多的样式，用户可单击"样式和格式"任务窗格下方的"显示"右侧的下拉按钮，打开图3.16所示的列表，选择"所有样式"，即可在样式列表中显示所有样式，如图3.17所示。

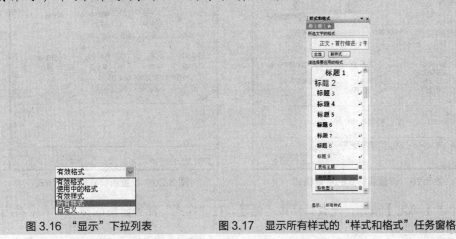

图3.16　"显示"下拉列表　　　图3.17　显示所有样式的"样式和格式"任务窗格

（5）定义新样式"图题"。将"图题"的格式定义为宋体、小五号、段前间距6磅、段后间距6磅、行距为最小值16磅、居中对齐。

① 选择【格式】→【样式和格式】命令，打开"样式和格式"任务窗格。

② 单击【新样式】按钮 新样式... ，打开图3.18所示的"新建样式"对话框。

③ 在"名称"框中输入样式的名称"图题"。

④ 在"样式基于"下拉列表框中，选中"正文"为基准样式。

⑤ 单击【格式】按钮，打开"格式"下拉菜单，选中【字体】命令，在"字体"对话框中将字体设置为宋体、小五号，如图3.19所示。单击【确定】按钮，返回"新建样式"对话框中。

⑥ 单击【格式】按钮，打开"格式"下拉菜单，再选中【段落】命令，在"段落"对话框中将段落的对齐方式设置为居中，设置段前间距 6 磅、段后间距 6 磅、行距为最小值 16 磅，如图 3.20 所示。设置完成后单击【确定】按钮，返回到"新建样式"对话框中。

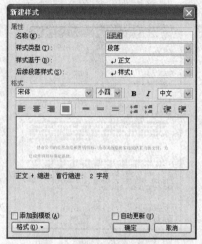

图 3.18 "新建样式"对话框

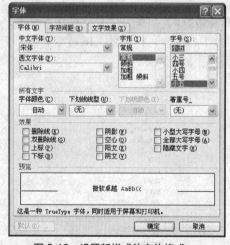

图 3.19 设置新样式的字体格式

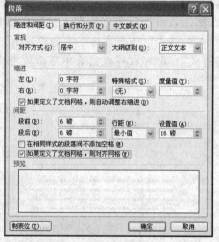

图 3.20 设置新样式的段落格式

⑦ 单击【确定】按钮，完成新样式的创建，在"样式"任务窗格的样式列表中将出现新建的样式名"图题"。

步骤 6 应用样式

（1）将文档中编号为"第一篇、第二篇、第三篇"的标题行应用"标题 1"的样式。

① 将光标置于标题行"第一篇 市场部工作概述"的段落中。

② 选择【格式】→【样式和格式】命令，打开"样式和格式"任务窗格。

③ 单击"样式"任务窗格中"标题 1"，如图 3.21 所示，将"标题 1"的样式应用到选中的段落中。

④ 分别将标题行"第二篇 市场部岗位职责管理"和"第三篇 市场活动管理"应用样式"标题 1"。

（2）将文档中编号为"一、二、三……"的标题行应用"标题 2"的样式。

（3）将文档中编号为"1、2、3……"的标题行应用"标题3"的样式。

（4）将文档中所有图片下方的题注应用"图题"的样式。

（5）单击"常用"工具栏中的【文档结构图】按钮，系统将在窗口左侧弹出图 3.22 所示的导航窗格，用户可以按标题快速地定位到要查看的文档内容。

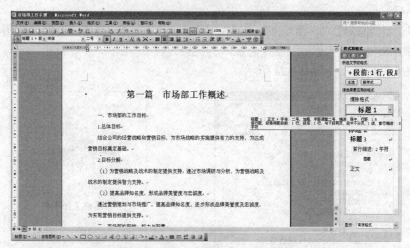

图 3.21　应用"标题 1"样式的效果

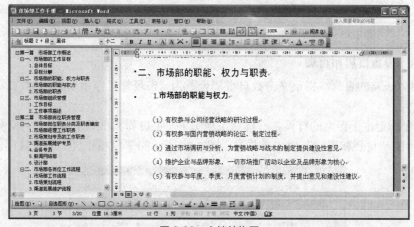

图 3.22　文档结构图

【提示】

　　借助文档结构图，用户也可以组织整个文档的结构，查看文档的结构是否合理。再次单击【文档结构图】按钮，系统将取消文档结构显示窗口。

　　单击【视图】→【大纲】命令，系统将进入该文档的大纲视图显示模式，如图 3.23 所示。系统在该模式下自动显示"大纲"选项卡的工具栏，用户通过该选项卡上的按钮，可以快速调整文档的整个大纲结构，也可以快速移动整节的内容。

步骤7　设计封面

（1）将光标置于文档的第一个空白页。

（2）插入封面图片。

① 选择【插入】→【图片】→【来自文件】命令，打开"插入图片"对话框。

② 选择"D:\科源有限公司\市场部\素材"文件夹中"封面"图片文件，单击【插入】

按钮，插入选中的图片，设置图片居中对齐。

（3）在图片下方分别输入 3 行文字"市场部工作手册""科源有限公司·市场部""二〇一四年七月"。

（4）设置"市场部工作手册"的文本格式为黑体、初号、加粗、居中，段前间距 3 行、段后间距 6 行。

（5）将"科源有限公司·市场部"设置为宋体、二号、加粗、居中，段前、段后间距各 2 行。

（6）将"二〇一四年七月"设置为宋体、三号、居中。

设置完成的封面效果如图 3.24 所示。

图 3.23　文档的大纲视图

图 3.24　封面效果图

步骤 8　设置页眉和页脚

（1）设置正文的页眉。将正文奇数页页眉设置为"市场部工作手册"，偶数页页眉设置为各篇标题。

① 将光标定位于正文的首页中，选择【视图】→【页眉和页脚】命令，将文档切换到如图 3.25 所示的"页眉和页脚"视图，并显示图 3.26 所示的"页眉和页脚"工具栏。

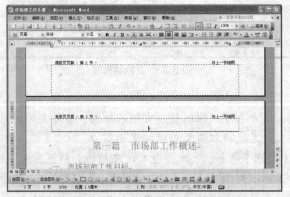

图 3.25　"页眉和页脚"视图

图 3.26　"页眉和页脚"工具栏

【提示】

此时，用户可以发现，由于之前文档进行了分节，在"页眉和页脚"视图中系统显示出不同的节。比如，从正文开始的这一节为"第3节"。另外，由于我们在页面设置时，选择了"奇偶页不同"的页眉和页脚选项，因此这里正文的首页中显示出"奇数页页眉"。

② 单击"页眉和页脚"工具栏上的【链接到前一个】按钮，使其处于弹起状态，取消本节与前一节奇数页页眉的链接关系。

③ 在奇数页的页眉中输入"市场部工作手册"，并将页眉设置为楷体_GB2312、五号、居中，如图3.27所示。

图3.27　奇数页的页眉效果

④ 单击"页眉和页脚"工具栏上的【显示下一项】按钮，切换到偶数页页眉，再单击【链接到前一个】按钮，使其处于弹起状态，取消本节与前一节偶数页页眉的链接关系。

⑤ 将光标置于偶数页页眉中，选择【插入】→【域】命令，打开图3.28所示的"域"对话框。

⑥ 从"类别"下拉列表中选择"链接与引用"类型，从"域名"列表框中选择"StyleRef"，如图3.29所示。再从右边的"样式名"列表框中选择"标题1"。

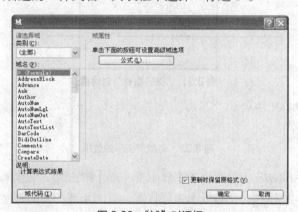

图3.28　"域"对话框

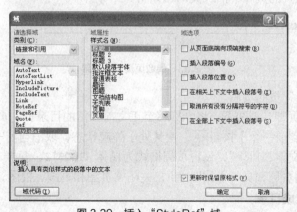

图3.29　插入"StyleRef"域

⑦ 单击【确定】按钮，生成图3.30所示的偶数页页眉，并设置页眉格式为楷体_GB2312、五号、居中。

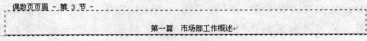

图 3.30　偶数页页眉的效果

（2）设置正文的页脚。

① 单击"页眉和页脚"工具栏上的【在页眉和页脚间切换】按钮，切换到页脚区。再单击【显示前一项】按钮，使光标置于奇数页的页脚区中。

② 单击【链接到前一个】按钮，使其处于弹起状态，取消与前一节的链接关系。

③ 单击"页眉和页脚"工具栏上的【插入页码】按钮，在页脚中插入当前页码。

④ 单击"页眉和页脚"工具栏上的【设置页码格式】按钮，打开"页码格式"对话框。在"页码编号"选项区中选中【起始页码】单选按钮，并将起始编号设置为"1"，如图 3.31 所示，单击【确定】按钮，设置页码居中对齐，生成图 3.32 所示的奇数页页码。

图 3.31　"页码格式"对话框

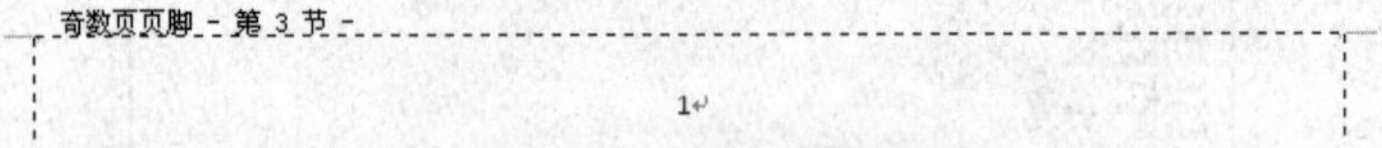

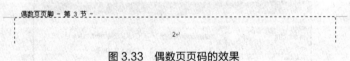

图 3.32　奇数页页码的效果

⑤ 单击"页眉和页脚"工具栏上的【显示下一项】按钮，切换到偶数页页脚区中。单击【链接到前一个】按钮，使其处于弹起状态，取消与前一节的链接关系。再次执行插入页码的操作，在偶数页的页脚中插入页码，如图 3.33 所示。

图 3.33　偶数页页码的效果

（3）设置"目录"页的页眉。

① 在"页眉和页脚"视图下，将光标移至正文前预留的目录页的页眉区中。

② 单击【链接到前一个】按钮，使其处于弹起状态，取消与前一节的链接关系。

③ 在页眉输入文字"目录"，设置页眉格式为楷体_GB2312、五号、居中对齐。

（4）单击【关闭页眉和页脚】按钮，关闭"页眉和页脚"视图，返回页面视图。

步骤 9　自动生成目录

（1）将光标移至正文前预留的目录页中。

（2）在文档中输入"目录"，按【Enter】键换行。

（3）将光标置于"目录"下方，选择【插入】→【引用】→【索引和目录】命令，打开"索引和目录"对话框，切换到图 3.34 所示的"目录"选项卡。

（4）在"格式"下拉列表中选择"来自于模板"，将显示级别设置为"2"；选中【显示页码】和【页码右对齐】复选框，如图 3.35 所示。

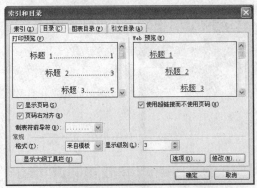

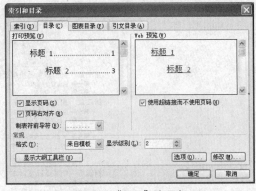

图 3.34　"索引和目录"对话框　　　　图 3.35　"目录"选项卡

（5）单击【确定】按钮，目录自动插入到文档中。

（6）将标题"目录"的格式设置为黑体、二号、字符间距加宽 6 磅、段前段后间距各 1 行、居中对齐。

（7）选中生成的目录的 1 级标题，将字体设置为宋体、四号、加粗、段前段后各 0.5 行间距，如图 3.36 示。

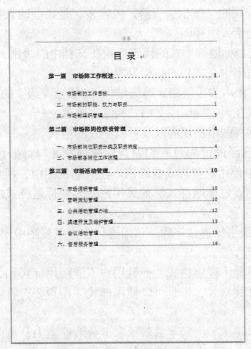

图 3.36　生成的目录效果图

步骤 10　预览和打印文档

（1）单击【文件】→【打印预览】命令，显示打印预览视图，用户可对整个文档进行预览，不满意的地方可进行修改。

（2）单击【文件】→【打印】命令，在"打印"对话框中进行打印设置，单击【确定】按钮可进行打印。

【拓展案例】

制作销售管理手册，效果如图 3.37 所示。

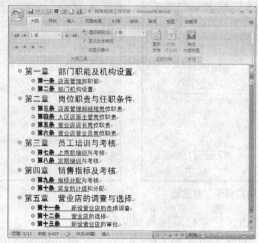

图 3.37　销售管理手册效果图

【拓展训练】

投标书是用户根据招标方提供的招标书中的要求所制作的文件。投标书通常都包含了详细的应对方案及投标方公司的一些相关资料，内容多，是典型的长文档，用户要正确方便地制作投标书，就应当借助于大纲视图。

大纲视图：用缩进文档标题的形式的代表标题在文档中的级别，Word 简化了文本格式的设置，以便于用户将精力集中在文档的结构设置上。

大纲级别：用于为文档中的段落指定等级结构（1 级至 9 级）的段落格式。例如，用户指定了大纲级别后，就可以在大纲视图或文档结构图中处理文档。

以下内容描述了大纲视图中出现的以及可以更改的格式。

（1）每一级标题都已经设置为对应的内置标题样式（"标题 1"至"标题 9"）或大纲级别。用户可以在标题中使用这些样式或级别。在大纲视图中，用户也可以将标题拖至相应的级别，从而让系统自动设置标题样式。如果用户想改变标题样式的外观，可以通过更改其格式设置来实现。

（2）Word 按照标题级别缩进该标题。该缩进只在大纲视图中出现，切换到其他视图时，Word 将取消该缩进。

（3）在大纲视图中不显示段落格式，而且用户不能使用标尺和【段落格式】命令。虽然用户可能看不到所有的样式格式，但是可以使用样式。用户要查看或修改段落格式，请切换到其他视图。

（4）如果用户发现字符（如大号字或斜体字）分散注意力，可以使用纯文本方式显示大纲。在"大纲"工具栏上，单击【显示格式】按钮即可。

（5）用户在大纲视图中编辑文档时，如果要查看文档的真实格式，可以拆分文档窗口。即在一个窗格中使用大纲视图，在其他窗格中使用页面视图或普通视图。用户在大纲视图中对文档所做的修改系统会自动显示在其他窗格中。

（6）如果用户要在大纲视图中插入制表符，可以按【Ctrl+Tab】快捷键。

制作好的投标书效果如图 3.38 所示。

图 3.38　投标书效果图

操作步骤如下。

（1）利用大纲视图创建投标书纲目结构。

文档的纲目结构是评价一篇文档好坏的重要标准之一。此外，用户若要高效率地完成一篇长文档的制作，应该首先完成文档的纲目结构，而大纲视图是构建文档纲目结构的最佳途径。在大纲视图中创建文档纲目结构的操作步骤如下所述。

① 启动 Word 2003，新建一个空白文档，单击菜单栏中的"视图"菜单，再单击"大纲视图"命令切换到大纲视图。

② 此时屏幕上将显示大纲视图方式，如图 3.39 所示。同时，系统打开"大纲"工具栏。

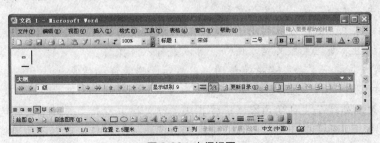

图 3.39　大纲视图

③ 在文档中的插入点输入内容。首先，输入一级标题，用户会发现输入的文字在"大纲"工具栏中的等级被自动默认为"1级"，而且所输入的文字被自动应用了内建样式"标题1"。

【提示】
用户可以选择【格式】→【样式和格式】命令，打开"样式和格式"任务窗格，这样可以更清楚地看到当前文字所应用的样式确实是"标题1"，如图3.40所示。

④ 输入其余所有的一级标题，内容如图3.40所示。

⑤ 继续向文档中添加二级标题，如图3.41所示。

⑥ 输入完二级标题后，依次将所有的二级标题选中，再单击"大纲"工具栏中的【降低】按钮，将它降一级，最后的效果如图3.41所示。至此，纲目结构的制作就完成了。

图3.40 样式和格式图

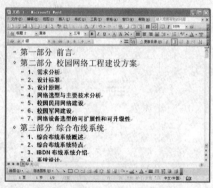

图3.41 完整的二级标题

⑦ 将文件以"投标书"为名保存"D:\科源有限公司\市场部\投标书"文件夹中。

【提示】
用户要完成三级、四级等各级标题的设置，只需要单击"大纲"工具栏中的【降低】按钮；要提升标题的级别，只需要单击"大纲"工具栏中的【提升】按钮，并且用户在"样式和格式"中能看到标题的级别。

【小知识】
关于主控文档和子文档。

主控文档是一组单独文件（或子文档）的容器。用户使用主控文档可以创建并管理多个文档，例如，包含几章内容的一本书。主控文档包含与一系列相关子文档关联的链接，用户可以使用主控文档将长文档分成较小的、更易于管理的子文档，从而便于组织和维护。在工作组中，用户可以将主控文档保存在网络上，并将文档划分为独立的子文档，从而共享文档的所有权。

创建主控文档，需要从大纲着手，然后将大纲中的标题指定为子文档。也可以将当前文档添加到主控文档，使其成为子文档。

在主控文档中，用户可以利用子文档创建目录、索引、交叉引用以及页眉和页脚，还可使用大纲视图来处理主控文档。例如，可以进行以下操作。

① 扩展或折叠子文档或者更改视图，以显示或隐藏详细信息。

② 通过添加、删除、组合、拆分、重命名和重新排列子文档，可以快速更改文档的结构。

用户如果要处理子文档的内容，请将其从主控文档中打开。如果子文档已在主控文档中进行了折叠，则每一个子文档都作为超链接出现。单击超链接后，子文档将在单独的文档窗口中显示。

在主控文档中使用的模板控制着查看和打印全部文档时所使用的样式。用户也可在主控文档和每个子文档中使用不同的模板，或在模板中使用不同的设置。

如果某人正在处理某一子文档，则该文档对于用户和其他人来说处于"锁定"状态，只能查看，除非此人关闭了子文档，否则我们不能进行修改。

如果用户希望防止未经授权的用户查看或更改主控文档或子文档，可以打开该文档，指定一个限制对文档的访问权的密码，也可以设置一个选项，将文件以只读方式打开（注意：如果用户将文件共享方式设置为只读，则对于其他人来说，子文档是"锁定"的）。

（2）创建主控文档和子文档。

这里，我们利用大纲视图创建主控文档和子文档。

用户若要创建主控文档，则应从大纲视图开始，并创建新的子文档或添加原有文档。将"第四部分校园民用网络应用"和"第五部分 网络管理与网络安全性"单独创建为子文档，其操作步骤如下所述。

① 分别选中这两个标题，单击"大纲"工具栏中的【创建子文档】按钮，如图 3.42 所示。

② Word 为每个子文档之前和之后插入了连续的分节符，同时，在子文档标题的前面还显示了子文档图标。

③ 选择【文件】→【另存为】命令，选择好主控文档和子文档的保存位置后，在"文件名"文本框中输入主控文档的名称，然后单击【保存】按钮。

④ Word 将会根据主控文档大纲中子文档标题的起始字符，自动为每个新的子文档指定文件名，并与主控文档保存在同一目录下。例如，用户打开上一步存放主控文档的文件夹，就会发现该文件夹中自动创建了 2 个子文档，名称正好是大纲视图中的二级标题名称，如图 3.43 和图 3.44 所示。

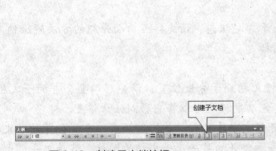

图 3.42　创建子文档按钮

图 3.43　创建子文档

⑤ 双击主控文档图标，再次打开它，此时用户会发现子文档已自动变为超链接的形式，如图 3.45 所示。然后分别在主控文档和子文档中完成相应的内容。

图 3.44　子文档文件

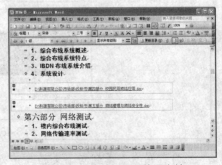

图 3.45　大纲视图下的子文档

【提示】

　　用户在主控文档中打开子文档时，如果子文档处于折叠状态，则在"大纲"工具栏中单击【展开子文档】按钮；如果子文档处于锁定状态（也就是在子文档图标下面显示锁状图标），那么用户首先要解除锁定，方法是在需解除锁定的位置单击，然后单击"大纲"工具栏中的【锁定文档】按钮，再双击要打开的子文档图标即可；若要关闭子文档并返回到主控文档，请选择【文件】→【关闭】命令。

【提示】

　　从主控文档中删除子文档。

　　用户如果不再需要某个文档作为子文档，可以直接从主控文档中将其删除，操作步骤如下所述。

　　① 打开主控文档，并切换到大纲视图中。

　　② 如果子文档处于折叠状态，请单击"大纲"工具栏上的【展开子文档】按钮将其展开。

　　③ 如果要删除的是锁定的子文档，请先解除锁定。

　　④ 单击要删除的子文档的图标，如果此时无法看到该图标，请在"大纲"工具栏中单击【主控文档视图】按钮显示子文档图标。

　　⑤ 按下键盘上的【Delete】键即可。

【注意】

　　当用户从主控文档中删除子文档时，只是将它们之间的关系删除，并没有删除该文档本身，子文档文件还是存放在原来的位置上。

【小知识】

　　合并和拆分子文档。

　　用户如果要合并或拆分的子文档处于锁定状态，请先按照前面介绍的方法解除锁定，确定此时大纲视图中显示了子文档的图标。

　　① 合并子文档。

　　a. 如果用户要合并的子文档在主控文档处于分散位置，请先移动要合并的子文档并使其两两相邻。再单击子文档的图标，拖动鼠标就可以将它移到任意位置。

　　b. 单击"大纲"工具栏上的【展开子文档】按钮，然后选择第一个要合并的子文档。

　　c. 在按住【Shift】键的同时，单击要合并的另一个子文档的图标，然后单击"大纲"工具栏中的【合并子文档】按钮，如图 3.46 所示。

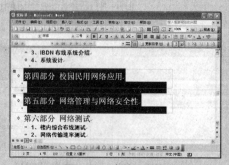

图 3.46　合并子文档

　　d. 此时，用户会看到两个文档合并为一个子文档，"第五部分　网络管理与网络安全性"前面的子文档图标消失了，如图 3.47 所示。

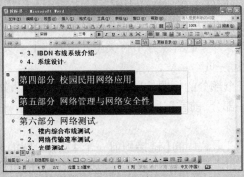

图 3.47 合并子文档后的效果

② 拆分子文档。

子文档除了可以合并还可以拆分，接下来我们以前面合并的子文档为例介绍如何拆分子文档。同样，如果要拆分的子文档处于锁定状态，请先按照前面介绍的方法解除锁定，确定此时大纲视图中显示了子文档图标。

选择该文档，单击"大纲"工具栏上的【拆分子文档】按钮，拆分后的效果如图 3.48 所示，此时"第五部分 网络管理与网络安全性"又成为一个独立的子文档。

【提示】

在大纲视图中，Word 会以合并的第一个子文档的文件名作为新的文件名来保存合并的子文档，但不会影响到文档在磁盘中的保存位置。也就是说，它们虽然在主控文档中合并了，但是在存放该文件的目录下，它们并没有发生任何变化。

（3）编辑主文档和子文档的内容。

① 在主文档窗口中，继续编辑主文档除标题外的其他文档内容。

② 分别打开"第四部分 校园民用网络应用"和"第五部分 网络管理与网络安全性"子文档窗口，完善子文档的内容。

（4）制作"投标书"封面。

① 将光标置于文档的最前面，即"第一部分 前言"之前。

② 选择【插入】→【分隔符】命令，打开"分隔符"下拉菜单。

③ 选择"分节符类型"中的"下一页"选项，在文档前空出一页作为封面页。

④ 在封面页中，制作图 3.49 所示的内容。

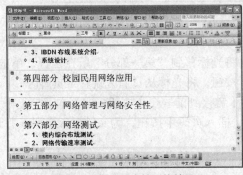

图 3.48 拆分子文档后的效果

图 3.49 "投标书"封面

（5）分章节设置页眉、页脚。

在长文档的实际使用中，会有不少的章节，用户应该在不同的章节使用不同的页眉，以方便阅读时可以知道当前页面属于哪一部分内容。

① 将光标置于"第二部分 校园网络工程建设方案"之前，选择【插入】→【分隔符】命令，打开"分隔符"下拉菜单。选择"分节符类型"中的"下一页"选项，使"第二部分 校园网络工程建设方案"新起一页。

② 类似地，在其余五个部分的标题位置插入分节符，使各部分单独成立一节。

③ 将光标移至"第一部分 前言"所在位置，选择【视图】→【页眉和页脚】命令，切换到页眉和页脚视图。

④ 单击"页眉和页脚"工具栏中的【链接到前一个】按钮，取消本节与上一节的链接关系。在页眉文本区中输入"前言"，如图 3.50 所示，完成第一部分的页眉设置。

图 3.50 "前言"部分的页眉

⑤ 将光标移到"第二部分 校园网络工程建设方案"所在的页面，单击"页眉和页脚"工具栏中的【链接到前一个】按钮，取消本节与上一节的链接关系。再输入页眉的内容"校园网络工程建设方案"，如图 3.51 所示。

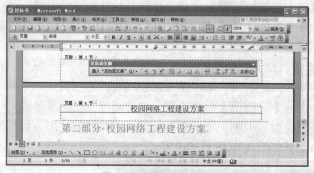

图 3.51 第二部分页眉

⑥ 类似地，依次设置第三部分到第六部分的页眉。

⑦ 完成各部分的页眉设置之后，再将光标移到"第一部分"所在位置，单击"页眉和页脚"工具栏中的【在页眉和页脚间切换】按钮，将光标从页眉区跳转至页脚区。

⑧ 单击"页眉和页脚"工具栏中的【链接到前一个】按钮，取消本节与上一节的链接关系，再单击"页眉和页脚"工具栏中的【插入页码】按钮，为文档插入页码，并设置起始页码为 1。

⑨ 单击"页眉和页脚"工具栏中的【关闭】按钮，完成页脚的设置。

【提示】
由于正文部分的页码需要连续编号，用户在设置页码时，只需要在"第一部分 前言"

（6）自动生成目录页。

当文档较长时，如果没有目录，文档阅读起来比较困难，会使读者失去阅读的兴趣。为此，用户可以为长文档制作目录，操作如下。

① 将插入点定位于第 2 页的最前面，选择【插入】→【分隔符】命令，打开"分隔符"下拉菜单。选择"分节符类型"中的"下一页"选项，预留出目录页。

② 将光标置于预留的目录页中，在目录页的上方输入目录标题文字"目录"，按【Enter】键。

③ 选择【插入】→【引用】→【索引和目录】命令，打开图 3.52 所示的"索引和目录"对话框。

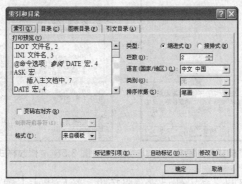

图 3.52 "索引和目录"对话框

④ 单击"目录"选项卡，如图 3.53 所示。选中"显示页码"和"页码右对齐"复选框，单击"制表符前导符"下拉按钮打开多种前导符样式的下拉列表，这里我们选择小圆点样式的前导符。在"常规"区域的"格式"列表中选择"来自模板"，将"显示级别"设置为 3，在"Web 预览"列表框的下方，取消"使用超链接而不使用页码"复选框，然后单击【选项】按钮。

⑤ 打开图 3.54 所示的"目录选项"对话框，选中"样式"复选框，在"有效样式"列表框对应的"目录级别"中，分别将"标题 1""标题 2"及"标题 3"的目录级别设置为 1、2、3 级，并选中"大纲级别"复选框，然后单击【确定】按钮。

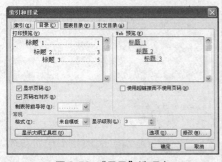

图 3.53 "目录"选项卡

图 3.54 "目录选项"对话框

如果文档中还有第 4 级标题（也就是应用内建样式"标题 4"的段落）甚至更多，而且用户希望在目录中也显示出来，那么在上图的"目录级别"中设置"标题 4"为 4 级目录即可。

⑥ 在"目录"选项卡中单击【修改】按钮，打开图 3.55 所示的"样式"对话框，在"样式"列表框中用户可以选择不同的目录样式，对于每种样式中包含的格式在"样式"对话框

底部都有详细的说明，并且在"预览"区域还可以看到每种样式的预览效果。通常，系统默认的目录样式是"目录1"，它采用的字体格式是宋体、小四、加粗。

⑦ 如果用户对系统的内建目录样式都不太满意，可以选中某个样式，以此为基础进行修改。例如，选择"目录1"，然后单击【修改】按钮，打开图 3.56 所示的"修改样式"对话框。和前面介绍过的修改样式的方法一样，用户在这里修改字体、段落及边框等格式即可。

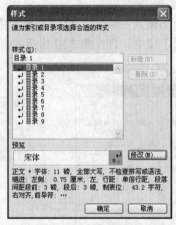

图 3.55 "样式"对话框

图 3.56 "修改样式"对话框

⑧ 修改好后，依次返回"索引和目录"对话框，然后单击【确定】按钮，插入自动目录，如图 3.57 所示。

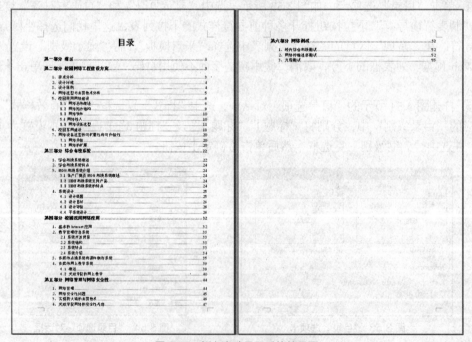

图 3.57 插入自动目录后的效果图

【提示】

插入的目录页自动应用"超链接"格式，用户将鼠标放在目录文字上，屏幕会显示黄色的提示信息。按照提示内容，按住【Ctrl】键，单击目录会链接到相应的内容页面。

【案例小结】

本案例通过讲解制作"市场部工作手册"等文件，向读者介绍了长文档的排版操作，其中包括版面设置、插入分节符、设计封面、插入题注、设计和应用样式、设置奇偶页不同的页眉页脚等，以及在前述设置文档的基础上使用 Word 自动生成所需目录的方法。此外，我们在本案例中还介绍了运用导航窗格和大纲视图查看复杂文档的方法。

📖 学习总结

本案例所用软件	
案例中包含的知识和技能	
你已熟知或掌握的知识和技能	
你认为还有哪些知识或技能需要进行强化	
案例中可使用的 Office 技巧	
学习本案例之后的体会	

3.2 案例 12 制作产品目录及价格表

【案例分析】

产品是企业的核心，是客户了解企业的窗口。客户除了想了解企业的基本信息之外，对企业的产品及其价格尤为关心。这里我们制作的产品目录及价格表，就是希望通过产品目录及产品价格的展示使客户能清楚地了解企业的信息，从而让企业赢得商机，进而为企业带来经济效益。"产品目录及价格表"的效果图如图 3.58 所示。

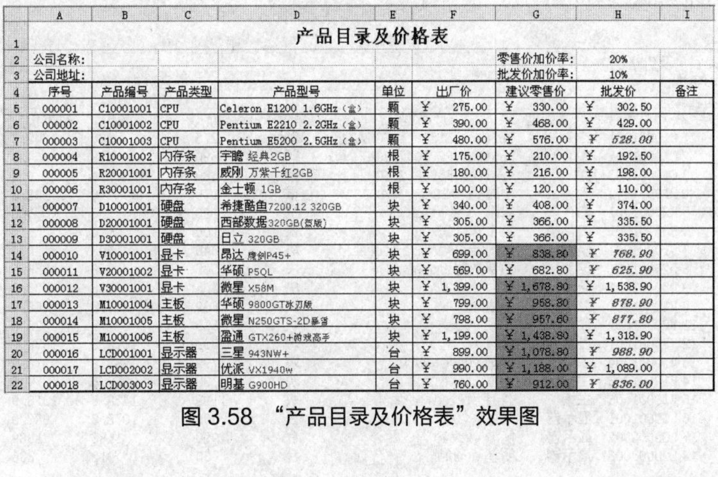

图 3.58 "产品目录及价格表"效果图

【解决方案】

步骤 1　创建、保存工作簿

（1）启动 Excel 2003，新建一个工作簿，将工作簿以"产品目录及价格表"为名保存在"D:\科源有限公司\市场部"文件夹中。

（2）将 Sheet1 工作表重命名为"价格表"。

（3）在"价格表"工作表中录入图 3.59 所示的数据。

	A	B	C	D	E	F	G	H	I
1	产品目录及价格表								
2	公司名称：						零售价加价率:20%		
3	公司地址：						批发价加价率:10%		
4	序号	产品编号	产品类型	产品型号	单位	出厂价	建议零售价	批发价	备注
5	1	C10001001	CPU	Celeron E1200 1.6GHz(盒)	颗	275			
6	2	C10001002	CPU	Pentium E2210 2.2GHz(盒)	颗	390			
7	3	C10001003	CPU	Pentium E5200 2.5GHz(盒)	颗	480			
8	4	R10001002	内存条	宇瞻 经典2GB	根	175			
9	5	R20001001	内存条	威刚 万紫千红2GB	根	180			
10	6	R30001001	内存条	金士顿 1GB	根	100			
11	7	D10001001	硬盘	希捷酷鱼7200.12 320GB	块	340			
12	8	D20001001	硬盘	西部数据320GB(蓝版)	块	305			
13	9	D30001001	硬盘	日立 320GB	块	305			
14	10	V10001001	显卡	昂达 魔剑P45+	块	699			
15	11	V20001002	显卡	华硕 P5QL	块	569			
16	12	V30001001	显卡	微星 X58M	块	1399			
17	13	M10001004	主板	华硕 9800GT冰刃版	块	799			
18	14	M10001005	主板	微星 N250GTS-2D暴雪	块	798			
19	15	M10001006	主板	盈通 GTX260+游戏高手	块	1199			
20	16	LCD001001	显示器	三星 943NW+	台	899			
21	17	LCD002002	显示器	优派 VX1940w	台	990			
22	18	LCD003003	显示器	明基 G900HD	台	760			

图 3.59　"产品目录及价格表"数据

步骤 2　计算"建议零售价"和"批发价"

这里，我们设定"建议零售价＝出厂价*（1+零售价加价率）"，"批发价＝出厂价*（1+批发价加价率）"。

（1）选中 G5 单元格，输入公式"＝F5*（1+$H$2）"，按【Enter】键，即可计算出相应的"建议零售价"；

（2）选中 H5 单元格，输入公式"＝F5*（1+$H$3）"，按【Enter】键，即可计算出相应的"批发价"。

（3）选中 G5 单元格，拖动其填充句柄至 G22 单元格，计算出所有的"建议零售价"数据。

（4）类似地，选中 H5 单元格，拖动其填充句柄至 H22 单元格，计算出所有的"批发价"数据。生成的结果如图 3.60 所示。

	A	B	C	D	E	F	G	H	I
1	产品目录及价格表								
2	公司名称：						零售价加价率:20%		
3	公司地址：						批发价加价率:10%		
4	序号	产品编号	产品类型	产品型号	单位	出厂价	建议零售价	批发价	备注
5	1	C10001001	CPU	Celeron E1200 1.6GHz(盒)	颗	275	330	302.5	
6	2	C10001002	CPU	Pentium E2210 2.2GHz(盒)	颗	390	468	429	
7	3	C10001003	CPU	Pentium E5200 2.5GHz(盒)	颗	480	576	528	
8	4	R10001002	内存条	宇瞻 经典2GB	根	175	210	192.5	
9	5	R20001001	内存条	威刚 万紫千红2GB	根	180	216	198	
10	6	R30001001	内存条	金士顿 1GB	根	100	120	110	
11	7	D10001001	硬盘	希捷酷鱼7200.12 320GB	块	340	408	374	
12	8	D20001001	硬盘	西部数据320GB(蓝版)	块	305	366	335.5	
13	9	D30001001	硬盘	日立 320GB	块	305	366	335.5	
14	10	V10001001	显卡	昂达 魔剑P45+	块	699	838.8	768.9	
15	11	V20001002	显卡	华硕 P5QL	块	569	682.8	625.9	
16	12	V30001001	显卡	微星 X58M	块	1399	1678.8	1538.9	
17	13	M10001004	主板	华硕 9800GT冰刃版	块	799	958.8	878.9	
18	14	M10001005	主板	微星 N250GTS-2D暴雪	块	798	957.6	877.8	
19	15	M10001006	主板	盈通 GTX260+游戏高手	块	1199	1438.8	1318.9	
20	16	LCD001001	显示器	三星 943NW+	台	899	1078.8	988.9	
21	17	LCD002002	显示器	优派 VX1940w	台	990	1188	1089	
22	18	LCD003003	显示器	明基 G900HD	台	760	912	836	

图 3.60　绝对引用后的结果

步骤3　设置数据格式

（1）设置"序号"数据格式。

① 选中序号所在列数据区域 A5:A22。

② 选择【格式】→【单元格】命令，打开"单元格格式"对话框。

③ 在"数字"选项卡左侧的"分类"列表中选择"自定义"，在右侧"类型"下方的文本框中输入"000000"，如图 3.61 所示，然后单击【确定】按钮，将选定的数据区域格式设置为 6 位数字编码的序号。

（2）设置货币格式。

① 选中"出厂价""建议零售价"和"批发价"对应的三列数据区域。

② 选择【格式】→【单元格】命令，打开"单元格格式"对话框。

③ 在"数字"选项卡左侧的"分类"列表中选择"货币"样式，即完成选定单元格的货币样式的设置，效果如图 3.62 所示。

图 3.61　"单元格格式"对话框

	A	B	C	D	E	F	G	H	I
1	产品目录及价格表								
2	公司名称：						零售价加价率：20%		
3	公司地址：						批发价加价率：10%		
4	序号	产品编号	产品类型	产品型号	单位	出厂价	建议零售价	批发价	备注
5	000001	C10001001	CPU	Celeron E1200 1.6GHz（盒）	颗	¥ 275.00	¥ 330.00	¥ 302.50	
6	000002	C10001002	CPU	Pentium E2210 2.2GHz（盒）	颗	¥ 390.00	¥ 468.00	¥ 429.00	
7	000003	C10001003	CPU	Pentium E5200 2.5GHz（盒）	颗	¥ 480.00	¥ 576.00	¥ 528.00	
8	000004	R10001002	内存条	宇瞻 经典2GB	根	¥ 175.00	¥ 210.00	¥ 192.50	
9	000005	R20001001	内存条	威刚 万紫千红2GB	根	¥ 180.00	¥ 216.00	¥ 198.00	
10	000006	R30001001	内存条	金士顿 1GB	根	¥ 100.00	¥ 120.00	¥ 110.00	
11	000007	D10001001	硬盘	希捷酷鱼7200.12 320GB	块	¥ 340.00	¥ 408.00	¥ 374.00	
12	000008	D20001001	硬盘	西部数据320GB(蓝版)	块	¥ 305.00	¥ 366.00	¥ 335.50	
13	000009	D30001001	硬盘	日立 320GB	块	¥ 305.00	¥ 366.00	¥ 335.50	
14	000010	V10001001	显卡	昂达 魔剑P45+	块	¥ 699.00	¥ 838.80	¥ 768.90	
15	000011	V20001002	显卡	华硕 P5QL	块	¥ 569.00	¥ 682.80	¥ 625.90	
16	000012	V30001001	显卡	微星 X58M	块	¥ 1,399.00	¥ 1,678.80	¥ 1,538.90	
17	000013	M10001004	主板	华硕 9800GT冰刃版	块	¥ 799.00	¥ 958.80	¥ 878.90	
18	000014	M10001005	主板	微星 N250GTS-2D暴雪	块	¥ 798.00	¥ 957.60	¥ 877.80	
19	000015	M10001006	主板	盈通 GTX260+游戏高手	块	¥ 1,199.00	¥ 1,438.80	¥ 1,318.90	
20	000016	LCD001001	显示器	三星 943NW+	台	¥ 899.00	¥ 1,078.80	¥ 988.90	
21	000017	LCD002002	显示器	优派 VX1940w	台	¥ 990.00	¥ 1,188.00	¥ 1,089.00	
22	000018	LCD003003	显示器	明基 G900HD	台	¥ 760.00	¥ 912.00	¥ 836.00	

图 3.62　设置数据格式的效果图

【提示】

用户在设置货币样式之后，会导致货币符号和小数位数的增加，部分单元格随之会出现"###"符号，用户只需适当地调整列宽即可。

步骤4　使用条件格式分析数据

（1）突出显示批发价在 500 元～1000 元的产品，即采用红色、加粗、倾斜的格式显示。

① 选定要设置条件格式的单元格区域 H5:H22。

② 单击【格式】→【条件格式】命令，打开"条件格式"对话框。

③ 选择"单元格数值"选项，再选择"介于"，后面的两个数值分别输入 500 和 1000，如图 3.63 所示。再单击【格式】按钮，打开"单元格格式"对话框，选择字形为"加粗 倾斜"，设置字体颜色为"红色"，如图 3.64 所示，单击【确定】按钮返回"条件格式"对话框，再次单击【确定】按钮完成设置，得到如图 3.65 所示的结果。

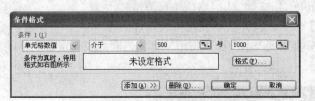

图 3.63 "条件格式"对话框

图 3.64 设置条件格式的格式

	A	B	C	D	E	F	G	H	I
1	产品目录及价格表								
2	公司名称：						零售价加价率：	20%	
3	公司地址：						批发价加价率：	10%	
4	序号	产品编号	产品类型	产品型号	单位	出厂价	建议零售价	批发价	备注
5	000001	C10001001	CPU	Celeron E1200 1.6GHz (盒)	颗	￥ 275.00	￥ 330.00	￥ 302.50	
6	000002	C10001002	CPU	Pentium E2210 2.2GHz (盒)	颗	￥ 390.00	￥ 468.00	￥ 429.00	
7	000003	C10001003	CPU	Pentium E5200 2.5GHz (盒)	颗	￥ 480.00	￥ 576.00	￥ 528.00	
8	000004	R10001002	内存条	宇瞻 经典2GB	根	￥ 175.00	￥ 210.00	￥ 192.50	
9	000005	R20001001	内存条	威刚 万紫千红2GB	根	￥ 180.00	￥ 216.00	￥ 198.00	
10	000006	R30001001	内存条	金士顿 1GB	根	￥ 100.00	￥ 120.00	￥ 110.00	
11	000007	D10001001	硬盘	希捷酷鱼7200.12 320GB	块	￥ 340.00	￥ 408.00	￥ 374.00	
12	000008	D20001001	硬盘	西部数据320GB(盒装)	块	￥ 305.00	￥ 366.00	￥ 335.50	
13	000009	D30001001	硬盘	日立 320GB	块	￥ 305.00	￥ 366.00	￥ 335.50	
14	000010	V10001001	显卡	昂达 魔剑P45+	块	￥ 699.00	￥ 838.80	￥ 768.90	
15	000011	V20001002	显卡	华硕 P5QL	块	￥ 569.00	￥ 682.80	￥ 625.90	
16	000012	V30001001	显卡	微星 X58M	块	￥ 1,399.00	￥ 1,678.80	￥ 1,538.90	
17	000013	M10001001	主板	华硕 9800GT冰汀炼	块	￥ 799.00	￥ 958.80	￥ 878.90	
18	000014	M10001005	主板	微星 N250GTS-2D暴雪	块	￥ 798.00	￥ 957.60	￥ 877.80	
19	000015	M10001006	主板	盈通 GTX260+游戏高手	块	￥ 1,199.00	￥ 1,438.80	￥ 1,318.90	
20	000016	LCD001001	显示器	三星 943NW+	台	￥ 899.00	￥ 1,078.80	￥ 988.90	
21	000017	LCD002002	显示器	优派 VX1940w	台	￥ 990.00	￥ 1,188.00	￥ 1,089.00	
22	000018	LCD003003	显示器	明基 G900HD	台	￥ 760.00	￥ 912.00	￥ 836.00	

图 3.65 设置"批发价"条件格式后的效果图

【提示】

用户在设置条件格式时，可以单击【添加】按钮，以增加更多的条件，最终的效果是符合条件的单元格按照设置的格式来显示。

（2）突出显示零售价高于平均价格的产品，采用天蓝色填充。

① 选定要设置条件格式的单元格区域 G5:G22。

② 选择【格式】→【条件格式】命令，打开 "条件格式"对话框。

③ 选择"单元格数值"选项 ，再选择"大于"，在后面的文本框中输入计算平均价格的公式"=AVERAGE($G$5:$G$22)"，如图 3.66 所示。再单击【格式】按钮，打开"单元格格式"对话框，切换到"图案"选项卡，设置填充色为"天蓝"，如图 3.67 所示，单击【确定】按钮返回"条件格式"对话框，再次单击【确定】按钮完成设置，得到图 3.68 所示的结果。

图 3.66 设置条件格式

图 3.67 设置填充的格式

	A	B	C	D	E	F	G	H	I
1	产品目录及价格表								
2	公司名称：						零售价加价率：	20%	
3	公司地址：						批发价加价率：	10%	
4	序号	产品编号	产品类型	产品型号	单位	出厂价	建议零售价	批发价	备注
5	000001	C10001001	CPU	Celeron E1200 1.6GHz(盒)	颗	￥ 275.00	￥ 330.00	￥ 302.50	
6	000002	C10001002	CPU	Pentium E2210 2.2GHz(盒)	颗	￥ 390.00	￥ 468.00	￥ 429.00	
7	000003	C10001003	CPU	Pentium E5200 2.5GHz(盒)	颗	￥ 480.00	￥ 576.00	￥ 528.00	
8	000004	R10001002	内存条	宇瞻 经典2GB	根	￥ 175.00	￥ 210.00	￥ 192.50	
9	000005	R20001001	内存条	威刚 万紫千红2GB	根	￥ 180.00	￥ 216.00	￥ 198.00	
10	000006	R30001001	内存条	金士顿 1GB	根	￥ 100.00	￥ 120.00	￥ 110.00	
11	000007	D10001001	硬盘	希捷酷鱼7200.12 320GB	块	￥ 340.00	￥ 408.00	￥ 374.00	
12	000008	D20001001	硬盘	西部数据320GB(蓝版)	块	￥ 305.00	￥ 366.00	￥ 335.50	
13	000009	D30001001	硬盘	日立 320GB	块	￥ 305.00	￥ 366.00	￥ 335.50	
14	000010	V10001001	显卡	昂达 魔剑P45+	块	￥ 699.00	￥ 838.80	￥ 768.90	
15	000011	V20001002	显卡	华硕 P5QL	块	￥ 569.00	￥ 682.80	￥ 625.90	
16	000012	V30001001	显卡	微星 X58M	块	￥ 1,399.00	￥ 1,678.80	￥ 1,538.90	
17	000013	M10001004	主板	华硕 9800GT冰刃版	块	￥ 799.00	￥ 958.80	￥ 878.90	
18	000014	M10001005	主板	微星 N250GTS-2D暴雪	块	￥ 798.00	￥ 957.60	￥ 877.80	
19	000015	M10001006	主板	盈通 GTX260+游戏高手	块	￥ 1,199.00	￥ 1,438.80	￥ 1,318.90	
20	000016	LCD001001	显示器	三星 943NW+	台	￥ 899.00	￥ 1,078.80	￥ 988.90	
21	000017	LCD002002	显示器	优派 VX1940w	台	￥ 990.00	￥ 1,188.00	￥ 1,089.00	
22	000018	LCD003003	显示器	明基 G900HD	台	￥ 760.00	￥ 912.00	￥ 836.00	

图 3.68 设置"建议零售价"条件格式后的效果图

步骤 5 设置工作表格式

（1）设置表格标题格式。

① 选中 A1:I1 单元格区域，将此单元格区域设置为"合并及居中"。

② 将表格标题字体设置为宋体、18 磅、加粗。

（2）设置表格边框，为 A4:I22 单元格区域设置外粗内细的边框线。

（3）设置数据的对齐方式。

① 将表格的列标题的格式设置为加粗、居中。

② 将表格中"序号""产品编号"和"单位"列的数据设置为"水平居中"对齐。

（4）将表格中标题行的行高设置为 28，其他行的行高设置为 16。

【拓展案例】

制作出货单，突出显示总价低于平均值的数据，效果如图 3.69 所示。

	A	B	C	D	E	F	G	H	I
1				出货单					
2	买方公司								
3	地址								
4	出货日期								
5	序号	货品名称	货品号码	规格	数量	单位	单价	总价	备注
6	1	显示器	GB/T1393	飞利浦105E	5	台	￥2,000.00	￥10,000.00	
7	2	显示器	GB/F1059	飞利浦107F5	6	台	￥1,100.00	￥6,600.00	
8	3	显示器	GB/T1428	飞利浦107P4	4	台	￥1,200.00	￥4,800.00	
9	4	显示器	GB/T1547	飞利浦107T	2	台	￥1,350.00	￥2,700.00	
10	5	显示器	GB/F1064	飞利浦107X4	1	台	￥1,280.00	￥1,280.00	
11	6	显示器	GB/F1081	飞利浦107B4	2	台	￥1,680.00	￥3,360.00	

图 3.69 出货单效果图

【拓展训练】

在产品的销售过程中，公司往往需要根据客户需求进行产品报价处理，最后生成一份美观、适用的产品报价清单。效果如图 3.70 所示。

操作步骤如下。

（1）启动 Excel 2003，新建一个工作簿，将工作簿以“产品报价清单”为名保存在“D:\科源有限公司\市场部”文件夹中。

（2）将 Sheet1 工作表重命名为“产品报价单”。

（3）在“产品报价单”工作表中录入如图 3.71 所示的数据。

	A	B	C	G	I	J	K
1	产品报价清单						
2	序号	品牌	产品名称	单价	数量	金额	备注
3	14-001	联想	ThinkPad SL400 2743NCC 笔记本电脑	￥4,299	5	￥21,495	配置清单见附件
4	14-002	三星	Samsung R453-DS0E 笔记本电脑	￥3,788	3	￥11,364	
5	14-003	华硕	ASUS F6K42VE-SL 笔记本电脑	￥4,769	10	￥47,690	
6	14-004	东芝	Toshiba Satellite L332 笔记本电脑	￥3,999	2	￥7,998	
7	14-005	联想	ThinkPad X200S 7462-A14 笔记本电脑	￥6,288	7	￥44,016	
8	14-006	宏基	Acer AS4535G-652G32Mn 笔记本	￥4,099	2	￥8,198	
9	14-007	惠普	HP 4416s VH422PA#AB2	￥4,199	6	￥25,194	
10	14-008	清华同方	TongFang 锋锐K40笔记本	￥2,599	2	￥5,198	
11	14-009	苹果	Apple MacbookAir MB940CH/A 笔记本	￥19,999	1	￥19,999	
12	14-010	海尔	Haier A600-T3400G10160BGLJ 笔记本	￥2,799	1	￥2,799	
13	14-011	三星	Samsung N310-KA05 笔记本电脑	￥3,699	3	￥11,097	
14	14-012	微星	MSI Wind U100X-615CN 笔记本	￥2,299	5	￥11,495	
15	合计金额		￥216,543	大写金额：	贰拾壹万陆仟伍佰肆拾叁 元		

图 3.70 “产品报价清单”效果图

	A	B	C	G	I	J	K
1	产品报价清单						
2	序号	品牌	产品名称	单价	数量	金额	备注
3	1	联想	ThinkPad SL400 2743NCC 笔记本电脑	4299	5		配置清单见附件
4	2	三星	Samsung R453-DS0E 笔记本电脑	3788	3		
5	3	华硕	ASUS F6K42VE-SL 笔记本电脑	4769	10		
6	4	东芝	Toshiba Satellite L332 笔记本电脑	3999	2		
7	5	联想	ThinkPad X200S 7462-A14 笔记本电脑	6288	7		
8	6	宏基	Acer AS4535G-652G32Mn 笔记本	4099	2		
9	7	惠普	HP 4416s VH422PA#AB2	4199	6		
10	8	清华同方	TongFang 锋锐K40笔记本	2599	2		
11	9	苹果	Apple MacbookAir MB940CH/A 笔记本	19999	1		
12	10	海尔	Haier A600-T3400G10160BGLJ 笔记本	2799	1		
13	11	三星	Samsung N310-KA05 笔记本电脑	3699	3		
14	12	微星	MSI Wind U100X-615CN 笔记本	2299	5		
15	合计金额			大写金额：			

图 3.71 产品报价单初始数据

（4）计算各种产品的金额和合计金额。

① 计算各种产品的金额。选中 J3 单元格，输入公式“ = G3*I3”，按【Enter】键，计算出第一种产品的金额。拖动 J3 单元格的填充句柄至 J14 单元格，计算出所有产品的金额。

② 计算合计金额。选中 C15 单元格，单击常用工具栏中的【自动求和】按钮**Σ**，生成公式“ = SUM()”，使用鼠标拖动选取数据区域 J3:J14 作为函数 SUM 的参数，如图 3.72 所示，按【Enter】键，计算出合计金额。

	A	B	C	G	I	J	K
1	产品报价清单						
2	序号	品牌	产品名称	单价	数量	金额	备注
3	1	联想	ThinkPad SL400 2743NCC 笔记本电脑	4299	5	21495	配置清单见附件
4	2	三星	Samsung R453-DS0E 笔记本电脑	3788	3	11364	
5	3	华硕	ASUS F6K42VE-SL 笔记本电脑	4769	10	47690	
6	4	东芝	Toshiba Satellite L332 笔记本电脑	3999	2	7998	
7	5	联想	ThinkPad X200S 7462-A14 笔记本电脑	6288	7	44016	
8	6	宏基	Acer AS4535G-652G32Mn 笔记本	4099	2	8198	
9	7	惠普	HP 4416s VH422PA#AB2	4199	6	25194	
10	8	清华同方	TongFang 锋锐K40笔记本	2599	2	5198	
11	9	苹果	Apple MacbookAir MB940CH/A 笔记本	19999	1	19999	
12	10	海尔	Haier A600-T3400G10160BGLJ 笔记本	2799	1	2799	
13	11	三星	Samsung N310-KA05 笔记本电脑	3699	3	11097	
14	12	微星	MSI Wind U100X-615CN 笔记本	2299	5	11495	
15	合计金额		=SUM(J3:J14)	大写金额：			
16			SUM(number1, [number2], ...)				
17							

图 3.72 计算合计金额数据

（5）设置数据格式。

① 设置"序号"列的数据格式。

选中序号所在列数据区域 A3:A14，选择【格式】→【单元格】命令，打开"单元格格式"对话框。在"数字"选项卡左侧的"分类"列表中选择"自定义"，在右侧"类型"下方的文本框中输入如图 3.73 所示的类型，然后单击【确定】按钮，即可将序号设置为形如"14-001"的格式。

② 将"单价""金额"以及"合计金额"数据格式设置为"货币"格式，无小数位数。

③ 设置"大写金额"数据格式。选中 I15 单元格，输入公式"= C15"，按【Enter】键确认。再次选中 I15 单元格，选择【格式】→【单元格】命令，打开"单元格格式"对话框。在"数字"选项卡左侧的"分类"列表中选择"特殊"，在右侧的"类型"列表中选择"中文大写数字"，如图 3.74 所示，然后单击【确定】按钮，即可将单元格中的数字设置为大写数字格式。

图 3.73　"单元格格式"对话框

图 3.74　设置中文大写数字格式

（6）设置工作表格式。

① 将表格标题格式设置为合并及居中、华文行楷、26 磅。

② 将 A15 和 B15 单元格合并居中，将 I15 和 J15 单元格合并后设置为右对齐。

③ 在 K15 单元格中输入文本"元"，并将其设置为左对齐。

④ 将 K3:K14 单元格合并居中，选择【格式】→【单元格】命令，打开"单元格格式"对话框。在"对齐"选项卡中，选中"自动换行"复选框，单击【确定】按钮，实现该单元格自动换行。

⑤ 将表格第 2 行中的标题设置为加粗、居中。

⑥ 将 C15 单元格设置为左对齐。

⑦ 设置表格第 1 行的行高为 60，其余各行的行高为 22。

⑧ 将表格中除单价和金额列的数据居中对齐。

⑨ 设置表格边框，为 A2:K15 单元格区域设置外粗内细的边框线，取消 K15 单元格的左框线。

【案例小结】

通过本案例的学习，您可学会利用 Excel 软件中的绝对引用进行计算、应用数据的有效性进行数据处理，还可以学会应用条件格式、更改删除条件格式、查找条件格式的方法及利用部分特殊格式进行数据格式的设置等。

📖 学习总结

本案例所用软件	
案例中包含的知识和技能	

你已熟知或掌握的知识和技能	
你认为还有哪些知识或技能需要进行强化	
案例中可使用的Office技巧	
学习本案例之后的体会	

3.3　案例 13　制作销售统计分析图

【案例分析】

在企业的营销工作中，管理销售数据、对销售数据进行统计分析、对业务员的销售业绩进行统计分析等是非常重要的工作。通过对数据的统计、分析，我们可以发现市场存在的问题、找到新的销售增加点、提升企业的市场竞争力。我们将这些数据制作成图表，就可以直观地表达所要说明数据的变化和差异。当数据以图形方式显示在图表中时，图表与相应的数据相链接，当工作表数据更新时，图表数据也会随之更新。案例效果图如图 3.75 和图 3.76 所示。

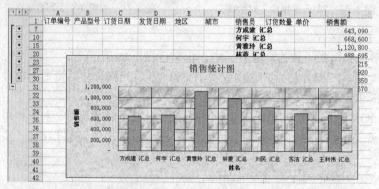

图 3.75　"销售员销售业绩统计图"效果图

城市	AT3-005	DB800-1	JB009-1	PT7-016	TS3-700	总计
北京			54810		74250	129060
成都				175500		175500
大连					589050	589050
哈尔滨	354000					354000
海口	54280					54280
兰州		98135				98135
南京	141600				574200	715800
秦皇岛	514480					514480
青岛			500850			500850
深圳	283200			366600		649800
天津		304735				304735
温州		764420				764420
西安				109200		109200
厦门	202960					202960
张家口				351000		351000
重庆			113400			113400
总计	1550520	1167290	669060	1002300	1237500	5626670

地区（全部） 第2季度销售额　产品型号

图 3.76　"销售数据透视分析表"效果图

【解决方案】

步骤1　创建工作簿、重命名工作表

（1）启动 Excel 2003，新建一个空白工作簿。

（2）以"销售统计分析"为名将新建的工作簿保存在"D:\科源有限公司\市场部"文件夹中。

（3）将 Sheet1 工作表重命名为"原始数据"。

步骤2　录入销售原始数据

参照图 3.77，录入销售原始数据。

	A	B	C	D	E	F	G	H	I
1	订单编号	产品型号	订货日期	发货日期	地区	城市	销售员	订货数量	单价
2	14-0401	PT7-016	2014-4-2	2014-4-4	华北	张家口	黄雅玲	90	3900
3	14-0402	TS3-700	2014-4-6	2014-4-10	东北	大连	黄雅玲	69	4950
4	14-0403	AT3-005	2014-4-9	2014-4-9	华南	海口	方成建	23	2360
5	14-0404	JB009-1	2014-4-16	2014-4-17	华北	北京	方成建	29	1890
6	14-0405	TS3-700	2014-4-19	2014-4-26	华东	南京	林菱	116	4950
7	14-0406	PT7-016	2014-4-27	2014-5-3	华南	深圳	苏洁	55	3900
8	14-0407	DB800-1	2014-4-30	2014-5-6	华东	温州	苏洁	48	5165
9	14-0501	DB800-1	2014-5-1	2014-5-7	华北	天津	刘民	59	5165
10	14-0502	AT3-005	2014-5-6	2014-5-8	华北	秦皇岛	刘民	218	2360
11	14-0503	PT7-016	2014-5-15	2014-5-28	华南	深圳	何宇	39	3900
12	14-0504	JB009-1	2014-5-16	2014-5-20	华北	青岛	王利伟	265	1890
13	14-0505	TS3-700	2014-5-17	2014-5-26	东北	大连	苏洁	50	4950
14	14-0506	AT3-005	2014-5-22	2014-5-28	华东	南京	方成建	60	2360
15	14-0507	PT7-016	2014-5-28	2014-6-5	西南	成都	王利伟	45	3900
16	14-0508	AT3-005	2014-5-30	2014-5-30	华南	深圳	方成建	120	2360
17	14-0601	DB800-1	2014-6-1	2014-6-4	西北	兰州	林菱	19	5165
18	14-0602	PT7-016	2014-6-4	2014-6-6	西北	西安	方成建	28	3900
19	14-0603	DB800-1	2014-6-6	2014-6-9	华东	温州	何宇	100	5165
20	14-0604	TS3-700	2014-6-15	2014-6-16	华北	北京	黄雅玲	15	4950
21	14-0605	JB009-1	2014-6-20	2014-6-25	西南	重庆	林菱	60	1890
22	14-0606	AT3-005	2014-6-26	2014-6-30	华南	厦门	林菱	86	2360
23	14-0607	AT3-005	2014-6-28	2014-6-30	东北	哈尔滨	黄雅玲	150	2360

图 3.77　销售原始数据

（1）输入表格标题字段。在 A1:I1 单元格区域中分别输入表格各个字段的标题内容。

（2）输入订单编号。订单编号格式为"14-0401"，即 2014 年 4 月第 1 份订单。由于该年度的订单编号前几位字符均为"14-"的格式，为了提高输入效率，我们可先定义该列数据的格式，再进行输入。

① 选中 A 列。

② 选择【格式】→【单元格】命令，打开"单元格格式"对话框。

③ 选择到"数字"选项卡，在"分类"列表框中选择"自定义"，在"类型"文本框中输入"14-0000"，如图 3.78 所示。

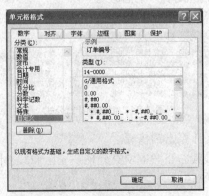

图 3.78　设置数据的格式

④ 单击【确定】按钮，完成数据格式的设置。

⑤ 选中 A2 单元格，输入 "0401"，按【Enter】键。此时，在 A2 单元格中显示 "14-0401"。

⑥ 按此方法，输入其他订单编号。

（3）输入产品型号。仔细观察我们会发现该企业的产品分为几种，因此，在输入产品型号时，我们可采用 "值列表" 的方式进行输入。

① 先输入 B2:B5 单元格区域的内容。

② 在输入 B6 单元格的内容时，由于该产品型号已是前面输入过的。因此，我们可选中 B6 单元格，单击鼠标右键，从弹出的快捷菜单中选择从下拉列表中选择命令，在 B6 单元格的下方会出现图 3.79 所示的值列表，列表中出现的值为前面已输入过的产品型号，单击列表中的某项值即可完成输入。

③ 按此方法，输入其他产品型号。

（4）输入其他的销售数据。

步骤 3　复制 "原始数据" 工作表

（1）单击 "原始数据" 工作表标签，选中该工作表。

（2）用鼠标右键单击该工作表标签，从弹出的快捷菜单中选择移动或复制工作表命令，打开 "移动或复制工作表" 对话框，如图 3.80 所示。

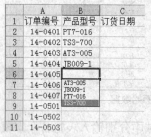

图 3.79　"产品型号" 值列表　　　　图 3.80　"移动或复制工作表" 对话框

（3）在 "下列选定工作表之前" 列表中选择 "Sheet 2"，再选中 "建立副本" 选项。

（4）复制的工作表默认名称为 "原始数据（2）"，将该表重命名为 "销售额统计"。

步骤 4　统计销售额

计算每笔订单的销售额。

① 选中 "销售额统计" 工作表。

② 在 J1 单元格中添加标题文字 "销售额"。

③ 选中 J2 单元格，计算该笔订单的销售额，输入公式 "=H2*I2"，如图 3.81 所示。

图 3.81　销售额计算公式

④ 按【Enter】键确认，计算出销售额。

⑤ 选中 J2 单元格，拖拽其右下角的填充句柄填充至 J23，计算出其余订单的销售额，如图 3.82 所示。

步骤 5　设置数据格式

（1）选中 "单价" 列的数据区域 I2:I23 及 "销售额" 列的数据区域 J2:I23。

（2）将选定区域的数据格式设置为"会计专用"格式。

	A	B	C	D	E	F	G	H	I	J
1	订单编号	产品型号	订货日期	发货日期	地区	城市	销售员	订货数量	单价	销售额
2	14-0401	PT7-016	2014-4-2	2014-4-4	华北	张家口	黄雅玲	90	3900	351000
3	14-0402	TS3-700	2014-4-6	2014-4-10	东北	大连	黄雅玲	69	4950	341550
4	14-0403	AT3-005	2014-4-9	2014-4-10	华南	海口	方成建	23	2360	54280
5	14-0404	JB009-1	2014-4-16	2014-4-17	华北	北京	方成建	29	1890	54810
6	14-0405	TS3-700	2014-4-19	2014-4-26	华东	南京	林菱	116	4950	574200
7	14-0406	PT7-016	2014-4-27	2014-5-6	华南	深圳	苏洁	55	3900	214500
8	14-0407	DB800-1	2014-4-30	2014-5-3	华东	温州	苏洁	48	5165	247920
9	14-0501	DB800-1	2014-5-1	2014-5-7	华北	天津	刘民	59	5165	304735
10	14-0502	AT3-005	2014-5-6	2014-5-8	华北	秦皇岛	刘民	218	2360	514480
11	14-0503	PT7-016	2014-5-15	2014-5-28	华南	深圳	何宇	39	3900	152100
12	14-0504	JB009-1	2014-5-16	2014-5-20	华东	青岛	王利伟	265	1890	500850
13	14-0505	TS3-700	2014-5-17	2014-5-26	东北	大连	苏洁	50	4950	247500
14	14-0506	AT3-005	2014-5-22	2014-5-28	华东	南京	方成建	60	2360	141600
15	14-0507	PT7-016	2014-5-28	2014-6-5	西南	成都	王利伟	45	3900	175500
16	14-0508	AT3-005	2014-5-30	2014-5-30	华南	深圳	方成建	120	2360	283200
17	14-0601	DB800-1	2014-6-1	2014-6-4	西北	兰州	林菱	19	5165	98135
18	14-0602	PT7-016	2014-6-4	2014-6-6	西北	西安	方成建	28	3900	109200
19	14-0603	DB800-1	2014-6-9	2014-6-13	华东	温州	何宇	100	5165	516500
20	14-0604	TS3-700	2014-6-15	2014-6-16	华北	北京	黄雅玲	15	4950	74250
21	14-0605	JB009-1	2014-6-20	2014-6-25	西南	重庆	林菱	60	1890	113400
22	14-0606	AT3-005	2014-6-26	2014-6-30	华南	厦门	林菱	86	2360	202960
23	14-0607	AT3-005	2014-6-28	2014-6-30	东北	哈尔滨	黄雅玲	150	2360	354000

图 3.82　计算销售额后的工作表

① 选择【格式】→【单元格】命令，打开"单元格格式"对话框。

② 选择【数字】选项卡，在"分类"列表框中选择"会计专用"，将小数位数设置为"0"，再选择货币符号为人民币符号"无"，如图 3.83 所示。

图 3.83　设置数据格式为"会计专用"格式

③ 单击【确定】按钮，设置"会计专用"格式后的工作表如图 3.84 所示。

步骤 6　对销售数据进行筛选分析

（1）选中"销售额统计"工作表，将该工作表复制 4 份，分别重命名为"东北地区的销售记录""销售额最低的 5 笔订单""5 月中旬的销售记录"和"销售员黄雅玲在华北地区的销售记录"。

（2）筛选东北地区的销售记录。

① 选中"东北地区的销售记录"工作表。

② 选中该工作表中的任一非空单元格。

③ 选择【数据】→【筛选】→【自动筛选】命令，系统自动在每个标题字段上添加一个下拉按钮，如图 3.85 所示。

	A	B	C	D	E	F	G	H	I	J
1	订单编号	产品型号	订货日期	发货日期	地区	城市	销售员	订货数量	单价	销售额
2	14-0401	PT7-016	2014-4-2	2014-4-4	华北	张家口	黄雅玲	90	3900	351,000
3	14-0402	TS3-700	2014-4-6	2014-4-10	东北	大连	黄雅玲	69	4950	341,550
4	14-0403	AT3-005	2014-4-9	2014-4-10	华南	海口	方成建	23	2360	54,280
5	14-0404	JB009-1	2014-4-16	2014-4-17	华北	北京	方成建	29	1890	54,810
6	14-0405	TS3-700	2014-4-19	2014-4-26	华东	南京	林菱	116	4950	574,200
7	14-0406	PT7-016	2014-4-27	2014-5-5	华南	深圳	苏洁	55	3900	214,500
8	14-0407	DB800-1	2014-4-30	2014-5-3	华南	温州	苏洁	48	5165	247,920
9	14-0501	DB800-1	2014-5-1	2014-5-7	华北	天津	刘民	59	5165	304,735
10	14-0502	AT3-005	2014-5-6	2014-5-8	华北	秦皇岛	刘民	218	2360	514,480
11	14-0503	PT7-016	2014-5-15	2014-5-28	华南	深圳	何宇	39	3900	152,100
12	14-0504	JB009-1	2014-5-16	2014-5-20	华东	青岛	王利伟	265	1890	500,850
13	14-0505	TS3-700	2014-5-17	2014-5-26	东北	大连	苏洁	50	4950	247,500
14	14-0506	AT3-005	2014-5-22	2014-5-28	华东	南京	方成建	60	2360	141,600
15	14-0507	PT7-016	2014-5-28	2014-6-1	西南	成都	王利伟	45	3900	175,500
16	14-0508	AT3-005	2014-5-30	2014-5-30	华南	深圳	方成建	120	2360	283,200
17	14-0601	DB800-1	2014-6-1	2014-6-4	西北	兰州	林菱	19	5165	98,135
18	14-0602	PT7-016	2014-6-4	2014-6-6	西北	西安	方成建	28	3900	109,200
19	14-0603	DB800-1	2014-6-5	2014-6-9	华东	温州	何宇	100	5165	516,500
20	14-0604	TS3-700	2014-6-15	2014-6-16	华北	北京	黄雅玲	15	4950	74,250
21	14-0605	JB009-1	2014-6-20	2014-6-20	西南	重庆	林菱	60	1890	113,400
22	14-0606	AT3-005	2014-6-26	2014-6-30	华南	厦门	林菱	86	2360	202,960
23	14-0607	AT3-005	2014-6-28	2014-6-30	东北	哈尔滨	黄雅玲	150	2360	354,000

图 3.84　设置"会计专用"格式后的工作表

	A	B	C	D	E	F	G	H	I	J
1	订单编号	产品型号	订货日期	发货日期	地区	城市	销售员	订货数量	单价	销售额
2	14-0401	PT7-016	2014-4-2	2014-4-4	华北	张家口	黄雅玲	90	3900	351,000
3	14-0402	TS3-700	2014-4-6	2014-4-10	东北	大连	黄雅玲	69	4950	341,550
4	14-0403	AT3-005	2014-4-9	2014-4-10	华南	海口	方成建	23	2360	54,280

图 3.85　选择【自动筛选】命令后的标题字段

④ 设置筛选条件。单击"地区"字段右侧的下拉按钮，从列表中选择"东北"，筛选出所有东北地区的销售记录，如图 3.86 所示。

	A	B	C	D	E	F	G	H	I	J
1	订单编号	产品型号	订货日期	发货日期	地区	城市	销售员	订货数量	单价	销售额
3	14-0402	TS3-700	2014-4-6	2014-4-10	东北	大连	黄雅玲	69	4950	341,550
13	14-0505	TS3-700	2014-5-17	2014-5-26	东北	大连	苏洁	50	4950	247,500
23	14-0607	AT3-005	2014-6-28	2014-6-30	东北	哈尔滨	黄雅玲	150	2360	354,000

图 3.86　筛选出的所有东北地区销售记录

（3）筛选销售额最低的 5 笔订单。

① 选中"销售额最低的 5 笔订单"工作表。

② 选中该工作表中的任一非空单元格，选择【数据】→【筛选】→【自动筛选】命令。

③ 设置筛选条件。单击"销售额"字段右侧的下拉按钮，从列表中选择"（前 10 个...）"，打开图 3.87 所示的"自动筛选前 10 个"对话框。

图 3.87　"自动筛选前 10 个"对话框

④ 在显示选项中分别选择"最小""5"和"项"，然后单击【确定】按钮。筛选出销售额最低的 5 笔订单，如图 3.88 所示。

	A	B	C	D	E	F	G	H	I	J
1	订单编号	产品型号	订货日期	发货日期	地区	城市	销售员	订货数量	单价	销售额
4	14-0403	AT3-005	2014-4-9	2014-4-10	华南	海口	方成建	23	2360	54,280
5	14-0404	JB009-1	2014-4-16	2014-4-17	华北	北京	方成建	29	1890	54,810
17	14-0601	DB800-1	2014-6-1	2014-6-4	西北	兰州	林菱	19	5165	98,135
18	14-0602	PT7-016	2014-6-4	2014-6-6	西北	西安	方成建	28	3900	109,200
20	14-0604	TS3-700	2014-6-15	2014-6-16	华北	北京	黄雅玲	15	4950	74,250

图 3.88　筛选出销售额最低的 5 笔订单

（4）筛选 5 月中旬的销售记录

① 选中"5 月中旬的销售记录"工作表。

② 选中该工作表中的任一非空单元格，选择【数据】→【筛选】→【自动筛选】命令。

③ 设置筛选条件。单击"订货日期"字段右侧的下拉按钮，从列表中选择"（自定义…）"，打开"自定义自动筛选方式"对话框，按如图 3.89 所示设置筛选条件。

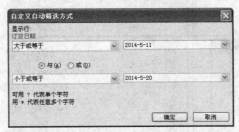

图 3.89 "自定义自动筛选方式"对话框

④ 单击【确定】按钮，完成筛选，筛选结果如图 3.90 所示。

	A	B	C	D	E	F	G	H	I	J
1	订单编号	产品型号	订货日期	发货日期	地区	城市	销售员	订货数量	单价	销售额
11	14-0503	PT7-016	2014-5-15	2014-5-28	华南	深圳	何宇	39	3900	152,100
12	14-0504	JB009-1	2014-5-16	2014-5-20	华东	青岛	王利伟	265	1890	500,850
13	14-0505	TS3-700	2014-5-17	2014-5-26	东北	大连	苏洁	50	4950	247,500

图 3.90 筛选出 5 月中旬的销售记录

（5）查看销售员黄雅玲在华北地区的销售记录。

① 选中"销售员黄雅玲在华北地区的销售记录"工作表。

② 选中该工作表中的任一非空单元格，选择【数据】→【筛选】→【自动筛选】命令。

③ 设置筛选条件。先单击"销售员"字段右侧的下拉按钮，从列表中选择"黄雅玲"，再单击"地区"字段右侧的下拉按钮，从列表中选择"华北"，筛选出黄雅玲在华北地区的销售记录，如图 3.91 所示。

	A	B	C	D	E	F	G	H	I	J
1	订单编号	产品型号	订货日期	发货日期	地区	城市	销售员	订货数量	单价	销售额
2	14-0401	PT7-016	2014-4-2	2014-4-4	华北	张家口	黄雅玲	90	3900	351,000
20	14-0604	TS3-700	2014-6-15	2014-6-16	华北	北京	黄雅玲	15	4950	74,250

图 3.91 筛选销售员黄雅玲在华北地区的销售记录

步骤 7　制作销售员销售业绩统计图

为了统计和对比各销售员的销售业绩，我们需要将销售记录按销售员进行销售额的汇总，并将汇总数据制作成直观明了的图表。

（1）选中"销售额统计"工作表，将该工作复制一份，并重命名为"销售业绩统计"。

（2）按"销售员"排序。

① 选中"销售业绩统计"工作表，选中"销售员"所在列有数据的任一单元格。

② 单击常用工具栏上的【升序排序】按钮，对销售员按升序进行排序。

【提示】

分类汇总前，我们应先对要分类的字段值进行排序，使分类字段中相同的值排列在一起，再进行分类汇总。

（3）分类汇总。

① 选中该工作表中的任一非空单元格。

② 选择【数据】→【分类汇总】命令，打开"分类汇总"对话框。

③ 在对话框中选择分类字段为"销售员"，汇总方式为"求和"，选定汇总项为销售额，如图 3.92 所示。

④ 单击【确定】按钮，生成图 3.93 所示的分类汇总表。

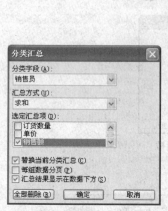

图 3.92 "分类汇总"对话框

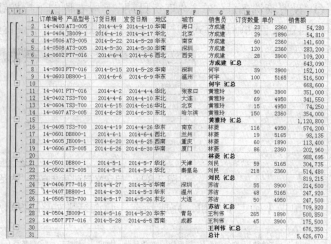

图 3.93 分类汇总表

⑤ 在出现的汇总数据表格中，选择显示 2 级汇总数据，得到图 3.94 所示的效果。

图 3.94 显示 2 级汇总数据

（4）创建图表。

① 利用分类汇总结果制作图表。在分类汇总 2 级数据表中，选择要创建图表的数据区域 G1:G30 和 J1:J30，即只选择汇总数据所在区域，如图 3.95 所示。

图 3.95 选定要创建图表的区域

② 选择【插入】→【图表】命令，打开"图表向导—4 步骤之一—图表类型"对话框。在"图表类型"列表框中指定图表的类型为"柱形图"，再在右边的子图表类型中选择"簇状柱形图"，如图 3.96 所示。

③ 单击【下一步】按钮，进入"图表向导—4 步骤之 2—图表源数据"对话框，设置系列产生在"列"选项，如图 3.97 所示。

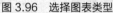

图 3.96 选择图表类型

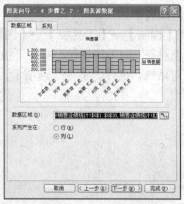

图 3.97 选择图表源数据

【提示】

图 3.97 给出了图表的样本,如果用户想改变图表的数据来源,可以选取所要的单元格区域。在"系列产生在"区域中,用户还可以通过选择"行"或"列",决定将行或列中的哪一组数据作为主要分析对象,这个分析对象就是图表中的横坐标。

④ 单击【下一步】按钮,进入"图表向导—4 步骤之 3—图表选项"对话框,在"标题"选项卡中输入图 3.98 所示的标题。单击"网格线"选项卡,选中"分类轴"中的"主要网格线"选项,就可以让"姓名"轴上也有一定的基准;单击"图例"选项卡,取消"显示图例"选项。

⑤ 单击【下一步】按钮,进入"图表向导—4 步骤之 4—图表位置"对话框,设置图表位置,如图 3.99 所示。在此处选择"作为其中的对象插入",最后生成图 3.100 所示的效果图。

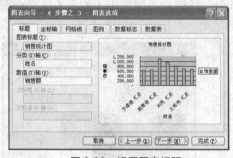

图 3.98 设置图表标题

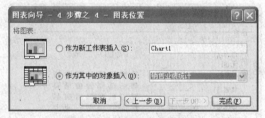

图 3.99 选择图表生成位置

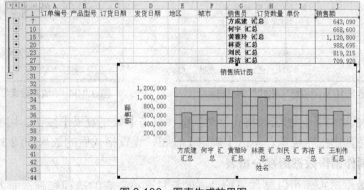

图 3.100 图表生成效果图

（5）设置图表格式。

① 选择【视图】→【工具栏】→【图表】命令，打开图 3.101 所示的"图表"工具栏，再单击"图表对象"的下拉按钮，打开下拉列表框，选择"分类轴"后，单击 键，打开"坐标轴格式"对话框，选择"字体"选项卡，设置字号为 10，如图 3.102 所示。

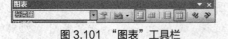

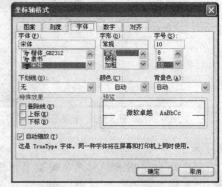

图 3.101 "图表"工具栏 　　　　图 3.102 "坐标轴格式"对话框

② 依照上面步骤的方法，将"数值轴"文字大小也设置为 10。

③ 单击选中横坐标标题，单击"格式"工具栏中的【加粗】按钮，将横坐标标题的字形加粗显示。按此方法，将纵坐标标题也加粗显示。

④ 如前步骤，选择"图表标题格式"选项，设置图表标题格式为 16、加粗、红色。

⑤ 将鼠标移动到"绘图区"，单击鼠标右键，在弹出的快捷菜单中，选择绘图区格式命令，打开图 3.103 所示的"绘图区格式"对话框。单击【填充效果】按钮，打开"填充效果"对话框，切换到"纹理"选项卡，选择"白色大理石"纹理，然后单击【确定】按钮，如图 3.104 所示。

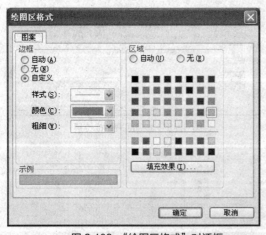

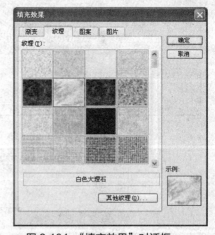

图 3.103 "绘图区格式"对话框 　　　　图 3.104 "填充效果"对话框

⑥ 如前步骤，打开"图表区格式"对话框，单击【填充效果】按钮，切换到"纹理"选项，选择"蓝色面巾纸"纹理，单击【确定】按钮，设置格式后的效果如图 3.105 所示。

步骤 8　制作销售数据透视分析表

用户使用数据透视表可以制作一份动态的汇总表格，它的透视和筛选能力使其具有较强的数据分析能力，可以显示不同汇总结果的数据。

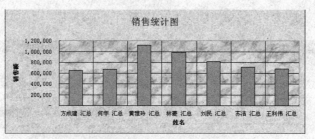

图 3.105　设置好格式的图表效果图

（1）选中"销售额统计"工作表。

（2）选中该工作表中的任一非空单元格。

（3）选择【数据】→【数据透视表和数据透视图】命令，打开图 3.106 所示的"数据透视表和数据透视图向导——3 步骤之 1"对话框。

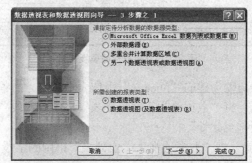

图 3.106　"数据透视表和数据透视图向导——3 步骤之 1"对话框

（4）在"请指定待分析数据的数据源类型"中选择默认的"Microsoft Office Excel 数据列表或数据库"，在"所需创建的报表类型"中选择默认的"数据透视表"。

（5）单击【下一步】按钮，打开"数据透视表和数据透视图向导——3 步骤之 2"对话框，如图 3.107 所示。在该对话框中，选定区域框中默认的工作表数据区域为"$A$1:$J$23"。

图 3.107　"数据透视表和数据透视图向导——3 步骤之 2"对话框

（6）单击【下一步】按钮，打开"数据透视表和数据透视图向导——3 步骤之 3"对话框，如图 3.108 所示，选中"新建工作表"。

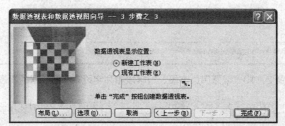

图 3.108　"数据透视表和数据透视图向导——3 步骤之 3"对话框

（7）单击【完成】按钮，创建出 Excel 默认的数据透视表版式图，系统同时会弹出"数据透视表"工具栏和"数据透视表字段列表"框，如图3.109所示。

图3.109 数据透视表版式图

（8）将该数据透视表自动创建的"Sheet 4"工作表重命名为"销售数据透视分析表"。

（9）设置页字段布局。将"数据透视表字段列表"框中的字段"地区"拖曳到A1:G1单元格区域的"请将页字段拖至此处"。

（10）设置行字段布局。将"数据透视表字段列表"框中的字段"城市"拖曳到A4:A16单元格区域的"将行字段拖至此处"。

（11）设置列字段布局。将"数据透视表字段列表"框中的字段"产品型号"拖曳到B3:G3单元格区域的"将列字段拖至此处"。如图3.110所示。

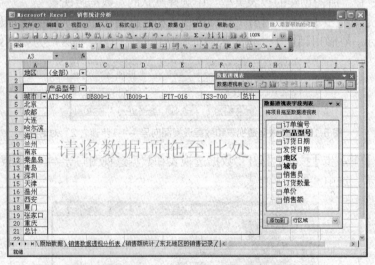

图3.110 设置了页字段、行字段和列字段布局的数据透视表

（12）设置数据项字段布局。将"数据透视表字段列表"框中的字段"销售额"拖曳到B5:G21单元格区域的"请将数据项拖至此处"，如图3.111所示。

地区	(全部)					
求和项:销售额	产品型号					
城市	AT3-005	DB800-1	JB009-1	PT7-016	TS3-700	总计
北京			54810		74250	129060
成都				175500		175500
大连					589050	589050
哈尔滨	354000					354000
海口	54280					54280
兰州		98135				98135
南京	141600				574200	715800
秦皇岛	514480					514480
青岛			500850			500850
深圳	283200			366600		649800
天津		304735				304735
温州		764420				764420
西安				109200		109200
厦门	202960					202960
张家口				351000		351000
重庆			113400			113400
总计	1550520	1167290	669060	1002300	1237500	5626670

图 3.111　设置了数据项字段布局的数据透视表

（13）修改字段名。

① 用鼠标右键单击 A3 单元格，从弹出的快捷菜单中选择“字段设置”命令，打开“数据透视表字段”对话框。

② 在“名称”文本框中将原名称“求和项：销售额”修改为“第 2 季度销售额”，然后单击【确定】按钮。

【拓展案例】

利用图 3.112 所示的数据，制作数据透视表，如图 3.113 所示。

产品销售情况表

订单编号	产品编号	产品类型	产品型号	销售日期	业务员	销售量	销售金额
14-04001	D20001001	硬盘	西部数据320GB(蓝版)	2014-4-2	杨立	14	￥5,124.00
14-04002	C10001002	CPU	Pentium E2210 2.2GHz（盒）	2014-4-5	白瑞林	3	￥1,404.00
14-04003	C10001003	CPU	Pentium E5200 2.5GHz（盒）	2014-4-5	杨立	7	￥4,032.00
14-04004	D30001001	硬盘	日立 320GB	2014-4-8	夏蓝	6	￥2,196.00
14-04005	V10001001	显卡	昂达 魔剑P45+	2014-4-8	方艳芸	2	￥1,677.60
14-04006	C10001001	CPU	Celeron E1200 1.6GHz（盒）	2014-4-12	夏蓝	1	￥330.00
14-04007	D10001001	硬盘	希捷酷鱼7200.12 320GB	2014-4-26	张勇	5	￥2,040.00
14-04008	R10001002	内存条	宇瞻 经典2GB	2014-4-29	方艳芸	4	￥840.00
14-05001	V20001002	显卡	华硕 P5QL	2014-5-5	白瑞林	8	￥5,462.40
14-05002	R20001001	内存条	威刚 万紫千红2GB	2014-5-12	李陵	2	￥432.00
14-05003	V30001001	显卡	微星 X58M	2014-5-16	夏蓝	3	￥5,036.40
14-05004	M10001004	主板	华硕 9800GT冰刃版	2014-5-16	李陵	20	￥19,176.00
14-05005	R30001001	内存条	金士顿 1GB	2014-5-16	张勇	3	￥360.00
14-05006	M10001006	主板	盈通 GTX260+游戏高手	2014-5-18	李陵	8	￥11,510.40
14-05007	LCD003003	显示器	明基 G900HD	2014-5-25	杨立	2	￥1,824.00
14-06001	M10001005	主板	微星 N250GTS-2D暴雪	2014-6-3	方艳芸	5	￥4,788.00
14-06002	LCD001001	显示器	三星 943NW+	2014-6-3	张勇	6	￥6,472.80
14-06003	LCD002002	显示器	优派 VX1940w	2014-6-4	李陵	1	￥1,188.00

图 3.112　原始数据

求和项:销售金额	业务员						
产品类型	白瑞林	方艳芸	李陵	夏蓝	杨立	张勇	总计
CPU	1404			330	4032		5766
内存条		840	432			360	1632
显卡	5462.4	1677.6		5036.4			12176.4
显示器			1188		1824	6472.8	9484.8
硬盘				2196	5124	2040	9360
主板		4788	30686.4				35474.4
总计	6866.4	7305.6	32306.4	7562.4	10980	8872.8	73893.6

图 3.113　数据透视表效果图

【拓展训练】

消费者的购买行为通常分为消费者的行为习惯和消费者的购买力，它直接反映出产品或者服务的市场表现。企业对消费者的行为习惯和购买力进行分析，可以为企业的市场定位提供准确的依据。制作图 3.114 和图 3.115 所示的消费者购买行为分析图表。

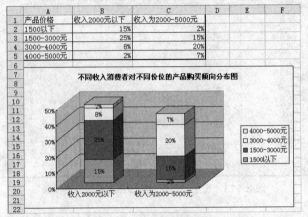

图 3.114 "不同收入消费者群体购买力特征分析"图表

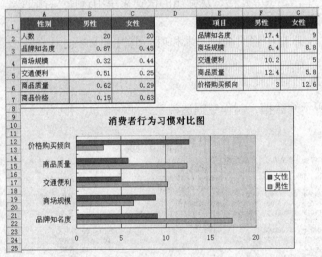

图 3.115 "消费行为习惯分析"图表

操作步骤如下。

（1）启动 Excel 2003，新建一个工作簿，将工作簿以"消费者购买行为分析"为名保存在"D:\科源有限公司\市场部"文件夹中。

（2）分别将 Sheet1 和 Sheet 2 工作表重命名为"不同收入消费者群体购买力特征分析"和"消费行为习惯分析"，并将其余的工作表删除。

（3）输入"不同收入消费者群体购买力特征分析"原始数据，并设置单元格格式。

① 选中"不同收入消费者群体购买力特征分析"工作表，输入图 3.116 所示的数据。

	A	B	C	D
1	产品价格	收入2000元以下	收入为2000-5000元	
2	1500以下	15%	2%	
3	1500-3000元	25%	15%	
4	3000-4000元	8%	20%	
5	4000-5000元	2%	7%	
6				

图 3.116 "不同收入消费者群体购买力特征分析"原始数据

② 选中 A1:C5 单元格区域，为表格添加边框。

（4）创建"不同收入消费者对不同价位的产品购买倾向分布图"。

① 选中 A1:C5 单元格区域。

② 选择【插入】→【图表】命令，打开"图表向导——4 步骤之 1—图表类型"对话框，选择"柱形图"的子图表类型"三维堆积柱形图"类型，如图 3.117 所示。

③ 单击【下一步】按钮，在打开的对话框中选择系列产生在"行"选项，如图 3.118 所示。

图 3.117　选择"三维堆积柱形图"

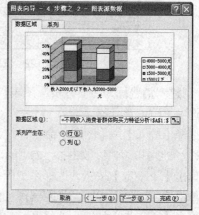
图 3.118　　数据系列产生在"行"

④ 单击【下一步】按钮，为图表添加图 3.119 和图 3.120 所示的图表标题和数据标签。

图 3.119　为图表添加图表标题　　　　　　图 3.120　为图表添加数据标签

⑤ 单击【下一步】按钮，在打开的对话框中选择图标位置为"作为其中对象插入"。

⑥ 单击【完成】按钮。

（5）输入"消费行为习惯分析"原始数据，如图 3.121 所示。

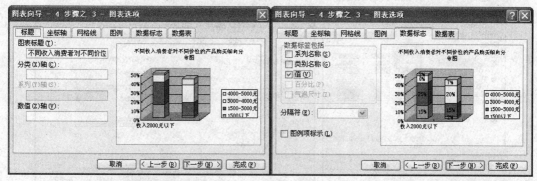

	A	B	C	D	E	F	G
1	性别	男性	女性		项目	男性	女性
2	人数	20	20		品牌知名度		
3	品牌知名度	0.87	0.45		商场规模		
4	商场规模	0.32	0.44		交通便利		
5	交通便利	0.51	0.25		商品质量		
6	商品质量	0.62	0.29		价格购买倾向		
7	商品价格	0.15	0.63				

图 3.121　"消费行为习惯分析"原始数据

（6）计算男女消费者的不同消费人数。

① 选中 F2 单元格，输入公式"=$B$2*B3"，按【Enter】键确认，使用填充柄将公式填充至 F3:F6 单元格区域。

② 选中 G2 单元格，输入公式" = $C$2*C3"，按【Enter】键确认，使用填充柄将公式填充至 G3:G6 单元格区域。

（7）按图 3.122 所示对数据表区域进行格式化设置。

	A	B	C	D		E	F	G
1	性别	男性	女性			项目	男性	女性
2	人数	20	20			品牌知名度	17.4	9
3	品牌知名度	0.87	0.45			商场规模	6.4	8.8
4	商场规模	0.32	0.44			交通便利	10.2	5
5	交通便利	0.51	0.25			商品质量	12.4	5.8
6	商品质量	0.62	0.29			价格购买倾向	3	12.6
7	商品价格	0.15	0.63					

图 3.122　设置工作表的数据区格式

（8）创建"消费行为习惯分析"图表。

① 选中 E1:G6 单元格区域。

② 选择【插入】→【图表】命令，打开"图表向导"对话框，选择"条形图"的子图表类型"簇状条形图"类型，如图 3.123 所示。

③ 单击【下一步】按钮，选择系列产生在"列"选项。

④ 单击【下一步】按钮，为图表添加图 3.124 所示的图表标题。

⑤ 单击【下一步】按钮，选择图标位置为"作为其中对象插入"。

⑥ 单击【完成】按钮。

⑦ 适当修饰和设置图表格式。

图 3.123　选择"簇状条形图"

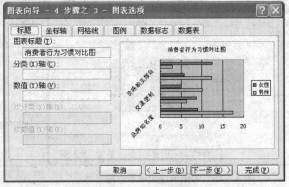

图 3.124　为图表添加图表标题

【案例小结】

通过本案例的学习，您可学会利用 Excel 软件进行数据统计、筛选、分类汇总等。在此基础上，您能根据企业要求制作图表，并对图表进行不同的设置以达到需要的结果，还能够进行简单的数据透视表的制作等。

📖 学习总结

本案例所用软件	
案例中包含的知识和技能	
你已熟知或掌握的知识和技能	

3.4 案例 14 制作公司销售培训讲义

【案例分析】

市场竞争日益激烈，为完成公司董事会设定的 2014 年下半年的销售指标，销售人员能力亟待提高，这就需要他们接受实战训练和技术培训。公司人力资源部与市场部接到了培训销售人员的任务，由人力资源部及去年的销售冠军团队市场部西南片区大区经理共同完成此项工作。培训对象为各大片区销售团队小区经理及下属组长，培训主题为"打造科源一流销售团队"。现由市场部负责制作此次培训所需的演示文稿。演示文稿效果图如图 3.125 所示。

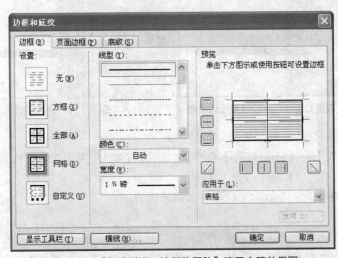

图 3.125 "打造科源一流销售团队"演示文稿效果图

【解决方案】

步骤 1 新建并保存演示文稿

（1）启动 PowerPoint 2003 应用程序，系统自动新建一个空白文档"演示文稿 1"。

（2）将演示文稿以"打造科源一流销售团队"为名，保存在"D:\科源有限公司\市场部"文件夹中，保存类型为"演示文稿"。

步骤 2 应用设计模板

（1）单击"格式"工具栏上的【设计】按钮 设计(S)，出现"幻灯片设计"任务窗格。

（2）在"幻灯片设计"任务窗格的"应用设计模板"列表框中单击 Capsules 模板，所选的模板将应用到所有的幻灯片中。效果如图 3.126 所示。

【提示】

用户在演示文稿中应用设计模板，可以使幻灯片风格统一、更加美观。选择合适的设计模板对制作出色的演示文稿非常重要，为了简化操作，系统提供了很多已经制作好的设计模板供用户选用。此外，我们也可通过网络搜索一些国内外提供 PowerPoint 模板的网站，从中选择自己中意的模板。当然，我们也可以自行设计模板，选取能与其兼容的多媒体制作软件来制作图标或背景等，制作出独一无二的、具有鲜明个人特色的模板。

步骤3 编辑演示文稿

（1）制作封面幻灯片。

系统默认情况下，演示文稿的第 1 张幻灯片的版式为 "标题幻灯片"版式，此类版式一般可作为演示文稿的封面。

① 在幻灯片的"单击此处添加标题"占位符中输入培训讲义的标题"打造科源一流销售团队"。

② 在副标题占位符中输入"科源有限公司"，换行输入"市场部"。如图 3.127 所示。

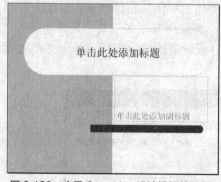

图 3.126 应用 Capsules 设计模板效果图

图 3.127 封面幻灯片

（2）制作目录幻灯片，即第 2 张幻灯片。

① 选择【插入】→【新幻灯片】命令，在窗口右侧出现的 "幻灯片版式"任务窗格中选择"文字版式"中的"标题和文本"版式。

② 分别输入图 3.128 所示的标题和 5 项目录内容。

【提示】

插入新幻灯片也可使用其他快捷方法：使用快捷键【Ctrl+M】 同样可以插入一张新幻灯片；用鼠标单击大纲窗格区空白处，同时按下【Enter】键，也可添加一张新的幻灯片。

（3）制作第 3 张新幻灯片。

① 插入一张新幻灯片，在窗口右侧的"幻灯片版式"任务窗格的"内容版式"中选择"标题和内容"版式，如图 3.129 所示。

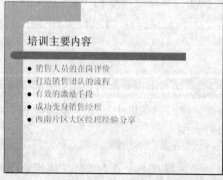

图 3.128 第 2 张幻灯片效果

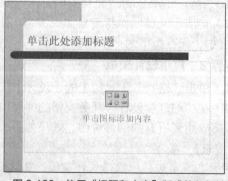

图 3.129 使用"标题和内容"版式的幻灯片

【提示】

用户在"幻灯片版式"任务窗格的"其他版式"中选择"标题和图示或组织结构图"版式，也可完成此类幻灯片的制作。

② 单击标题占位符，输入标题"第一部分 销售人员的在岗评价"。

③ 在工具图标组中单击"插入组织结构图或其他图示"图标 ，在弹出的图示库中选择"组织结构图"，如图 3.130 所示，单击【确定】按钮。在组织结构图中录入相应的内容，如图 3.131 所示。

图 3.130　图示库

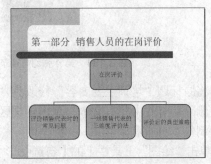

图 3.131　第 3 张幻灯片录入文字及插入组织结构图后的效果图

（4）制作第 4 张幻灯片。

① 插入一张新幻灯片。在"幻灯片版式"任务窗格中选择"文字和内容版式"中的"标题，内容与文本"版式，如图 3.132 所示。

② 在标题占位符中输入"针对一线代表的三维度评价"。

③ 单击左侧工具图标组中的"插入剪贴画" 图标，在弹出的"选择图片"对话框中选择所需剪贴画。为了检索方便，用户可在"搜索文字"框中输入关键词"会议"，单击【搜索】按钮，即可得到与"会议"主题相关的剪贴画，如图 3.133 所示。

④ 选择图库中第 1 行第 1 列的剪贴画，单击【确定】按钮，再使用鼠标拖拽调整剪贴画的大小及右侧文本框位置。

图 3.132　使用"标题，内容与文本"版式的幻灯片

图 3.133　剪贴画库

⑤ 单击幻灯片右侧的正文占位符，添加三项内容："个性是否合适""动力是否足够""能力是否达标"。效果如图 3.134 所示。

（5）制作第 5 张幻灯片。

① 复制第 2 张幻灯片。在演示文稿的左侧大纲窗格中单击第 2 张幻灯片，选择【编辑】

→【复制】命令，再单击大纲窗格中的第 4 张幻灯片下方，作为新幻灯片的插入点。选择【编辑】→【粘贴】命令，在此幻灯片副本上修改内容制作第 5 张幻灯片。

图 3.134　第 4 张幻灯片录入文字及插入剪贴画后的效果图

② 将原标题"培训主要内容"修改为"第二部分　打造销售团队的流程"。

③ 删除幻灯片中原有文本。单击正文区文本框，再单击【Delete】键，将文本框删除。

④ 制作本页所需流程图。

a. 单击"绘图"工具栏上的【自选图形】→【流程图】命令，选择"流程图：可选过程"，如图 3.135 所示。拖动鼠标在幻灯片上画出 1 个矩形框。

b. 按住【Ctrl】键并拖动鼠标，复制出其余 5 个矩形框。

c. 在矩形框中单击鼠标右键，从弹出的快捷菜单中选择添加文本命令，依次输入图 3.136 所示内容。

d. 适当调整 6 个矩形框的位置及大小。

⑤ 制作流程图中的箭头。

a. 选择"绘图"工具栏上的【自选图形】→【箭头总汇】命令，如图 3.137 所示。

b. 选择需要的箭头图形，并使用鼠标拖动画出左箭头、右箭头及右弧形箭头。

c. 将箭头适当调整后放置在流程图相应的位置上，效果如图 3.138 所示。

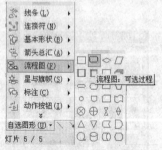

图 3.135　选取"自选图形"中的"流程图"

图 3.136　流程图中的矩形框

图 3.137　选取"自选图形"中的"箭头总汇"

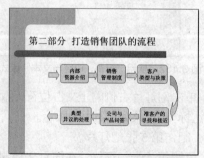

图 3.138　第 5 张幻灯片流程图效果图

（6）制作第6张幻灯片。

① 插入一张新幻灯片。在"幻灯片版式"任务窗格中选择"其他版式"中的"标题和表格"版式，如图3.139所示。

② 在标题占位符处输入"第三部分 有效的激励手段"。

③ 双击"双击此处添加表格"占位符，插入一个9行4列的表格。调整行列位置，输入图3.140所示的内容。

④ 选择【插入】→【符号】命令，为表格第2列和第4列插入矩形符号，用作表格的复选框。

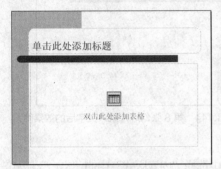

图3.139 使用"标题和表格"版式的幻灯片

图3.140 第6张幻灯片录入文字及插入表格后的效果图

（7）制作第7张幻灯片。

① 插入一张新幻灯片。在"幻灯片版式"任务窗格中选择"其他版式"中的"标题和图表"版式。如图3.141所示。

② 在标题占位符处输入"第四部分 成功变身销售经理"。

③ 双击"双击此处添加图表"占位符，出现图3.142所示的系统预设的图表及数据表，此时出现的是柱状图图表。

图3.141 使用"标题和图表"版式的幻灯片

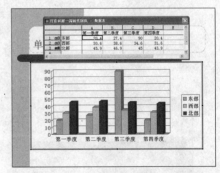

图3.142 系统预设的图表及数据表

④ 选择【图表】→【图表类型】命令，在饼状图图表类型中选择"三维饼状图"。

⑤ 删除数据表中的第2、3条记录，将第1条中的"东部"字段改为"所占比例"，并将第1条记录中的单元格数据依次修改：A1为30、B1为35、C1为20、D1为15。

⑥ 选择【图表】→【图表选项】命令，为图表添加标题"销售经理所扮演角色"，如图3.143所示。

（8）制作第8张幻灯片。

① 插入一张新幻灯片。在"幻灯片版式"任务窗格中选择"文字版式"中的"只有标题"版式。

② 在标题占位符处输入标题"第五部分 西南片区大区经理经验分享"。

③ 选择【插入】→【文本框】→【横排】命令，将文本框放置在标题下方，并输入文字"2013 年度销售冠军西南片区大区经理 Mr.DAVID"。

④ 采用同样的方法，在幻灯片的右下角再添加一个文本框，输入文字"Mr.DAVID 发言音频"，如图 3.144 所示。

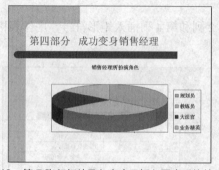

图 3.143　第 7 张幻灯片录入文字及插入图表后的效果图

图 3.144　第 8 张幻灯片录入文字后的效果图

（9）制作第 9 张幻灯片。

① 插入一张新幻灯片。在"幻灯片版式"任务窗格中选择"内容版式"中的"空白"版式。

② 选择【插入】→【图片】→【艺术字】命令，在艺术字库中选择第 5 行第 1 列中样式，并输入文字"Thank you!"，适当调整艺术字大小。如图 3.145 所示。

（10）保存演示文稿。单击常用工具栏上的█按钮，保存所制作的演示文稿。

步骤 4　设置幻灯片外观

（1）选择【格式】→【幻灯片设计】命令，在右侧的"幻灯片设计"任务窗格中选择"配色方案"，如图 3.146 所示。

图 3.145　第 9 张幻灯片插入艺术字后的效果图

图 3.146　"配色方案"窗格

（2）单击第 1 行第 2 列的配色方案，将选定的配色方案应用到所有幻灯片中。封面幻灯片效果如图 3.147 所示。

图 3.147 应用新配色方案后的封面幻灯片

【提示】
　　配色方案也可进行编辑，单击 "配色方案"窗格左下方的【编辑配色方案】命令，即可打开"编辑配色方案"对话框，选择"自定义"选项卡，用户可对幻灯片的主要对象——"背景""文本与线条""阴影""标题文本""填充""强调""强调文字和超链接""强调文字和已访问的超链接"进行颜色设置。如图 3.148 所示。

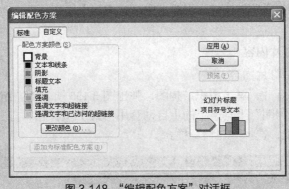

图 3.148 "编辑配色方案"对话框

（3）为第 1 张幻灯片设置背景。

① 选中第 1 张幻灯片。选择【格式】→【背景】命令，打开"背景"对话框。

② 在"背景填充"的下拉列表中选择图 3.149 所示的【填充效果】命令，打开图 3.150 所示的"填充效果"对话框。

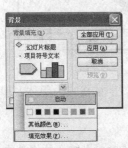

图 3.149 "背景"对话框

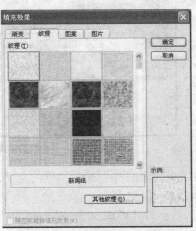

图 3.150 "填充效果"对话框

③ 切换到"纹理"选项卡，选择"新闻纸"纹理，单击【确定】按钮，返回"背景"对话框。

④ 单击【应用】按钮，将设置的背景应于第 1 页幻灯片中，效果如图 3.151 所示。

（4）插入幻灯片编号。

① 选择【插入】→【幻灯片编号】命令，打开图 3.152 所示的"页眉和页脚"对话框。

图 3.151　设置背景纹理后的封面幻灯片　　　图 3.152　"页眉和页脚"对话框

② 选中"幻灯片编号"复选框，再单击【全部应用】按钮，即在每张幻灯片的左下角插入幻灯片编号。

步骤 5　修饰幻灯片内容

（1）修饰第 3 张幻灯片内容

① 选择第 3 张幻灯片，单击组织结构图，弹出图 3.153 所示的"组织结构图"工具条。

② 单击"组织结构图"工具条上的【自动套用格式】 按钮，打开图 3.154 所示的"组织结构样式库"对话框，选择"热情"样式。

图 3.153　"组织结构图"工具条

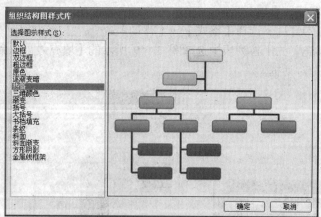

图 3.154　"组织结构样式库"对话框

③ 分别选中组织结构图中四个矩形框的文字，设置字体格式为黑体、加粗。修饰后的第 3 张幻灯片效果图如图 3.155 所示。

（2）修饰第 5 张幻灯片内容。

① 设置自选图形格式。选择第 5 张幻灯片，按住【Shift】键，依次选中所有的流程图对

象，单击鼠标右键，从弹出的快捷菜单中选择设置自选图形格式命令，打开图 3.156 所示的"设置自选图形格式"对话框，将填充颜色更改为"酸橙色"，将线条粗细设置为 2.25 磅。

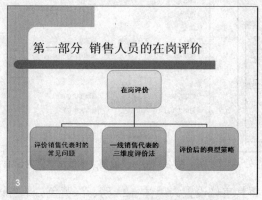

图 3.155 修饰后的第 3 张幻灯片

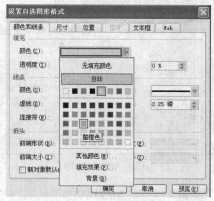

图 3.156 "设置自选图形"对话框

② 组合图形。按住【Shift】键，依次选中所有的流程图对象，单击鼠标右键，从弹出的快捷菜单中选择【组合】→【组合】命令，将选中的图形组合成一个图形。修饰后的第 5 张幻灯片如图 3.157 所示。

（3）修饰第 6 张幻灯片内容

① 选择第 6 张幻灯片。选中表格的第 1、2 列，选择【格式】→【设置表格格式】命令，打开"设置表格格式"对话框，切换到"填充"选项卡，将填充色设置为"深黄色"，并选中"半透明"复选框，如图 3.158 所示。

② 选中表格的第 3、4 列，将背景填充色设置为"酸橙色"，并选中"半透明"复选框。

③ 选中整个表格，选择【格式】→【设置表格格式】命令，打开"设置表格格式"对话框，切换到"边框"选项卡，将表格的外框线设置为 2.25 磅、内框线设置为 1 磅。修饰后的第 6 张幻灯片如图 3.159 所示。

（4）修饰第 8 张幻灯片内容

① 选择第 8 张幻灯片。选中文字"2013 年度销售冠军西南片区大区经理 Mr. DAVID"，将字体设置为黑体、24 磅、加粗，并调整文本框以适应文字大小。单击该文本框，选择【格式】→【文本框】命令，打开"设置文本框格式"对话框，切换到"颜色和线条"选项卡，将填充色设置为"酸橙色"，如图 3.160 所示。

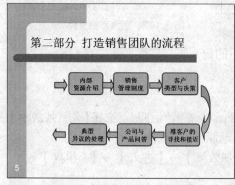

图 3.157 修饰后的第 5 张幻灯片

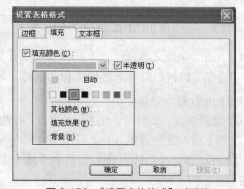

图 3.158 "设置表格格式"对话框

第三部分有效的激励手段

必要因素（保健性）	□	激发因素（激励性）	□
薪资收入	□	沟通和关怀	□
对比公平感	□	团队合作	□
福利保障	□	领导个人价值观	□
办公条件	□	个人及团队荣誉感	□
工作有序	□	工作成就感	□
岗位	□	成长晋升空间	□
岗位和区域稳定	□	集训轮训	□
工作支持	□	压力	□

图 3.159　修饰后的第 6 张幻灯片

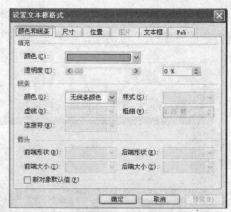

图 3.160　"设置文本框格式"对话框

② 选中文字"Mr.DAVID 发言音频"，将其字体设置为黑体、24 磅、深黄色。单击该文本框，按照前一步骤中的方法，将文本框线条设置为黑色、2.25 磅。修饰后的第 8 张幻灯片如图 3.161 所示。

步骤 6　插入音频文件

（1）选择第 8 张幻灯片。将光标插入点放置于"Mr.DAVID 发言音频"文字后，选择【插入】→【影片和声音】→【文件中的声音】命令，如图 3.162 所示，打开"插入声音"对话框。

（2）在"插入声音"对话框中选择"D:\科源有限公司\市场部"文件夹中的 Mr. DAVID 发言音频.mp3 文件，单击【确定】按钮，在弹出的信息提示框中，选择【在单击时】按钮，将选中的音频文件插入到幻灯片中。

图 3.161　修饰后的第 8 张幻灯片

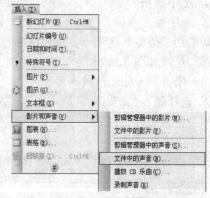

图 3.162　插入声音文件

（3）适当调整文本框尺寸。插入音频文件后的第 8 张幻灯片如图 3.163 所示。

步骤 7　设置幻灯片动画效果和超链接

（1）设置封面幻灯片动画效果

① 选择第 1 张幻灯片。选中标题文本"打造科源一流销售团队"，选择【幻灯片放映】→【自定义动画】命令，出现图 3.164 所示的"自定义动画"任务窗格。

② 在"自定义动画"任务窗格中选择【添加效果】→【进入】→【5.棋盘】效果，如图 3.165 所示。

③ 设置动画开始方式为"单击时"，方向为"跨越"，速度为"中"。

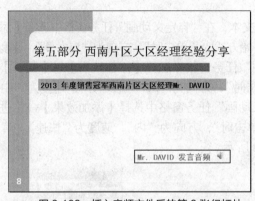

图 3.163　插入音频文件后的第 8 张幻灯片　　　　图 3.164　"自定义动画"任务窗格

【提示】

① 用户可选择【幻灯片放映】→【动画方案】命令，对幻灯片中的文本动画效果进行快捷设置，这既可应用于当前幻灯片中，也可应用于演示文稿的所有幻灯片中。如图 3.166 所示。

② 用户如需要设置其他动画效果，单击图 3.165 所示级联菜单下方的【其他效果】命令。

③ 用户如需预览动画设置后的效果，可在"自定义动画"任务窗格或者"动画方案"任务窗格中选中"自动预览"复选框。

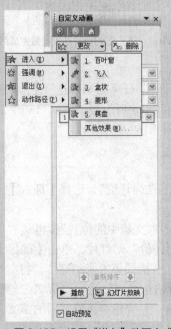

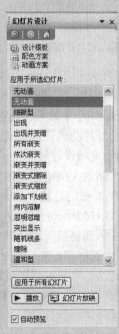

图 3.165　设置"进入"动画方式　　　　图 3.166　"动画方案"任务窗格

④ 选中幻灯片副标题，采用同样的操作方式，在"自定义动画"任务窗格中，将其动画效果设置为"飞入"，方向为"自底部"，速度为"非常快"。封面幻灯片设置完成后的任务窗格如图 3.167 所示。

（2）设置第 2 张幻灯片动画效果。

选择第 2 张幻灯片，选择【幻灯片放映】→【动画方案】命令，出现"动画方案"任务窗格，如图 3.166 所示。选择"依次渐变"动画效果，将动画效果应用到该幻灯片所有文本中。

（3）设置第 4 张幻灯片动画效果。

① 选择第 4 张幻灯片。选中标题文本，在"自定义动画"任务窗格中选择【添加效果】→【进入】→【2.飞入】效果，设置动画开始方式为"单击时"，方向为"自左侧"，速度为"中速"。

② 选中剪贴画，在"自定义动画"任务窗格中选择【添加效果】→【强调】→【5.螺旋转】效果，设置动画开始方式为"单击时"，方向为"360° 顺时针"，速度为"中速"。

③ 选中右侧文本框，在"自定义动画"任务窗格中选择【添加效果】→【进入】→【3.盒状】效果，设置动画开始方式为"单击时"，方向为"内"，速度为"快速"。第 4 张幻灯片动画设置完成后的任务窗格如图 3.168 所示。

图 3.167 封面幻灯片动画设置完成后的任务窗格　　图 3.168　第 4 张幻灯片动画设置完成后的任务窗格

（4）设置第 9 张幻灯片动画效果。

选择第 9 张幻灯片，选中艺术字，在"自定义动画"任务窗格中选择【添加效果】→【强调】→【1.放大/缩小】效果，设置动画开始方式为"单击时"，尺寸为"150%"，速度为"中速"。第 9 张幻灯片动画设置完成后的任务窗格如图 3.169 所示。

（5）为演示文稿设置超链接。

① 设置"销售人员的在岗评价"链接。

a. 选择第 2 张幻灯片，选中文字"销售人员的在岗评价"，选择【插入】→【超链接】命令，打开图 3.170 所示的"插入超链接"对话框。

b. 在"插入超链接"对话框中，选择链接到"本文档中的位置"，再从"请选择文档中的位置"列表中选择"3.第一部分 销售人员的在岗评价"幻灯片，单击【确定】按钮。

② 依照此法，将文本"打造销售团队的流程"链接到第 5 张幻灯片，将文本"有效的激励手段"链接到第 6 张幻灯片，将文本"成功变身销售经理"连接到第 7 张幻灯片，将文本"西南片区大区经理经验分享"链接到第 8 张幻灯片。完成超链接设置后的第 2 张幻灯片如图 3.171 所示。

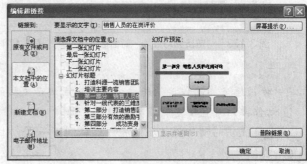

图 3.169　第 8 张幻灯片动画设置任务窗格　　　　图 3.170　"插入超链接"对话框

（6）为演示文稿设置命令按钮。

① 设置第 3 张幻灯片的命令按钮。

a. 选择第 3 张幻灯片，选择【幻灯片放映】→【动作按钮】命令，选择【动作按钮：第一张】按钮，拖动鼠标将按钮放置在幻灯片的左下方。松开鼠标，系统弹出图 3.172 所示的"动作设置"对话框。

b. 在对话框的"超链接到"列表中选择"幻灯片…"，打开图 3.173 所示的"超链接到幻灯片"对话框，从"幻灯片标题"列表中选择到第 2 张幻灯片"2.培训主要内容"。单击【确定】按钮，返回"动作设置"对话框。

c. 再单击【确定】按钮，完成设置。

图 3.171　设置超链接后的第 2 张幻灯片　　　图 3.172　"动作设置"对话框

② 按照同样的操作方式，分别为第 4 张至第 8 张幻灯片设置此动画按钮。放映幻灯片时，用户单击此按钮就能返回到第 2 张目录幻灯片。添加命令按钮后的第 8 张幻灯片如图 3.174 所示。

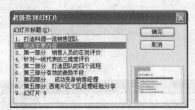

图 3.173 "链接到幻灯片"对话框　　　　图 3.174 添加动作按钮后第 8 张幻灯片

【提示】

用户使用适宜的动作按钮能更方便地完成演示文稿的放映工作。

① 动作按钮可直接复制到其余幻灯片页。

② 系统提供的动作按钮还能完成跳转到下一页、上一页及控制演示文稿播放的开始、停止等功能。

步骤 8　设置幻灯片放映方式

（1）设置幻灯片切换方式

① 选择【幻灯片放映】→【幻灯片切换】命令，打开图 3.175 所示的"幻灯片切换"任务窗格。

② 在"应用于所选幻灯片"列表中选择"水平百叶窗"效果，设置速度为"中速"，换片方式为"单击鼠标时"。

③ 单击【应用于所有幻灯片】按钮，即可将幻灯片切换效果应用到每一张幻灯片中。

【提示】

关于幻灯片切换方式。

① 用户可单独为每一张幻灯片设置切换方式，设置时无需单击【应用于所有幻灯片】按钮。

② 用户如选择"随机"的幻灯片切换方式，并将其应用到所有幻灯片中，那么用户每次播放幻灯片时都由系统随机设定每一张幻灯片的切换方式。

（2）设置幻灯片放映方式。选择【幻灯片放映】→【设置放映方式】命令。在弹出的"设置放映方式"对话框中进行各项设置。这里，我们设置放映类型为"演讲者放映（全屏幕）"，选择绘图笔颜色为默认的"红色"，选择放映全部幻灯片，换片方式设为"手动"。如图 3.176 所示。

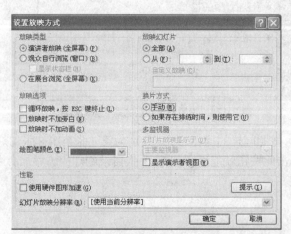

图 3.175 "幻灯片切换"任务窗格图　　　　图 3.176 "设置放映方式"对话框

（3）播放幻灯片。选择【幻灯片放映】→【设置放映方式】命令，即可观看幻灯片的播放。按照前面的放映设置，单击鼠标进行各张幻灯片的切换。

【提示】

播放幻灯片也可采用其他操作方式。

①单击演示文稿窗口左下角的【幻灯片放映】视图按钮 🖵。

② 按【F5】功能键，即可开始播放。

③选择【视图】→【幻灯片放映】命令。

（4）保存演示文稿。单击常用工具栏上的 🖫 按钮，保存美化和修饰后的演示文稿。

【拓展案例】

市场部在制订一个城市白领的个人消费调查表，用以了解当前社会中白领的消费状况，为将来市场部的下一步运作提供参考数据和依据，制订出的调查表效果图如图 3.177 所示。

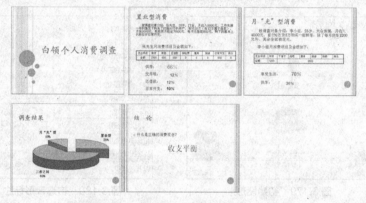

图 3.177 "白领个人消费调查表"效果图

【拓展训练】

企业在将某个新产品或者某项新技术投入到新的行业之前，首先必须先说服该行业的人员，使他们从心理上接受这个产品或者这项技术。达到注目的最直接的办法就是让他们觉得自己需要这样的产品或者技术，那么此时一份全面详细的产品行业推广方案是必不可少的，其效果如图 3.178 所示。

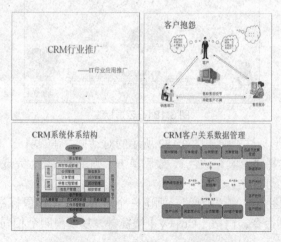

图 3.178 "产品行业推广方案"效果图

操作步骤如下。

（1）启动 PowerPoint 2003。

（2）使用"标题幻灯片"版式制作第 1 张幻灯片。

（3）利用自选图形制作第 2 张幻灯片。

PowerPoint 提供了丰富的自选图形样式，用户可据此创建多种简单或者复杂的图形，文稿演示时，直观的图形往往比文字更具有说服力，第 2、3、4 三张幻灯片均使用不同的自选图形来制作。

① 插入一张"只有标题"版式的幻灯片。输入标题文字，如图 3.179 所示，插入并调整图片，再利用文本框输入其余文字，并使用"绘图"工具栏中的"箭头"绘制箭头线，将"线型"设置为"圆点"虚线。

② 单击"绘图"工具栏上的"自选图形"，从弹出的菜单中选择"标注"中的"云形标注"，如图 3.180 所示在幻灯片的相应位置画图。

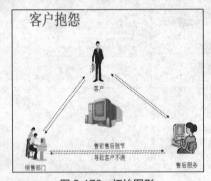

图 3.179　初始图形

图 3.180　自选云形标注

③ 在标注中输入文字，将字号设置成 12，然后单击黄色句柄，将其拖到相应的位置上，效果如图 3.181 所示。

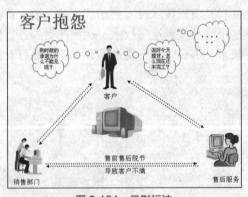

图 3.181　云形标注

④ 双击每一个云形标注，弹出图 3.182 所示的对话框，在"填充"选项中，选择"颜色"对应的下拉箭头，再选择"无填充颜色"，最后单击【确定】按钮，完成第 2 张幻灯片的制作。

（4）制作第 3 张幻灯片。

① 首先选择自选图形中的"矩形"，画出一个矩形图，再用鼠标右键单击图形，在弹出的快捷菜单中选择复制命令，再按【Ctrl+V】快捷键，复制出四个相同的矩形图，如图 3.183 所示。

② 按照前面的方法，按图 3.184 所示制作出所有的矩形图形，再绘制出两个椭圆图形和两个箭头，并在每个自选图形中录入文字，字号都设成 18。

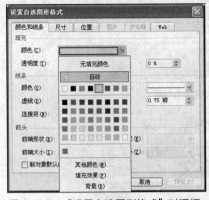

图 3.182　"设置自选图形格式"对话框

图 3.183　复制矩形图

图 3.184　第 3 张幻灯片效果图

③ 填充图形颜色。为每个不同的图形设置需要的填充色。

（5）制作第 4 张幻灯片。

① 按照前面介绍的方法，在幻灯片中画好 14 个圆角矩形，并在图形中录入相应的文字。

② 按住【Shift】键，同时选中需要水平对齐的图形，即最上面的一排图形。

③ 单击"绘图"工具栏上的【绘图】按钮，再单击"对齐或分布"，选择【顶端对齐】命令，如图 3.185 所示。

图 3.185　对齐分布菜单

④ 单击"绘图"工具栏上的【绘图】选择，再单击"对齐或分布"，选择【横向分布】，命令，就可以使对应的矩形框在水平方向上间隔平均分布，形成图 3.186 所示的效果。

⑤ 然后再分别调整其他圆角矩形的位置，并在相应的位置上添加圆柱体、箭头和文本框，结合前面所讲的设置颜色等操作，最终的效果如图 3.187 所示。

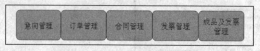

图 3.186　水平分布效果

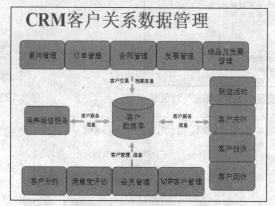

图 3.187　第 4 张幻灯片效果图

【案例小结】

本案例通过讲解制作"打造科源一流销售团队"的公司销售培训讲义文稿，向读者介绍了 PowerPoint 2003 演示文档的创建与编辑，应用设计模板及版式来统一演示文稿风格以及幻灯片的插入、复制等基本操作，还介绍了使用组织结构图及艺术字等元素来丰富演示文稿的方法。在此基础上，本节讲解了配色方案的应用、幻灯片内容的美化修饰，使用"自定义动画"和"动画方案"功能对演示文稿进行动画效果设置、超链接设置以及幻灯片播放时的切换速度、切换效果和放映类型等放映效果的设置，以便用户在播放幻灯片时达到更好的效果。此外，为了进一步增强演示文稿的感染力，我们还介绍了在文稿中添加音频文件的方法。

📖 学习总结

本案例所用软件	
案例中包含的知识和技能	
你已熟知或掌握的知识和技能	
你认为还有哪些知识或技能需要进行强化	
案例中可使用的 Office 技巧	
学习本案例之后的体会	

第 4 篇
物流篇

对于一个公司来说，仓库管理是物流系统中不可缺少的重要一环，仓库管理的规范化将为物流体系带来切实的便利。不管是销售型公司还是生产型公司，其商品或产品的进货入库、库存、销售出货等，都是每日工作的重要内容。用户要想做好这些工作，公司仓库库存表格的规范设计是第一步要做好的。其次，用户要准确地统计各类数据、汇总分析，完成对进货、销货、库存三方面的控制，这不仅可以使公司以最小的成本获得最大的收益，还能够使资源得到最有效的配置和利用。此外，通过各种方式对仓库出入库数据做出合理的统计，也是物流部门应该做到的工作。本篇介绍使用 Excel 来管理公司物流工作的方法。

📖 学习目标

1. 利用 Excel 创建公司的库存统计表，灵活设置各部分的格式。
2. 自定义数据格式。
3. 通过数据有效性的设置来控制录入符合规定的数据。
4. 学会合并多表数据，得到汇总结果。
5. 利用 Excel 制作公司产品进销存管理表、对产品销售和成本进行分析。
6. 在 Excel 中利用自动筛选和高级筛选实现显示满足条件的数据行。
7. 利用分类汇总来分类统计某些字段的汇总函数值。
8. 灵活地构造和使用图表来满足各种需要的数据结果的显示要求。
9. 灵活使用条件格式突出显示数据结果。

4.1 案例 15 制作产品库存管理表

【案例分析】

本案例通过讲解制作"公司库存管理表"来介绍 Excel 软件在库存管理方面的应用，效果分别如图 4.1、图 4.2、图 4.3、图 4.4、图 4.5 和图 4.6 所示。

	A	B	C	D	E	F
1			科源有限公司第一仓库入库明细表			
2		统计日期	2014年7月		仓库主管	李莫萧
3	编号	日期	产品编号	产品类别	产品型号	数量
4	NO-1-0001	2014-7-2	J1002	计算机	4180-Q7C 笔记本	5
5	NO-1-0002	2014-7-3	SXJ1002	数码摄像机	LEGRIA HF R36	10
6	NO-1-0003	2014-7-7	J1001	计算机	Ins14R-989AL 笔记本	8
7	NO-1-0004	2014-7-8	SJ1003	手机	iPhone 4S	58
8	NO-1-0005	2014-7-8	SJ1004	手机	S5830I	4
9	NO-1-0006	2014-7-8	XJ1001	数码相机	Coolpix L310	15
10	NO-1-0007	2014-7-12	XJ1002	数码相机	IXUS1100HS	2
11	NO-1-0008	2014-7-15	SJ1002	手机	I9100G	10
12	NO-1-0009	2014-7-20	J1004	计算机	UX31KI2557E 笔记本	12
13	NO-1-0010	2014-7-21	SC1001	存储卡	32GB-Class4	35
14	NO-1-0011	2014-7-21	SC1002	存储卡	64GB-class10	10
15	NO-1-0012	2014-7-24	SXJ1001	数码摄像机	HDR-XR260E	8
16	NO-1-0013	2014-7-25	J1003	计算机	NP530U3B-A04CN 笔记本	9
17	NO-1-0014	2014-7-25	SJ1001	手机	S710e	10

图 4.1　公司第一仓库入库表

	A	B	C	D	E	F
1			科源有限公司第二仓库入库明细表			
2		统计日期	2014年7月		仓库主管	周谦
3	编号	日期	产品编号	产品类别	产品型号	数量
4	NO-2-0001	2014-7-7	J1001	计算机	Ins14R-989AL 笔记本	10
5	NO-2-0002	2014-7-8	J1004	计算机	UX31KI2557E 笔记本	10
6	NO-2-0003	2014-7-8	SJ1003	手机	iPhone 4S	12
7	NO-2-0004	2014-7-9	J1003	计算机	NP530U3B-A04CN 笔记本	8
8	NO-2-0005	2014-7-10	SJ1002	手机	I9100G	7
9	NO-2-0006	2014-7-12	J1003	计算机	NP530U3B-A04CN 笔记本	3
10	NO-2-0007	2014-7-12	J1004	计算机	UX31KI2557E 笔记本	10
11	NO-2-0008	2014-7-15	SXJ1001	数码摄像机	HDR-XR260E	3
12	NO-2-0009	2014-7-18	XJ1001	数码相机	Coolpix L310	5
13	NO-2-0010	2014-7-20	SJ1004	手机	S5830I	8
14	NO-2-0011	2014-7-22	J1001	计算机	Ins14R-989AL 笔记本	8
15	NO-2-0012	2014-7-23	J1003	计算机	NP530U3B-A04CN 笔记本	5
16	NO-2-0013	2014-7-27	XJ1002	数码相机	IXUS1100HS	6
17	NO-2-0014	2014-7-28	SC1002	存储卡	64GB-class10	120
18	NO-2-0015	2014-7-28	SC1001	存储卡	32GB-Class4	180
19	NO-2-0016	2014-7-29	SXJ1002	数码摄像机	LEGRIA HF R36	5

图 4.2　公司第二仓库入库表

	A	B	C	D	E	F
1			科源有限公司第一仓库出库明细表			
2		统计日期	2014年7月		仓库主管	李莫萧
3	编号	日期	产品编号	产品类别	产品型号	数量
4	NO-1-0001	2014-7-3	J1002	计算机	4180-Q7C 笔记本	5
5	NO-1-0002	2014-7-5	XJ1001	数码相机	Coolpix L310	10
6	NO-1-0003	2014-7-8	SJ1003	手机	iPhone 4S	8
7	NO-1-0004	2014-7-10	J1001	计算机	Ins14R-989AL 笔记本	4
8	NO-1-0005	2014-7-10	SC1002	存储卡	64GB-class10	58
9	NO-1-0006	2014-7-13	SXJ1001	数码摄像机	HDR-XR260E	3
10	NO-1-0007	2014-7-15	J1001	计算机	Ins14R-989AL 笔记本	2
11	NO-1-0008	2014-7-17	J1002	计算机	4180-Q7C 笔记本	10
12	NO-1-0009	2014-7-18	XJ1002	数码相机	IXUS1100HS	12
13	NO-1-0010	2014-7-20	XJ1001	数码相机	Coolpix L310	35
14	NO-1-0011	2014-7-21	SC1001	存储卡	32GB-Class4	10
15	NO-1-0012	2014-7-23	J1002	计算机	4180-Q7C 笔记本	8
16	NO-1-0013	2014-7-25	XJ1002	数码相机	IXUS1100HS	9
17	NO-1-0014	2014-7-26	J1003	计算机	NP530U3B-A04CN 笔记本	2
18	NO-1-0015	2014-7-27	SJ1002	手机	I9100G	1
19	NO-1-0016	2014-7-28	SXJ1002	数码摄像机	LEGRIA HF R36	1
20	NO-1-0017	2014-7-30	SJ1001	手机	S710e	10

图 4.3　公司第一仓库出库表

	A	B	C	D	E	F
1			科源有限公司第二仓库出库明细表			
2		统计日期	2014年7月		仓库主管	周谦
3	编号	日期	产品编号	产品类别	产品型号	数量
4	NO-2-0001	2014-7-1	XJ1001	数码相机	Coolpix L310	6
5	NO-2-0002	2014-7-5	J1003	计算机	NP530U3B-A04CN 笔记本	9
6	NO-2-0003	2014-7-8	SJ1001	手机	S710e	12
7	NO-2-0004	2014-7-9	SJ1002	手机	I9100G	16
8	NO-2-0005	2014-7-10	XJ1001	数码相机	Coolpix L310	15
9	NO-2-0006	2014-7-10	XJ1002	数码相机	IXUS1100HS	8
10	NO-2-0007	2014-7-11	SC1001	存储卡	32GB-Class4	52
11	NO-2-0008	2014-7-12	J1004	计算机	UX31KI2557E 笔记本	5
12	NO-2-0009	2014-7-12	XJ1001	数码相机	Coolpix L310	2
13	NO-2-0010	2014-7-15	SC1002	存储卡	64GB-class10	25
14	NO-2-0011	2014-7-16	SJ1002	手机	I9100G	8
15	NO-2-0012	2014-7-18	SJ1004	手机	S5830I	7
16	NO-2-0013	2014-7-21	SXJ1001	数码摄像机	HDR-XR260E	8
17	NO-2-0014	2014-7-25	SXJ1002	数码摄像机	LEGRIA HF R36	3
18	NO-2-0015	2014-7-29	J1002	计算机	4180-Q7C 笔记本	10

图 4.4　公司第二仓库出库表

	A	B	C
1	产品编号	数量	
2	J1001	26	
3	J1004	32	
4	SJ1003	70	
5	J1003	25	
6	J1002	17	
7	SXJ1001	11	
8	XJ1001	20	
9	SJ1004	12	
10	XJ1002	8	
11	SC1002	130	
12	SC1001	215	
13	J1002	5	
14	SXJ1002	15	
15	SJ1001	10	

图 4.5　公司仓库"入库汇总表"

	A	B	C
1	产品编号	数量	
2	XJ1001	68	
3	J1003	11	
4	SJ1001	22	
5	SJ1002	25	
6	XJ1002	29	
7	SC1001	62	
8	J1004	5	
9	SJ1003	8	
10	J1001	6	
11	SC1002	83	
12	SJ1004	7	
13	SXJ1001		
14	SXJ1002	4	
15	J1002	33	

图 4.6　公司仓库"出库汇总表"

【解决方案】

步骤 1　创建工作簿，重命名工作表

（1）启动 Excel 2003，新建一个空白工作簿。

（2）将创建的工作簿以"公司库存管理表"为名保存到"D:\科源有限公司\物流部"文件夹中。

（3）将工作簿中的 Sheet1 工作表重命名为"产品明细表"。

步骤 2　创建"产品明细表"

（1）选中"产品明细表"工作表。

（2）输入图 4.7 所示的产品明细数据。

	A	B	C	D	E	F
1	产品编号	产品类别	产品型号	单位	进价	售价
2	J1001	计算机	Ins14R-989AL 笔记本	台	3780	4150
3	J1002	计算机	4180-Q7C 笔记本	台	7300	7999
4	J1003	计算机	NP530U3B-A04CN 笔记本	台	4660	5180
5	J1004	计算机	UX31KI2557E 笔记本	台	8350	8988
6	SC1001	存储卡	32GB-Class4	个	135	188
7	SC1002	存储卡	64GB-class10	个	565	619
8	SJ1001	手机	S710e	部	2355	2680
9	SJ1002	手机	I9100G	部	3580	3899
10	SJ1003	手机	iPhone 4S	部	5200	5880
11	SJ1004	手机	S5830I	部	1380	1760
12	SXJ1001	数码摄像机	HDR-XR260E	台	3920	4890
13	SXJ1002	数码摄像机	LEGRIA HF R36	台	2655	3588
14	XJ1001	数码相机	Coolpix L310	部	1290	1560
15	XJ1002	数码相机	IXUS1100HS	部	1460	2199

图 4.7　产品明细表

【提示】

用户在输入产品编号时可采用"填充序列"方法，如先在 A2 单元格中输入"J1001"，然后拖动 A2 单元格的填充句柄向下填充，如图 4.8 所示。

步骤 3　创建"第一仓库入库表"

（1）将 Sheet 2 工作表重命名为"第一仓库入库表"。

（2）在工作表中创建表格框架，如图 4.9 所示。

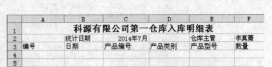

图 4.8　填充"产品编号"数据　　　　图 4.9　"第一仓库入库表"表格框架

（3）输入"编号"。

① 选中编号所在列 A 列，选择【格式】→【单元格】命令，打开"单元格格式"对话框。

② 切换到"数字"选项卡，在左侧"分类"列表中选择"自定义"，在右侧类型中输入自定义格式，如图 4.10 所示，单击【确定】按钮。

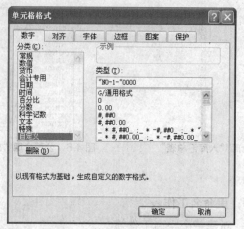

图 4.10 自定义"编号"格式

【提示】

这里我们自定义的格式是由双引号括起来的字符及后面输入的数字所组成的一个字符串，双引号引起来的字符将会原样显示，并连接后面由 4 位数字组成的数字串。数字部分用了 4 个"0"表示，如果用户输入的数字不够 4 位，系统则在其左侧添"0"占位。

③ 选中 A4 单元格，输入"1"，按【Enter】键后，单元格中显示出"NO-1-0001"，如图 4.11 所示。

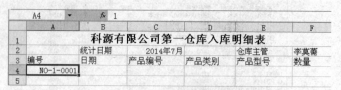

图 4.11 输入"1"后的编号显示形式

④ 使用填充句柄自动填充其余的编号。这里，我们可以先选中 A4 单元格作为起始单元格，然后按住【Ctrl】键，将鼠标指针移到单元格的右下角会出现"+"号，这时按住鼠标左键往下拖动，实现以"1"为步长值的向下自动递增填充。

（4）参照图 4.12，输入"日期"和"产品编号"数据。

	A	B	C	D	E	F
1	科源有限公司第一仓库入库明细表					
2		统计日期	2014年7月		仓库主管	李莫蕭
3	编号	日期	产品编号	产品类别	产品型号	数量
4	NO-1-0001	2014-7-2	J1002			
5	NO-1-0002	2014-7-3	SXJ1002			
6	NO-1-0003	2014-7-7	J1001			
7	NO-1-0004	2014-7-8	SJ1003			
8	NO-1-0005	2014-7-8	SJ1004			
9	NO-1-0006	2014-7-8	XJ1001			
10	NO-1-0007	2014-7-12	XJ1002			
11	NO-1-0008	2014-7-15	SJ1002			
12	NO-1-0009	2014-7-20	J1004			
13	NO-1-0010	2014-7-21	SC1001			
14	NO-1-0011	2014-7-21	SC1002			
15	NO-1-0012	2014-7-22	SXJ1001			
16	NO-1-0013	2014-7-25	J1003			
17	NO-1-0014	2014-7-25	SJ1001			
18						

图 4.12 输入"日期"和"产品编号"数据

（5）输入"产品类别"数据。

① 选中 D4 单元格。

② 选择【插入】→【函数】命令，打开图 4.13 所示的"插入函数"对话框。

③ 从对话框的"选择函数"列表中选择"VLOOKUP"函数，再单击【确定】按钮，然后在弹出的"函数参数"对话框中设置如图 4.14 所示的参数。

④ 单击【确定】按钮，得到相应的"产品类别"数据。

⑤ 选中 D4 单元格，用鼠标拖动其填充句柄至 D17 单元格，将公式复制到 D5:D17 单元格区域中，可得到所有的产品类别数据。

图 4.13　"插入函数"对话框

图 4.14　"产品类别"的 VLOOKUP 函数参数

【提示】

使用 VLOOKUP 函数可以搜索某个单元格区域的第一列，然后返回该区域相同行上任何单元格中的值。例如，假设区域 A2:C10 中包含雇员列表，雇员的 ID 号存储在该区域的第一列，如图 4.15 所示。

	A	B	C
1	员工ID	部门	姓名
2	35	销售	张颖
3	36	生产	王伟
4	37	销售	李芳
5	38	运营	郑建杰
6	39	销售	赵军
7	40	生产	孙林
8	41	销售	金士鹏
9	42	运营	刘英玫
10	43	生产	张雪眉

图 4.15　雇员表

如果用户知道雇员的 ID 号，则可以使用 VLOOKUP 函数返回该雇员所在的部门或其姓名。用户若要获取 38 号雇员的姓名，可以使用公式=VLOOKUP(38,A2:C10,3,FALSE)。此公式将搜索区域 A2:C10 的第一列中的值 38，然后返回该区域同一行中第三列包含的值作为查询值。

① VLOOKUP 中的 V 表示垂直方向。当比较值位于所需查找的数据的左边一列时，可以使用 VLOOKUP。

② VLOOKUP 函数语法如下。

VLOOKUP(lookup_value,table_array,col_index_num,range_lookup)

③ VLOOKUP 函数语法具有下列参数。

lookup_value 必需。要在表格或区域的第一列中搜索的值。lookup_value 参数可以是值或引用。如果用户为 lookup_value 参数提供的值小于 table_array 参数第一列中的最小值，则 VLOOKUP 将返回错误值#N/A。

table_array 必需。包含数据的单元格区域。可以使用对区域（例如，A2:D8）或区域名称的引用。table_array 第一列中的值是由 lookup_value 搜索的值。这些值可以是文本、数字或逻辑值。文本不区分大小写。

col_index_num 必需。table_array 参数中必须返回的匹配值的列号。col_index_num 参数为 1 时，返回 table_array 第一列中的值；col_index_num 为 2 时，返回 table_array 第二列中的值，依此类推。 如果 col_index_num 参数小于 1，则 VLOOKUP 返回错误值#VALUE!，大于 table_array 的列数，则 VLOOKUP 返回错误值#REF!。

range_lookup 可选。一个逻辑值，指定希望 VLOOKUP 查找精确匹配值还是近似匹配值。如果 range_lookup 为 TRUE 或被省略，则返回精确匹配值或近似匹配值；如果 rLOOKUP 找不到精确匹配值，则返回小于 lookup_value 的最大值。

（6）用同样的方式，参照图 4.16 设置参数，输入"产品型号"数据。

图 4.16　"产品型号"的 VLOOKUP 函数参数

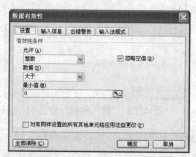

图 4.17　设置数据有效性条件

（7）输入入库"数量"数据。

为保证输入的数量值均为正整数、不会出现其他数据，我们需要对这列进行数据有效性设置。

① 选中 F4:F17 单元格区域，选择【数据】→【有效性】命令，打开"数据有效性"对话框。

② 在"设置"选项卡中，设置该列中的数据所允许的数值，如图 4.17 所示。

③ 在"输入信息"选项卡中，设置用户在工作表中输入数据时，鼠标移到该列时显示的提示信息，如图 4.18 所示。

④ 在"出错警告"选项卡中，设置用户在工作表中输入数据时，如果在该列任意单元格中输入错误数据时弹出的对话框中的提示信息，如图 4.19 所示。

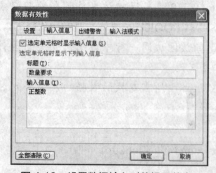

图 4.18　设置数据输入时的提示信息

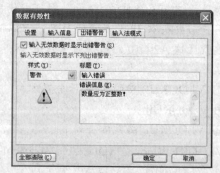

图 4.19　设置数据输入错误时的出错警告

（8）设置完成后，参照图 4.1，在工作表中输入数量数据，完成"第一仓库入库"表的创建。

【提示】

当用户选中设置了数据有效性的单元格时，工作表会出现如图 4.20 所示的提示信息；当用户输入错误数据时，系统会弹出如图 4.21 所示的对话框。

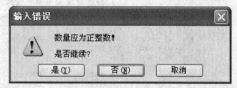

图 4.20 数据输入时的提示信息　　　图 4.21 输入错误数据时系统弹出的提示对话框

步骤 4　创建"第二仓库入库表"

（1）将 Sheet 3 工作表重命名为"第二仓库入库表"。

（2）参照创建"第一仓库入库表"的方法创建如图 4.2 所示的"第二仓库入库表"。

步骤 5　创建"第一仓库出库表"

（1）在"第二仓库入库"表之后插入一张新的工作表，并将新工作表重命名为"第一仓库出库表"。

（2）参照创建"第一仓库入库表"的方法创建如图 4.3 所示的"第一仓库出库表"。

步骤 6　创建"第二仓库出库表"

（1）在"第一仓库出库表"之后插入一张新的工作表，并将新工作表重命名为"第二仓库出库表。"

（2）参照创建"第一仓库入库表"的方法创建图 4.4 所示的"公司第二仓库出库表"。

步骤 7　创建"入库汇总表"

这里，我们采用"合并计算"的方法汇总出所有仓库中各种产品的入库数据。

（1）在"第二仓库入库表"之后插入一张新的工作表，并将新工作表重命名为"入库汇总表"。

（2）选中 A1 单元格，将合并计算的结果从这个单元格开始填列。

（3）选择【数据】→【合并计算】命令，打开图 4.22 所示的"合并计算"对话框。

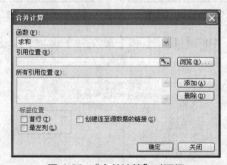

图 4.22 "合并计算"对话框

（4）在"函数"下拉列表框中选择合并的方式"求和"。

（5）添加第一个引用位置区域。

① 单击"合并计算"对话框中"引用位置"右边的按钮，切换到"第一仓库入库"工作表中，选取区域 C3:F17，如图 4.23 所示。

② 单击按钮，返回到"合并计算"对话框中，得到第一个"引用位置"。

③ 再单击【添加】按钮，将第一个选定的区域添加到下方"所有引用位置"中，如图 4.24 所示。

	A	B	C	D	E	F	G
1			科源有限公司第一仓库入库明细表				
2		统计日期	2014年7月		仓库主管	李莫薷	
3	编号	日期	产品编号	产品类别	产品型号	数量	
4	NO-1-0001	2014-7-2	J1002	计算机	4180-Q7C 笔记本	5	
5	NO-1-0002	2014-7-3	SXJ1002	数码摄像机	LEGRIA HF R36	10	
6	NO-1-0003	2014-7-7	J1001	计算机	Ins14R-989AL 笔记本	8	
7	NO-1-0004	2014-7-8	SJ1003	手机	iPhone 4S	58	
8	NO-1-0005	2014-7-8	SJ1004	手机	S5830I	4	
9	NO-1-0006	2014-7-8	XJ1001	数码相机	Coolpix L310	15	
10	NO-1-0007	2014-7-12	XJ1002	数码相机	IXUS1100HS	2	
11	NO-1-0008	2014-7-15	SJ1002	手机	I9100G	10	
12	NO-1-0009	2014-7-20	J1004	计算机	UX31KI2557E 笔记本	12	
13	NO-1-0010	2014-7-21	SC1001	存储卡	32GB-Class4	35	
14	NO-1-0011	2014-7-21	SC1002	存储卡	64GB-class10	10	
15	NO-1-0012	2014-7-22	SXJ1001	数码摄像机	HDR-XR260E	8	
16	NO-1-0013	2014-7-25	J1003	计算机	NP530U3B-A04CN 笔记本	9	
17	NO-1-0014	2014-7-25	SJ1001	手机	S710e	10	
18							
19			合并计算 - 引用位置：				
20			第一仓库入库!$C$3:$F$17				
21							

图 4.23　选择第一个"引用位置"区域

【提示】

如果用户要合并的数据是另外一个工作簿文件中的数据，则需要先使用【浏览】按钮 浏览(B)... 打开其他文件再进行区域的选择。

（6）添加第二个引用位置区域。按照上面的方法，选择"第二仓库入库"工作表中的区域 C3:F19，添加到"所有引用位置"中，如图 4.25 所示。

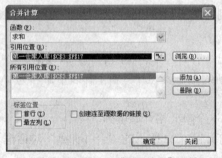
图 4.24　添加第一个"引用位置"区域

图 4.25　添加第二个"引用位置"区域

（7）选中"标签位置"中的【首行】和【最左列】选项，单击【确定】按钮，完成合并计算，得到图 4.26 所示的结果。

	A	B	C	D	E
1		产品类别	产品型号	数量	
2	J1001			26	
3	J1004			32	
4	SJ1003			70	
5	J1003			25	
6	SJ1002			17	
7	SXJ1001			11	
8	XJ1001			20	
9	SJ1004			12	
10	XJ1002			8	
11	SC1002			130	
12	SC1001			215	
13	J1002			5	
14	SXJ1002			10	
15	SJ1001			10	
16					

图 4.26　合并计算后的入库汇总数据

【提示】

由于在进行合并计算前我们并未建立合并数据的标题行，所以这里我们需要选中“首行”和“最左列”作为行、列标题，让合并结果以所引用位置的数据首行和最左列作为汇总的数据标题；相反，如果我们事先建立了合并结果的标题行和标题列，则不需要选中该选项。

（8）调整表格。将合并后不需要的“产品类别”和“产品型号”列删除，将“产品编号”标题添上，再适当调整列宽，最终得到如图 4.5 所示的效果图。

步骤 8　创建“出库汇总表”

（1）采用创建“入库汇总表”的方法，在“第二仓库出库”表之后插入一张新的工作表。

（2）将新工作表重命名为“出库汇总表”，汇总出所有仓库中各种产品的出库数据。结果如图 4.6 所示。

【拓展案例】

制作材料采购明细表，如图 4.27 所示。

材料采购明细表

2014 年 7 月 22 日

采购日期	采购编号	供应商号	采购货物	采购数量	单价	金额	验收日期	性质描述
2014-7-2	0001	100023	XSQ-1	20	￥800	￥16,000	2014-7-3	优
2014-7-6	0002	100012	XSQ-2	10	￥1,000	￥10,000	2014-7-8	优
2014-7-7	0003	100009	XSQ-3	10	￥1,180	￥11,800	2014-7-9	优
2014-7-13	0004	100010	CPU-1	20	￥1,000	￥20,000	2014-7-18	优
2014-7-19	0005	100022	CPU-2	12	￥1,500	￥18,000	2014-7-21	优
2014-7-22	0006	100013	CPU-3	12	￥900	￥10,800	2014-7-25	优
2014-7-25	0007	100010	CPU-1	8	￥1,000	￥8,000	2014-7-28	优

材料采购明细表 / Sheet2 / Sheet3

图 4.27　材料采购明细表

【拓展训练】

制作一份公司出货明细单，效果如图 4.28 所示。在此过程中，会涉及数据有效性的设置、自定义序列构造下拉列表输入数据、自动筛选数据、冻结网格线等操作。

商品出货明细单

2014 年 7 月 20 日

委托出货号	出货地点	商品代码	个数	件数	商品内容			交货地点	保险	备注
					大分类	中分类	小分类			
MY07020001	1号仓库	XSQ-1	8	8				电子城	￥10	
MY07020002	1号仓库	XSQ-1	2	2				电子城	￥10	
MY07020003	4号仓库	XSQ-2	2	2				电子城	￥10	
MY07020004	2号仓库	XSQ-2	3	3				数码广场	￥10	
MY07020005	1号仓库	XSQ-3	10	10				数码广场	￥10	
MY07020006	3号仓库	mky235	10	5				1号商铺	￥10	

公司出货明细表 / Sheet2 / Sheet3

图 4.28　公司出货明细单效果图

操作步骤如下。

（1）如图 4.29 所示建立公司出货明细单，输入各项数据，并设置明细单背景图案。

商品出货明细单

2014 年 7 月 20 日

委托出货号	出货地点	商品代码	个数	件数	商品内容			交货地点	保险	备注
					大分类	中分类	小分类			
MY07020001		XSQ-1	8	8				电子城	￥10	
MY07020002		XSQ-1	2	2				电子城	￥10	
MY07020003		XSQ-2	2	2				电子城	￥10	
MY07020004		XSQ-2	3	3				数码广场	￥10	
MY07020005		XSQ-3	10	10				数码广场	￥10	
MY07020006		mky235	10	5				1号商铺	￥10	

图 4.29　建立明细单表格、输入基本数据、设置背景图

（2）建立"出货地点"的下拉列表。

① 选中 C6:C11 单元格区域。

② 选择【数据】→【有效性】命令，打开"数据有效性"对话框。

③ 在"设置"选项卡中，单击"允许"下拉按钮，从下拉列表中选择"序列"选项，在"来源"文本框中输入"1 号仓库,2 号仓库,3 号仓库,4 号仓库"。设置该列中的数据所允许的数值，如图 4.30 所示。

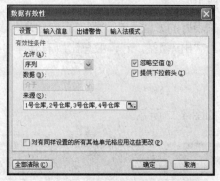

图 4.30 设置数据有效性条件

【提示】

这里，我们输入的序列值"1 号仓库,2 号仓库,3 号仓库,4 号仓库"之间的逗号均为英文状态下的逗号。

④ 在"输入信息"选项卡中，设置用户在工作表中输入数据时，鼠标移到该列时显示的提示信息，如图 4.31 所示。

⑤ 在"出错警告"选项卡中，设置用户在工作表中输入数据时，如果在该列任意单元格中输入错误数据时弹出的对话框中的提示信息，如图 4.32 所示。

⑥ 设置完成后，单击【确定】按钮返回到"商品出货明细单"工作表中，选定单元格 C6，系统会在此单元格的右侧显示下拉列表按钮以及提示信息，如图 4.33 所示。单击下拉列表按钮，在弹出的下拉列表中选择正确的出货地点，如图 4.34 所示。

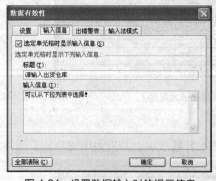

图 4.31 设置数据输入时的提示信息

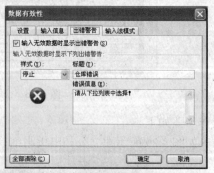

图 4.32 设置数据输入错误时的出错警告

（3）构建自动筛选。

① 选定 B4:D11 单元格区域。

② 选择【数据】→【筛选】→【自动筛选】命令，为工作表构建起自动筛选，此时"委托出货号""出货地点"和"商品代码"单元格的右上角显示下拉列表按钮，如图 4.35 所示。单击下拉列表按钮，用户可以选择要查看的某种商品或某类商品，如图 4.36 所示。

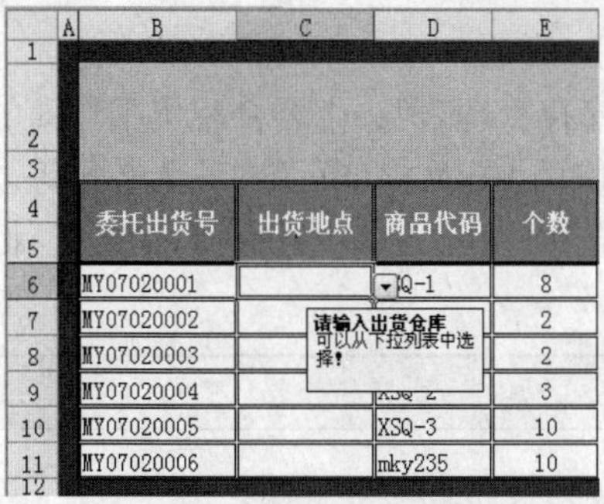

图 4.33 数据有效性设置效果图 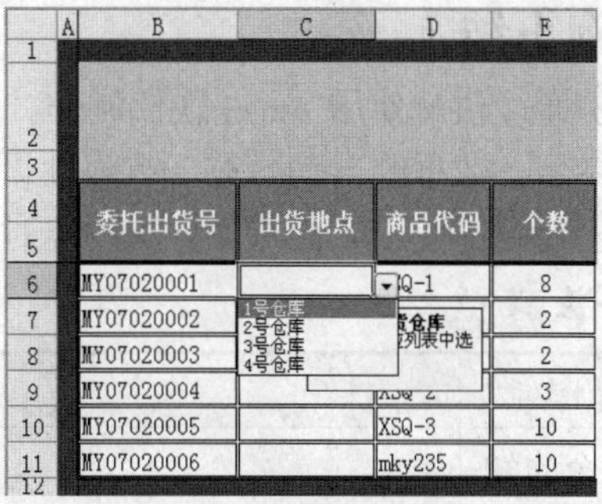　　　　图 4.34 "出货地点"下拉列表

图 4.35 构建自动筛选

图 4.36 设置自动筛选后的效果

（4）为明细表添加"冻结网格线"。

① 选定 B6 单元格，将该单元格设置为冻结点。

② 选择【窗口】→【冻结窗格】命令，使工作表中 1 至 5 行的标题行固定不动，此举可极大地方便用户查看工作表中的数据。如图 4.37 所示，工作表中出现了水平和垂直两条冻结网格线。

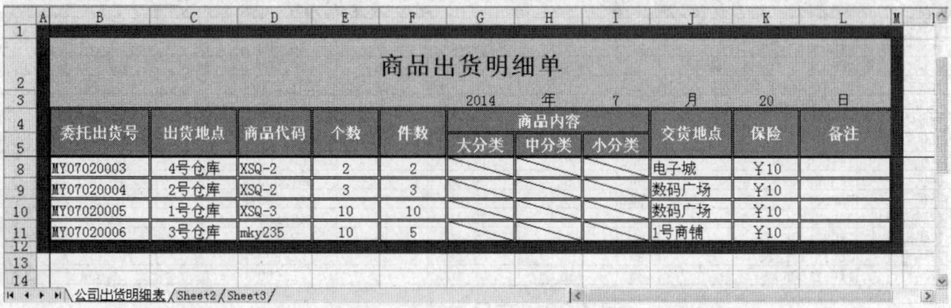

图 4.37 冻结窗格效果

【案例小结】

本案例通过讲解使用 Excel 软件制作"公司库存管理表"，主要介绍了工作簿的创建、工作表的重命名，数据的自动填充、有效性设置及使用 VLOOKUP 函数导入数据等。在此基础上，我们还介绍了使用"合并计算"功能对多个仓库的出、入库数据进行汇总统计的方法等。

📖 学习总结

本案例所用软件	
案例中包含的知识和技能	
你已熟知或掌握的知识和技能	
你认为还有哪些知识或技能需要进行强化	
案例中可使用的 Office 技巧	
学习本案例之后的体会	

4.2 案例 16 制作产品进销存汇总表

【案例分析】

在一个经营性企业中，物流部门的基本业务流程就是产品的进销存管理过程，产品的进货、销售和库存的各个环节直接影响到企业的发展。

对企业的进销存实行信息化管理，不仅可以实现数据在各部门之间的共享、保证数据的正确性，还可以实现用户对数据的全面汇总和分析、促进企业的快速发展。本案例通过制作"产品进销存汇总表"来介绍 Excel 软件在产品进销存管理方面的应用。"产品进销存汇总表"的设计效果如图 4.38 所示。

	A	B	C	D	E	F	G	H	I	J	K	L
1	产品进销存汇总表											
2	产品编号	产品类别	产品型号	单位	期初库存量	期初库存额	本月入库量	本月入库额	本月销售量	本月销售额	期末库存量	期末库存额
3	J1001	计算机	Ins14R-989AL 笔记本	台	5	18,900	26	98,280	6	24,900	25	94,500
4	J1002	计算机	4180-Q7C 笔记本	台	30	219,000	5	36,500	33	263,967	2	14,600
5	J1003	计算机	NP530U3B-A04CN 笔记本	台	3	13,980	25	116,500	11	56,980	17	79,220
6	J1004	计算机	UX31KI2557E 笔记本	台	0	—	32	267,200	5	44,940	27	225,450
7	SC1001	存储卡	32GB-Class4	个	10	1,350	215	29,025	62	11,656	163	22,005
8	SC1002	存储卡	64GB-class10	个	98	55,370	130	73,450	83	51,377	145	81,925
9	SJ1001	手机	S710e	部	15	35,325	10	23,550	22	58,960	3	7,065
10	SJ1002	手机	I9100G	部	20	71,600	17	60,860	25	97,475	12	42,960
11	SJ1003	手机	iPhone 4S	部	5	26,000	70	364,000	8	47,040	67	348,400
12	SJ1004	手机	S5830I	部	0	—	12	16,560	7	12,320	5	6,900
13	SXJ1001	数码摄像机	HDR-XR260E	台	20	78,400	11	43,120	8	39,120	23	90,160
14	SXJ1002	数码摄像机	LEGRIA HF R36	台	1	2,655	15	39,825	4	14,352	12	31,860
15	XJ1001	数码相机	Coolpix L310	部	52	67,080	20	25,800	68	106,080	4	5,160
16	XJ1002	数码相机	IXUS1100HS	部	35	51,100	8	11,680	29	63,771	14	20,440

图 4.38 产品进销存汇总表

【解决方案】

步骤1 创建工作簿

（1）启动 Excel 2003，新建一个空白工作簿。

（2）将创建的工作簿以"产品进销存汇总表"为名保存在"D:\科源有限公司\物流部"文件夹中。

步骤2 复制工作表

（1）打开"产品库存管理表"工作簿。

（2）选中"产品明细表""入库汇总表"和"出库汇总表"工作表。

（3）选择【编辑】→【移动或复制工作表】命令，打开图 4.39 所示的"移动或复制工作表"对话框。

（4）从"工作簿"的下拉列表中选择"产品进销存汇总表"工作簿，在"下列选定工作表之前"中选择"Sheet1"工作表，再选中【建立副本】选项。

（5）单击【确定】按钮，将选定的工作表"产品明细表""入库汇总表"和"出库汇总表"复制到"产品进销存汇总表"工作簿中。

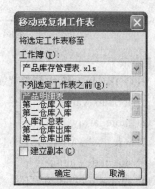

图 4.39 "移动或复制工作表"对话框

步骤3 创建"进销存汇总表"工作表框架

（1）将"Sheet1"工作表重命名为"进销存汇总表"。

（2）建立图 4.40 所示的"进销存汇总表"框架。

	A	B	C	D	E	F	G	H	I	J	K	L
1	产品进销存汇总表											
2	产品编号	产品类别	产品型号	单位	期初库存量	期初库存额	本月入库量	本月入库额	本月销售量	本月销售额	期末库存量	期末库存额
3	J1001	计算机	Ins14R-989AL 笔记本	台	5							
4	J1002	计算机	4180-Q7C 笔记本	台	30							
5	J1003	计算机	NP530U3B-A04CN 笔记本	台	3							
6	J1004	计算机	UX31KI2557E 笔记本	台	0							
7	SC1001	存储卡	32GB-Class4	个	10							
8	SC1002	存储卡	64GB-class10	个	98							
9	SJ1001	手机	S710e	部	15							
10	SJ1002	手机	I9100G	部	20							
11	SJ1003	手机	iPhone 4S	部	5							
12	SJ1004	手机	S5830I	部	0							
13	SXJ1001	数码摄像机	HDR-XR260E	台	20							
14	SXJ1002	数码摄像机	LEGRIA HF R36	台	1							
15	XJ1001	数码相机	Coolpix L310	部	52							
16	XJ1002	数码相机	IXUS1100HS	部	35							

图 4.40 "进销存汇总表"框架

步骤4 输入"进销存汇总表"工作表中的数据

（1）计算"期初库存额"。

① 选中 F3 单元格。

② 输入公式"=E3*产品明细表!E2"。

③ 按【Enter】键确认，计算出相应的期初库存额。

④ 选中 F3 单元格，用鼠标拖曳其填充句柄至 F16 单元格，将公式复制到 F4:F16 单元格区域中，即可得到所有产品的期初库存额。

（2）导入"本月入库量"。

① 选中 G3 单元格。

② 插入"VLOOKUP"函数，设置图 4.41 所示的函数参数。

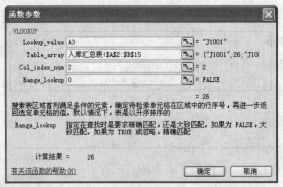

图 4.41　本月入库量的 VLOOKUP 函数参数

【提示】

VLOOKUP 函数参数设置如下。

① lookup_value 为 "A3"。

② table_array 为 "入库汇总表!$A$2:$B$15"。即这里的 "本月入库量" 引用 "入库汇总表" 工作表中 "$A$2:$B$15" 单元格区域的 "数量" 数据。

③ col_index_num 为 "2"。即引用的数据区域中 "数量" 数据所在的列序号。

④ range_lookup 为 "0"。即函数 VLOOKUP 将返回精确匹配值。

③ 单击【确定】按钮，导入相应的本月入库量。

④ 选中 G3 单元格，用鼠标拖曳其填充句柄至 G16 单元格，将公式复制到 G4:G16 单元格区域中，即可得到所有产品的本月入库量。

（3）计算 "本月入库额"。

① 选中 H3 单元格。

② 输入公式 "=G3*产品明细表!E2"。

③ 按【Enter】键确认，计算出相应的本月入库额。

④ 选中 H3 单元格，用鼠标拖曳其填充句柄至 H16 单元格，将公式复制到 H4:H16 单元格区域中，即可得到所有产品的本月入库额。

（4）导入 "本月销售量"。

① 选中 I3 单元格。

② 插入 "VLOOKUP" 函数，设置图 4.42 所示的函数参数。

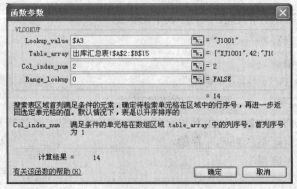

图 4.42　本月销售量的 VLOOKUP 函数参数

③ 单击【确定】按钮，导入相应的本月销售量。

④ 选中 I3 单元格，用鼠标拖曳其填充句柄至 I16 单元格，将公式复制到 I4:I16 单元格区域中，即可得到所有产品的本月销售量。

（5）计算"本月销售额"。

① 选中 J3 单元格。

② 输入公式"=I3*产品明细表!F2"。

③ 按【Enter】键确认，计算出相应的本月销售额。

④ 选中 J3 单元格，用鼠标拖曳其填充句柄至 J16 单元格，将公式复制到 J4:J16 单元格区域中，即可得到所有产品的本月销售额。

（6）计算"期末库存量"。

① 选中 K3 单元格。

② 输入公式"E3+G3−I3"。

③ 按【Enter】键确认，计算出相应的期末库存量。

④ 选中 K3 单元格，用鼠标拖曳其填充句柄至 K16 单元格，将公式复制到 K4:K16 单元格区域中，即可得到所有产品的期末库存量。

（7）计算"期末库存额"。

① 选中 L3 单元格。

② 输入公式"=K3*产品明细表!E2"。

③ 按【Enter】键确认，计算出相应的期末库存额。

④ 选中 L3 单元格，用鼠标拖曳其填充句柄至 L16 单元格，将公式复制到 L4:L16 单元格区域中，即可得到所有产品的期末库存额。

编辑后的"进销存汇总表"数据如图 4.43 所示。

	A	B	C	D	E	F	G	H	I	J	K	L
1	产品进销存汇总表											
2	产品编号	产品类别	产品型号	单位	期初库存量	期初库存额	本月入库量	本月入库额	本月销售量	本月销售额	期末库存量	期末库存额
3	J1001	计算机	Ins14R-989AL 笔记本	台	5	18900	26	98280	6	24900	25	94500
4	J1002	计算机	4180-Q7C 笔记本	台	30	219000	5	36500	33	263967	2	14600
5	J1003	计算机	NP530U3B-A04CN 笔记本	台	3	13980	25	116500	11	56980	17	79220
6	J1004	计算机	UX31KI2557E 笔记本	台	0	0	32	267200	5	44940	27	225450
7	SC1001	存储卡	32GB-Class4	个	10	1350	215	29025	62	11656	163	22005
8	SC1002	存储卡	64GB-class10	个	98	55370	130	73450	83	51377	145	81925
9	SJ1001	手机	S710e	部	15	35325	10	23550	22	58960	3	7065
10	SJ1002	手机	I9100G	部	20	71600	17	60860	25	97475	12	42960
11	SJ1003	手机	iPhone 4S	部	5	26000	70	364000	8	47040	67	348400
12	SJ1004	手机	S5830I	部	0	0	12	16560	7	12320	5	6900
13	SXJ1001	数码摄像机	HDR-XR260E	台	20	78400	11	43120	8	39120	23	90160
14	SXJ1002	数码摄像机	LEGRIA HF R36	台	1	2655	15	39825	4	14352	12	31860
15	XJ1001	数码相机	Coolpix L310	部	52	67080	20	25800	68	106080	4	5160
16	XJ1002	数码相机	IXUS1100HS	部	35	51100	8	11680	29	63771	14	20440

图 4.43 编辑后的"进销存汇总表"数据

步骤 5 对"进销存汇总表"进行格式设置

（1）设置表格标题格式。将表格标题所在行单元格进行合并及居中，字体设置为宋体、18 磅、加粗，设置行高为 30。

（2）为每列标题字段添加"海绿色"底纹，并设置字体为白色、加粗、居中对齐。

（3）为表格添加内细外粗的边框。

（4）将"单位""期初库存量""本月入库量""本月销售量"和"期末库存量"的数据设置为居中对齐。

（5）将"期初库存额""本月入库额""本月销售额"和"期末库存额"的数据设置为"会计专用"格式，且"无货币符号"和"小数位数"。

格式设置完成后的表格如图 4.44 所示。

产品编号	产品类别	产品型号	单位	期初库存量	期初库存额	本月入库量	本月入库额	本月销售量	本月销售额	期末库存量	期末库存额
		产品进销存汇总表									
J1001	计算机	Ins14R-989AL 笔记本	台	5	18,900	26	98,280	6	24,900	25	94,500
J1002	计算机	4180-Q7C 笔记本	台	30	219,000	5	36,500	33	263,967	2	14,600
J1003	计算机	NP530U3B-A04CN 笔记本	台	3	13,980	25	116,500	11	56,980	17	79,220
J1004	计算机	UX31KI2557E 笔记本	台	0	—	32	267,200	5	44,940	27	225,450
SC1001	存储卡	32GB-Class4	个	10	1,350	215	29,025	62	11,656	163	22,005
SC1002	存储卡	64GB-class10	个	98	55,370	130	73,450	83	51,377	145	81,925
SJ1001	手机	S710e	部	15	35,325	10	23,550	22	58,960	3	7,065
SJ1002	手机	I9100G	部	20	71,600	17	60,860	25	97,475	12	42,960
SJ1003	手机	iPhone 4S	部	5	26,000	70	364,000	8	47,040	67	348,400
SJ1004	手机	S5830I	部	0	—	12	16,560	7	12,320	5	6,900
SXJ1001	数码摄像机	HDR-XR260E	台	20	78,400	11	43,120	8	39,120	23	90,160
SXJ1002	数码摄像机	LEGRIA HF R36	台	1	2,655	15	39,825	4	14,352	12	31,860
XJ1001	数码相机	Coolpix L310	部	52	67,080	20	25,800	68	106,080	4	5,160
XJ1002	数码相机	IXUS1100HS	部	35	51,100	8	11,680	29	63,771	14	20,440

图 4.44　格式设置完成后的"产品进销存汇总表"

步骤 6　为"期末库存量"设置条件格式

为了让用户更方便地了解库存信息,我们可以为相应的期末库存量设置条件格式,根据不同库存量等级设置不同的显示颜色,如库存量过少以浅橙色显示,库存量过多用黄色显示,库存量正常时显示为浅绿色。

(1)选中 K3:K16 单元格区域。

(2)选择【格式】→【条件格式】命令,打开【条件格式】对话框,按图 4.45 所示设置条件格式。

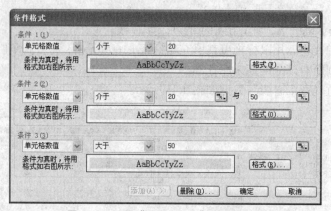

图 4.45　设置"期末库存量"的条件格式

(3)单击【确定】按钮,完成条件格式设置。结果如图 4.38 所示。

【拓展案例】

设计公司产品生产成本预算表,效果如图 4.46 和图 4.47 所示。

	主要产品单位成本表					
编制	张林		时间	2014年7月23日		
产品名称	音响	本月实际产量	1000	本年计划产量	12000	
规格	mky230-240	本年累计实际产量	11230	上年同期实际产量	8000	
计量单位	对	销售单价	¥100.00	上年同期销售单价	¥105.00	
成本项目	历史先进水平	上年实际平均	本年计划	本月实际	本年累计实际平均	
直接材料	¥14.00	¥15.50	¥15.00	¥15.00	¥15.10	
其中,原材料	¥14.00	¥15.50	¥15.00	¥15.00	¥15.10	
燃料及动力	¥0.50	¥0.70	¥0.70	¥0.70	¥0.70	
直接人工	¥2.00	¥2.50	¥2.50	¥2.40	¥2.45	
制造费用	¥1.00	¥1.10	¥1.00	¥1.00	¥1.00	
产品生产成本	¥17.50	¥19.80	¥19.20	¥19.10	¥19.25	

图 4.46　主要产品单位成本表

	产品生产成本表		
编制	张林	时间	2014-7-22
项目	上年实际	本月实际	本年累计实际
生产费用			
直接材料	￥800,000.00	￥70,000.00	￥890,000.00
其中原材料	￥800,000.00	￥70,000.00	￥890,000.00
燃料及动力	￥20,000.00	￥2,000.00	￥21,000.00
直接人工	￥240,000.00	￥20,000.00	￥200,000.00
制造费用	￥200,000.00	￥1,800.00	￥210,000.00
生产费用合计	￥1,260,000.00	￥93,800.00	￥1,321,000.00
加: 在产品、自制半成品期初余额	￥24,000.00	￥2,000.00	￥24,500.00
减: 在产品、自制半成品期末余额	￥22,000.00	￥2,000.00	￥22,500.00
产品生产成本合计	￥1,262,000.00	￥93,800.00	￥1,323,000.00
减: 自制设备	￥2,000.00	￥120.00	￥2,100.00
减: 其他不包括在商品产品成本中的生产费用	￥5,000.00	￥200.00	￥5,450.00
商品产品总成本	￥1,255,000.00	￥93,480.00	￥1,315,450.00

主要产品单位成本表 \ 总体产品单位成本表 \ Sheet3

图 4.47　产品生产成本表

【拓展训练】

设计一份科源有限公司的生产预算表, 如图 4.48 所示。

	生产预算分析表			
项目	第一季度	第二季度	第三季度	第四季度
预计销售量 (件)	1900	2700	3500	2500
预计期末存货量	405	525	375	250
预计需求量	2305	3225	3875	2750
期初存货量	320	405	525	375
预计产量	1985	2820	3350	2375
直接材料消耗 (Kg)	3573	5076	6030	4275
直接人工消耗 (小时)	10917.5	15510	18425	13062.5

预计销量表 / 定额成本资料表 / 生产预算表 /

图 4.48　科源有限公司生产预算表

操作步骤如下。

(1) 新建并保存文档。

① 启动 Excel 2003, 新建一个空白工作簿。

② 将工作簿以 "科源有限公司生产预算表" 为名保存在 "D:\科源有限公司\物流部" 文件夹中。

(2) 重命名工作表。分别将 Sheet1、Sheet2、Sheet3 工作表更名为 "预计销量表" "定额成本资料表" 和 "生产预算表"。

(3) 制作 "预计销量表" 和 "定额成本资料表"。

① 选中 "预计销量表" 工作表标签。

② 建立图 4.49 所示的预计销量表格, 并进行相应的格式化。

③ 单击 "定额成本资料表" 工作表标签, 切换至 "定额成本资料表" 工作表中, 在其中建立如图 4.50 所示的定额成本资料表格, 并进行相应的格式化。

	预计销量表		
时间	销售量 (件)	销售单价 (元)	
第一季度	1900	￥105.00	
第二季度	2700	￥105.00	
第三季度	3500	￥105.00	
第四季度	2500	￥105.00	

预计销量表 / 定额成本资料

图 4.49　预计销量表

	定额成本资料表	
项目	数值	
单位产品材料消耗定额 (Kg)	1.8	
单位产品定时定额 (工作时间)	5.5	
单位工作时间的工资率 (元)	5.8	

定额成本资料表 / 生产预算

图 4.50　定额成本资料表

（4）制作"生产预算表"框架。

① 单击"生产预算表"工作表标签，切换至"生产预算表"工作表。

② 创建图 4.51 所示的"生产预算表"框架。

（5）填入"预计销售量"。

图 4.51 "生产预算表"框架

【提示】

这里，"预计销售量（件）"的值等于"预计销售量"表中的销售量。因此，我们可通过 VLOOKUP 函数进行查找。

① 选定 B3 单元格，插入"VLOOKUP"函数，设置图 4.52 所示的函数参数，按【Enter】键确认，B3 单元格中即显示出所引用的"预计销量表"中的数据，如图 4.53 所示。

图 4.52 VLOOKUP 的"函数参数"对话框

图 4.53 B3 单元格中引用"预计销量表"中的数据

② 利用填充柄将 B3 单元格中的公式填充至"预计销售量（件）"项目的其余 3 个季度单元格中，如图 4.54 所示。

（6）计算"预计期末存货量"。

"预计期末存货量"应根据公司往年的数据制定，这里我们知道公司的各季度期末存货量等于下一季度的预计销售量的 15%，并且第四季度的预计期末存货量为 250 件，按此输入第四季度数据。

图 4.54 填充其余 3 个季度的预计销售量

① 单击选定 B4 单元格，输入公式 " = C3*15%"，按【Enter】键确认，B4 单元格显示出第一季度的预计期末存货量，如图 4.55 所示。

② 利用填充柄将单元格 B4 中的公式填充至"预计期末存货量"项目的第二和第三两个季度单元格中，计算结果如图 4.56 所示。

图 4.55　计算第一季度的预计期末存货量　　图 4.56　自动填充其余两季度的预计期末存货量

③ 在 E4 单元格中输入第四季度的"预计期末存货量"。

（7）计算各个季度的"预计需求量"。这里，我们假设预计需求量 = 预计销售量+预计期末存货量。

① 选定 B5 单元格，输入公式 " = B3+B4"，按【Enter】键确认。

② 利用填充柄将单元格 B5 中的公式填充至"预计需求量"项目的其余 3 个季度单元格中，计算结果如图 4.57 所示。

（8）计算"期初存货量"。第一季度的期初存货量应该等于去年年末存货量，此数据按理可以从"资产负债表"中的存货中取出，但是这里我们假定第一季度的期初存货量为 320 件，而其余 3 个季度的期初存货量等于上一季度的期末存货量。

① 先在 B6 单元格中输入第一季度的期初存货量，再选定 C6 单元格，输入公式 " = B4"，按【Enter】键确认，第二季度的期初存货量的计算结果如图 4.58 所示。

图 4.57　计算各个季度的"预计需求量"　　图 4.58　计算第二季度的期初存货量

② 使用填充柄将此单元格中的公式复制至 D6 和 E6 单元格中，"期初存货量"第三、四季度的值如图 4.59 所示。

图 4.59　自动填充第三、四季度的期初存货量

（9）计算各个季度的“预计产量”。这里，预计产量等于预计需求量减去期初存货量的值。选定 B7 单元格，输入公式“ = B5—B6”，按【Enter】键确认。再使用填充柄将此单元格中的公式复制到“预计产量”项目的其余 3 个季度单元格中，计算结果如图 4.60 所示。

	A	B	C	D	E
1	生产预算分析表				
2	项目	第一季度	第二季度	第三季度	第四季度
3	预计销售量（件）	1900	2700	3500	2500
4	预计期末存货量	405	525	375	250
5	预计需求量	2305	3225	3875	2750
6	期初存货量	320	405	525	375
7	预计产量	1985	2820	3350	2375
8	直接材料消耗（Kg）				
9	直接人工消耗（小时）				

定额成本资料表 生产预算表

图 4.60　计算各个季度的“预计产量”

（10）计算各个季度的“直接材料消耗”。直接材料消耗等于预计产量乘以定额成本资料表中的单位产品材料消耗定额的积。选定 B8 单元格，然后输入公式“ = B7*定额成本资料表!$B$3”，按【Enter】键确认，第一季度的直接材料消耗的值如图 4.61 所示。使用填充柄将此单元格中的公式复制到 C8、D8 和 E8 单元格中，计算结果如图 4.62 所示。

B8　=B7*定额成本资料表!$B$3

	A	B	C	D	E
1	生产预算分析表				
2	项目	第一季度	第二季度	第三季度	第四季度
3	预计销售量（件）	1900	2700	3500	2500
4	预计期末存货量	405	525	375	250
5	预计需求量	2305	3225	3875	2750
6	期初存货量	320	405	525	375
7	预计产量	1985	2820	3350	2375
8	直接材料消耗（Kg）	3573			
9	直接人工消耗（小时）				

定额成本资料表 生产预算表

图 4.61　计算第一季度的直接材料消耗值

	A	B	C	D	E
1	生产预算分析表				
2	项目	第一季度	第二季度	第三季度	第四季度
3	预计销售量（件）	1900	2700	3500	2500
4	预计期末存货量	405	525	375	250
5	预计需求量	2305	3225	3875	2750
6	期初存货量	320	405	525	375
7	预计产量	1985	2820	3350	2375
8	直接材料消耗（Kg）	3573	5076	6030	4275
9	直接人工消耗（小时）				

定额成本资料表 生产预算表

图 4.62　自动填充其余三个季度的直接材料消耗值

（11）计算“直接人工消耗”。直接人工消耗等于预计产量乘以定额成本资料表中的单位产品定时定额的积。选定 B9 单元格，然后输入公式“ = B7*定额成本资料表!$B$4”，按【Enter】键确认，第一季度的直接人工消耗值如图 4.63 所示。使用填充柄将此单元格中的公式复制至 C9、D9 和 E9 单元格中，计算结果如图 4.64 所示。

B9　=B7*定额成本资料表!$B$4

	A	B	C	D	E
1	生产预算分析表				
2	项目	第一季度	第二季度	第三季度	第四季度
3	预计销售量（件）	1900	2700	3500	2500
4	预计期末存货量	405	525	375	250
5	预计需求量	2305	3225	3875	2750
6	期初存货量	320	405	525	375
7	预计产量	1985	2820	3350	2375
8	直接材料消耗（Kg）	3573	5076	6030	4275
9	直接人工消耗（小时）	10917.5			

定额成本资料表 生产预算表

图 4.63　计算第一季度的直接人工消耗值

	A	B	C	D	E
1	生产预算分析表				
2	项目	第一季度	第二季度	第三季度	第四季度
3	预计销售量（件）	1900	2700	3500	2500
4	预计期末存货量	405	525	375	250
5	预计需求量	2305	3225	3875	2750
6	期初存货量	320	405	525	375
7	预计产量	1985	2820	3350	2375
8	直接材料消耗（Kg）	3573	5076	6030	4275
9	直接人工消耗（小时）	10917.5	15510	18425	13062.5

定额成本资料表 生产预算表

图 4.64　自动填充其余三个季度的直接人工消耗值

（12）格式化“生产预算表”。参照图 4.48，对“生产预算表”进行格式设置。

【案例小结】

本案例通过讲解制作“产品进销存汇总表”，主要介绍了 Excel 工作簿的创建、工作簿工作表之间的复制、工作表的重命名，使用 VLOOKUP 函数导入数据，工作表间数据的引用以及公式的使用等。在此基础上，本节还介绍了利用"条件格式"功能突出显示表中的数据，以方便用户合理地进行入库管理。

📖 学习总结

本案例所用软件	
案例中包含的知识和技能	
你已熟知或掌握的知识和技能	
你认为还有哪些知识或技能需要进行强化	
案例中可使用的Office技巧	
学习本案例之后的体会	

4.3 案例 17 制作产品销售与成本分析表

【案例分析】

在企业的经营管理过程中，成本的管理和控制是企业领导关注的焦点。科学分析企业的各项成本构成及影响利润的关键要素、了解企业的成本构架和盈利情况，有利于领导把握正确的决策方向，从而实现有效的成本控制。

物流管理部门在产品进销存的管理过程中，通过分析产品的存货量、平均采购价格以及存货占用资金，可对产品的销售和成本进行分析，从而为产品的库存管理提供决策支持。本案例通过制作"产品销售与成本分析表"来介绍 Excel 软件在成本控制方面的应用。效果如图4.65、图 4.66 和图 4.67 所示。

	A	B	C	D	E	F	G	H	I	J
1	销售与成本分析									
2	产品编号	产品类别	产品型号	存货数量	加权平均采购价格	存货占用资金	销售成本	销售收入	销售毛利	销售成本率
3	J1001	计算机	2743NCC 笔记本	20	3,780	75,600	22,680	24,900	2,220	91.1%
4	J1002	计算机	MB940CH/A 笔记本	-28	7,300	-204,400	240,900	263,967	23,067	91.3%
5	J1003	计算机	N310-KA05 笔记本	14	4,660	65,240	51,260	56,980	5,720	90.0%
6	J1004	计算机	R453-DSOE 笔记本	27	8,350	225,450	41,750	44,940	3,190	92.9%
7	SC1001	闪存卡	CF-8G	153	135	20,655	8,370	11,656	3,286	71.8%
8	SC1002	闪存卡	CF-4G	47	565	26,555	46,895	51,377	4,482	91.3%
9	SJ1001	手机	5800XM	-12	2,355	-28,260	51,810	58,960	7,150	87.9%
10	SJ1002	手机	7610s	-8	3,580	-28,640	89,500	97,475	7,975	91.8%
11	SJ1003	手机	N95	62	5,200	322,400	41,600	47,040	5,440	88.4%
12	SJ1004	手机	SGH-I908E	5	1,380	6,900	9,660	12,320	2,660	78.4%
13	SXJ1001	数码摄像机	SR65E	3	3,920	11,760	31,360	39,120	7,760	80.2%
14	SXJ1002	数码摄像机	HDR-XR100E	11	2,655	29,205	10,620	14,352	3,732	74.0%
15	XJ1001	数码相机	IXUS95	-48	1,290	-61,920	87,720	106,080	18,360	82.7%
16	XJ1002	数码相机	W150	-21	1,460	-30,660	42,340	63,771	21,431	66.4%

图 4.65　产品销售与成本分析表

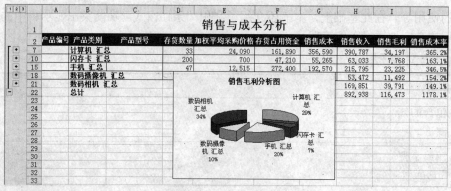

图 4.66　产品毛利分析图

	产品编号	产品类别	产品型号	存货数量	加权平均采购价格	存货占用资金	销售成本	销售收入	销售毛利	销售成本率
7		计算机 汇总		33	24,090	161,890	356,590	390,787	34,197	365.2%
10		闪存卡 汇总		200	700	47,210	55,265	63,033	7,768	163.1%
15		手机 汇总		47	12,515	272,400	192,570	215,795	23,225	346.5%
18		数码摄像机 汇总						53,472	11,492	154.2%
21		数码相机 汇总						169,851	39,791	149.1%
22		总计						892,938	116,473	1178.1%

	产品编号	产品类别	产品型号	存货数量	加权平均采购价格	存货占用资金	销售成本	销售收入	销售毛利	销售成本率
4	J1002	计算机	MB940CH/A 笔记本	-28	7,300	-204,400	240,900	263,967	23,067	91.3%
5	SC1001	闪存卡	CF-8G	153	135	20,655	8,370	11,656	3,286	71.8%
9	SJ1001	手机	5800XM	-12	2,355	-28,260	51,810	58,960	7,150	87.9%
10	SJ1002	手机	7610s	-8	3,580	-28,640	89,500	97,475	7,975	91.8%
12	SJ1004	手机	SGH-I908E	5	1,380	6,900	9,660	12,320	2,660	78.4%
14	SXJ1002	数码摄像机	HDR-XR100E	11	2,655	29,205	10,620	14,352	3,732	74.0%
15	XJ1001	数码相机	IXUS95	-48	1,290	-61,920	87,720	106,080	18,360	82.7%
16	XJ1002	数码相机	W150	-21	1,460	-30,660	42,340	63,771	21,431	66.4%
19						存货占用资金		销售成本率		
20						<0				
21								<80%		

图 4.67　筛选出"占用资金少或销售成本低"的产品

【解决方案】

步骤 1　创建工作簿

（1）启动 Excel 2003，新建一个空白工作簿。

（2）将新建的工作簿以"产品销售与成本分析表"为名保存在"D:\科源有限公司\物流部"文件夹中。

步骤 2　复制工作表

（1）打开"产品进销存汇总表"工作簿。

（2）选中"进销存汇总表"工作表。

（3）选择【编辑】→【移动或复制工作表】命令，打开【移动或复制工作表】对话框。

（4）从"工作簿"的下拉列表中选择"产品销售与成本分析"工作簿，在"下列选定工作表之前"中选择"Sheet1"工作表，再选中"建立副本"选项，如图 4.68 所示。

图 4.68　在工作簿之间复制工作表

（5）单击【确定】按钮，将选定的工作表"进销存汇总表"复制到"产品销售与成本分析"工作簿中。

步骤 3　创建"产品销售与成本分析"工作表框架

（1）将"Sheet1"工作表重命名为"销售与成本分析"。

（2）建立图 4.69 所示的"销售与成本分析表"框架。

	A	B	C	D	E	F	G	H	I	J
1	销售与成本分析									
2	产品编号	产品类别	产品型号	存货数量	加权平均采购价格	存货占用资金	销售成本	销售收入	销售毛利	销售成本率
3	J1001	计算机	2743NCC 笔记本							
4	J1002	计算机	MB940CH/A 笔记本							
5	J1003	计算机	N310-KA05 笔记本							
6	J1004	计算机	R453-DS0E 笔记本							
7	SC1001	闪存卡	CF-8G							
8	SC1002	闪存卡	CF-4G							
9	SJ1001	手机	5800XM							
10	SJ1002	手机	7610s							
11	SJ1003	手机	N95							
12	SJ1004	手机	SGH-I908E							
13	SXJ1001	数码摄像机	SR65E							
14	SXJ1002	数码摄像机	HDR-XR100E							
15	XJ1001	数码相机	IXUS95							
16	XJ1002	数码相机	W150							

图 4.69　"销售与成本分析表"框架

步骤 4　计算"存货数量"

这里，存货数量 = 入库数量–销售数量。

（1）选中 D3 单元格。

（2）输入公式"=进销存汇总表!G3–进销存汇总表!I3"。

（3）按【Enter】键确认，计算出相应的存货数量。

（4）选中 D3 单元格，用鼠标拖动其填充句柄至 D16 单元格，将公式复制到 D4:D16 单元格区域中，即可得到所有产品的存货数量。

步骤 5　计算"加权平均采购价格"

这里，加权平均采购价格 = 入库金额/入库数量。

（1）选中 E3 单元格。

（2）输入公式"=进销存汇总表!H3/进销存汇总表!G3"。

（3）按【Enter】键确认，计算出相应的加权平均采购价格。

（4）选中 E3 单元格，用鼠标拖动其填充句柄至 E16 单元格，将公式复制到 E4:E16 单元格区域中，即可得到所有产品的加权平均采购价格。

步骤 6　计算"存货占用资金"

这里，存货占用资金 = 存货数量*加权平均采购价格。

（1）选中 F3 单元格。

（2）输入公式"=D3*E3"。

（3）按【Enter】键确认，计算出相应的存货占用资金。

（4）选中 F3 单元格，用鼠标拖动其填充句柄至 F16 单元格，将公式复制到 F4:F16 单元格区域中，即可得到所有产品的存货占用资金。

步骤 7　计算"销售成本"

这里，销售成本 = 销售数量*加权平均采购价格。

（1）选中 G3 单元格。

（2）输入公式"=进销存汇总表!I3*E3"。

（3）按【Enter】键确认，计算出相应的销售成本。

（4）选中 G3 单元格，用鼠标拖动其填充句柄至 G16 单元格，将公式复制到 G4:G16 单元格区域中，即可得到所有产品的销售成本。

步骤 8 导入"销售收入"数据

这里，销售收入 = 销售金额。

（1）选中 H3 单元格。

（2）插入"VLOOKUP"函数，设置图 4.70 所示的函数参数。

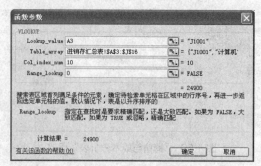

图 4.70 销售收入的 VLOOKUP 函数参数

（3）单击【确定】按钮，导入相应的销售收入。

（4）选中 H3 单元格，用鼠标拖动其填充句柄至 H16 单元格，将公式复制到 H4:H16 单元格区域中，即可得到所有产品的销售收入。

步骤 9 计算"销售毛利"

这里，销售毛利 = 销售收入–销售成本。

（1）选中 I3 单元格。

（2）输入公式" = H3–G3"。

（3）按【Enter】键确认，计算出相应的销售毛利。

（4）选中 I3 单元格，用鼠标拖动其填充句柄至 I16 单元格，将公式复制到 I4:I16 单元格区域中，可得到所有产品的销售毛利。

步骤 10 计算"销售成本率"

这里，销售成本率 = 销售成本/销售收入。

（1）选中 J3 单元格。

（2）输入公式" = G3/H3"。

（3）按【Enter】键确认，计算出相应的销售成本率。

（4）选中 J3 单元格，用鼠标拖动其填充句柄至 J16 单元格，将公式复制到 J4:J16 单元格区域中，即可得到所有产品的销售成本率。

计算完成后的"销售与成本分析表"数据如图 4.71 所示。

	A	B	C	D	E	F	G	H	I	J
1	销售与成本分析									
2	产品编号	产品类别	产品型号	存货数量	加权平均采购价格	存货占用资金	销售成本	销售收入	销售毛利	销售成本率
3	J1001	计算机	2743NCC 笔记本	20	3780	75600	22680	24900	2220	0.91084337
4	J1002	计算机	MB940CH/A 笔记本	-28	7300	-204400	240900	263967	23067	0.91261408
5	J1003	计算机	N310-KA05 笔记本	14	4660	65240	51260	56980	5720	0.8996139
6	J1004	计算机	R453-DS0E 笔记本	27	8350	225450	41750	44940	3190	0.92901647
7	SC1001	闪存卡	CF-8G	153	135	20655	8370	11656	3286	0.71808511
8	SC1002	闪存卡	CF-4G	47	565	26555	46895	51377	4482	0.91276252
9	SJ1001	手机	5800XM	-12	2355	-28260	51810	58960	7150	0.87873134
10	SJ1002	手机	7610s	-8	3580	-28640	89500	97475	7975	0.91818415
11	SJ1003	手机	N95	62	5200	322400	41600	47040	5440	0.88435374
12	SJ1004	手机	SGH-I908E	5	1380	6900	9660	12320	2660	0.78409091
13	SXJ1001	数码摄像机	SR65E	3	3920	11760	31360	39120	7760	0.80163599
14	SXJ1002	数码摄像机	HDR-XR100E	11	2655	29205	10620	14352	3732	0.73996656
15	XJ1001	数码相机	IXUS95	-48	1290	-61920	87720	106080	18360	0.82692308
16	XJ1002	数码相机	W150	-21	1460	-30660	42340	63771	21431	0.66393815

图 4.71 计算完成后的"销售与成本分析表"数据

步骤 11　设置"产品销售与成本分析工作表"格式

（1）设置表格标题格式。将表格标题进行合并及居中，字体设置为宋体、20 磅、加粗，行高 35。

（2）将表格标题字段的字设置为加粗、居中，添加"深蓝"底纹，将字体颜色设置为"白色"，并设置行高为 20。

（3）为表格 A2:J16 单元格区域添加内细外粗的边框。

（4）将"加权平均采购价格""存货占用资金""销售成本""销售收入"和"销售毛利"的数据设置为"会计专用"格式，且无"货币符号"和"小数位数"。

（5）将"销售成本率"数据设置为百分比格式，并保留 1 位小数位数。

格式化后的表格如图 4.65 所示。

步骤 12　复制"产品销售与成本分析"工作表

（1）选中"产品销售与成本分析"工作表。

（2）将该工作表复制两份，并分别重命名为"销售毛利分析"和"占用资金少或销售成本低的产品"。

步骤 13　通过分类汇总分析各类产品的销售与成本情况

（1）选中"销售毛利分析"工作表。

（2）按"产品类别"对各项数据进行汇总计算。

① 选中数据区域任一单元格。

② 选择【数据】→【分类汇总】命令，打开"分类汇总"对话框。

③ 在"分类字段"下拉列表中选择"产品类别"，在"汇总方式"中选择"求和"，在"选定汇总项"中选中除"产品编号""产品类别"和"产品型号"外的其他数字字段，如图 4.72 所示。

【提示】

这里，由于表中的数据正好是按"产品类别"的顺序出现的，因此，用户在进行分类汇总之前不需要先对数据进行排序；反之，则需要用户先按"产品类别"对数据进行排序后再进行分类汇总。

④ 单击【确定】，生成图 4.73 所示的分类汇总表。

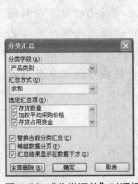

图 4.72　"分类汇总"对话框

图 4.73　分类汇总表

（3）单击按钮 2，仅显示汇总数据，如图 4.74 所示。

	产品编号	产品类别	产品型号	存货数量	加权平均采购价格	存货占用资金	销售成本	销售收入	销售毛利	销售成本率
		销售与成本分析								
7		计算机 汇总		33	24,090	161,890	356,590	390,787	34,197	365.2%
10		闪存卡 汇总		200	700	47,210	55,265	63,033	7,768	163.1%
15		手机 汇总		47	12,515	272,400	192,570	215,795	23,225	346.5%
18		数码摄像机 汇总		14	6,575	40,965	41,980	53,472	11,492	154.2%
21		数码相机 汇总		-69	2,750	-92,580	130,060	169,851	39,791	149.1%
22		总计		225	46,630	429,885	776,465	892,938	116,473	1178.1%

图4.74 显示汇总数据

【提示】

在分类汇总表中，通过展开和折叠各个级别，用户可以自由选择查看各汇总数据或者各明细数据。

步骤14 制作各类产品的销售毛利分析图

（1）选中"销售毛利分析工作表"中的"产品类别"和"销售毛利"列的数据区域（不包括总计行的数据）。

（2）将选定的数据区域生成"分离型三维饼图"，并置于数据区域下方。

（3）适当调整图表格式，生成图4.75所示的饼图。

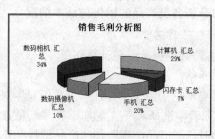

图4.75 产品销售毛利分析图

步骤15 筛选出"占用资金少或销售成本低的产品"

使用高级筛选功能，从"占用资金少或销售成本低的产品工作表"，中筛选出没有存货占用资金或销售成本率在80%的产品。

【提示】

Excel软件提供了强大的筛选功能，其中自动筛选用于条件较简单的筛选操作，且符合条件的记录只能显示在原有的数据表格中，不符合条件的记录将自动隐藏。若要筛选单元格中含有指定关键字的记录，被筛选的多个条件间是"或"的关系，需要将筛选的结果在新的位置显示出来（便于两个表的数据比对），筛选不重复记录等，此时自动筛选就显得有些无能为力了，这时用户就可以使用高级筛选来解决自动筛选无法实现的操作。

使用高级筛选功能，需要用户事先建立用于筛选的条件区域，条件区域可建立在数据区域以外的任何位置。

（1）选中"占用资金少或销售成本低的产品"工作表。

（2）这里，我们首先在E19:F21单元格区域中建立图4.76所示的条件区域。

【提示】

构建高级筛选的条件时，若两个条件同时满足，即多个条件之间是"与"关系，则用户需将多个条件的列标题写出，并在其下方的同行写出各个条件的表达式。如果多个条件之间只需要满足其中之一，即多个条件之间是"或"的关系，则用户需将多个条件的列标题写出，并在其下方的不同行中写出各个条件的表达式。这里是"<0"和"<80%"只需要满足其中之一即可。

（3）选中数据区域任一单元格。

（4）选择【数据】→【筛选】→【高级筛选】命令，打开"高级筛选"对话框。

（5）按图 4.77 所示设置筛选参数。

存货占用资金	销售成本率
<0	
	<80%

图 4.76　高级筛选条件　　　　　图 4.77　"高级筛选"对话框

（6）单击【确定】按钮，生成图 4.67 所示的筛选结果。

【提示】

　　这里系统在原数据区域显示筛选结果，仍然是留下满足条件的结果，同时隐藏不满足条件的数据行，故用户也能看到结果的行标是蓝色的。

【拓展案例】

　　按图 4.78 所示，制作公司 7 月份的材料成本对比表，对比本期单位消耗材料与上期单位消耗材料的变化，以及上年单位成本乘以本期产量与本期单位成本乘以本期产量的变化，以真实地反映总成本水平的变化。

图 4.78　公司 7 月份的材料成本对比表

【拓展训练】

　　设计制作一份公司材料采购分析表。

　　操作步骤如下。

　　（1）启动 Excel 2003 程序，新建一个空白工作簿，将工作簿以"材料采购分析表"为名保存在"D:\科源有限公司\物流部"文件夹中。

　　（2）将 Sheet1 工作表重命名为"材料清单"。

（3）制作材料清单，填充数据并格式化表格，如图4.79所示。

材料采购分析表										
请购日期	请购单编号	材料名称	采购数量	供应商编号	单价	金额	定购日期	验收日期	品质描述	
2014-7-2	2014070201	主板	20	0001	￥420.00		2014-7-2	2014-7-3	优	
2014-7-3	2014070301	内存	18	0002	￥280.00		2014-7-3	2014-7-4	优	
2014-7-3	2014070302	内存	12	0002	￥280.00		2014-7-3	2014-7-4	优	
2014-7-9	2014070901	光驱	3	0001	￥420.00		2014-7-9	2014-7-10	优	
2014-7-15	2014071501	光驱	2	0001	￥420.00		2014-7-15	2014-7-16	优	
2014-7-16	2014071601	内置风扇	14	0003	￥30.00		2014-7-16	2014-7-17	优	
2014-7-20	2014072001	内置风扇	15	0003	￥30.00		2014-7-20	2014-7-21	优	
2014-7-22	2014072201	主板	8	0001	￥420.00		2014-7-22	2014-7-23	优	
2014-7-28	2014072801	主板	4				2014-7-28	2014-7-29	优	

图 4.79　材料采购分析表

（4）计算材料"金额"数据。选中单元格 H4，并输入公式"=E4*G4"，按【Enter】键确认，得出 2014 年 7 月 2 日公司购买主板的金额，然后使用填充柄将此单元格的公式复制至 H5:H12 单元格区域中，如图 4.80 所示。

材料采购分析表										
请购日期	请购单编号	材料名称	采购数量	供应商编号	单价	金额	定购日期	验收日期	品质描述	
2014-7-2	2014070201	主板	20	0001	￥420.00	￥8,400.00	2014-7-2	2014-7-3	优	
2014-7-3	2014070301	内存	18	0002	￥280.00	￥5,040.00	2014-7-3	2014-7-4	优	
2014-7-3	2014070302	内存	12	0002	￥280.00	￥3,360.00	2014-7-3	2014-7-4	优	
2014-7-9	2014070901	光驱	3	0001	￥420.00	￥1,260.00	2014-7-9	2014-7-10	优	
2014-7-15	2014071501	光驱	2	0001	￥420.00	￥840.00	2014-7-15	2014-7-16	优	
2014-7-16	2014071601	内置风扇	14	0003	￥30.00	￥420.00	2014-7-16	2014-7-17	优	
2014-7-20	2014072001	内置风扇	15	0003	￥30.00	￥450.00	2014-7-20	2014-7-21	优	
2014-7-22	2014072201	主板	8	0001	￥420.00	￥3,360.00	2014-7-22	2014-7-23	优	
2014-7-28	2014072801	主板	4	0001	￥420.00	￥1,680.00	2014-7-28	2014-7-29	优	

图 4.80　填充总金额

（5）将"材料清单"复制 1 份，并重命名为"材料汇总统计表"。

（6）按材料名称对表中的数据进行排序。

① 选中"材料汇总统计表"，将光标置于数据区域任意单元格中。

② 选择【数据】→【排序】命令，打开 "排序"对话框。

③ 以材料名称作为主要关键字进行升序排列，如图 4.81 所示。

④ 单击【确定】按钮，返回工作表，此时表中的数据按照"材料名称"进行升序排列。

（7）汇总统计各种材料的总金额。

① 选中数据区域任一单元格。

② 选择【数据】→【分类汇总】命令，打开"分类汇总"对话框。

③ 在"分类字段"下拉列表中选择"材料名称"，在"汇总方式"中选择"求和"，在"选定汇总项"中选中"金额"字段，如图 4.82 所示。

图 4.81　"排序"对话框

图 4.82　"分类汇总"对话框

④ 单击【确定】按钮，生成图 4.83 所示的分类汇总表。

		材料采购分析表								
请购日期	请购单编号	材料名称	采购数量	供应商编号	单价	金额	定购日期	验收日期	品质描述	
2014-7-9	2014070901	光驱	3	0001	￥420.00	￥1,260.00	2014-7-9	2014-7-10	优	
2014-7-15	2014071501	光驱	2	0001	￥420.00	￥840.00	2014-7-15	2014-7-16	优	
		光驱 汇总				￥2,100.00				
2014-7-3	2014070301	内存	18	0002	￥280.00	￥5,040.00	2014-7-3	2014-7-4	优	
2014-7-3	2014070302	内存	12	0002	￥280.00	￥3,360.00	2014-7-3	2014-7-7	优	
		内存 汇总				￥8,400.00				
2014-7-16	2014071601	内置风扇	14	0003	￥30.00	￥420.00	2014-7-16	2014-7-17	优	
2014-7-20	2014072001	内置风扇	15	0003	￥30.00	￥450.00	2014-7-20	2014-7-21	优	
		内置风扇 汇总				￥870.00				
2014-7-2	2014070201	主板	20	0001	￥420.00	￥8,400.00	2014-7-2	2014-7-3	优	
2014-7-22	2014072201	主板	8	0001	￥420.00	￥3,360.00	2014-7-22	2014-7-23	优	
2014-7-28	2014072801	主板	4	0001	￥420.00	￥1,680.00	2014-7-28	2014-7-29	优	
		主板 汇总				￥13,440.00				
		总计				￥24,810.00				

图 4.83　按"材料名称"进行分类汇总后的效果图

⑤ 单击工作表左上方的按钮 ⊡2⊡，系统则显示 2 级分类，如图 4.84 所示。

		材料采购分析表								
请购日期	请购单编号	材料名称	采购数量	供应商编号	单价	金额	定购日期	验收日期	品质描述	
		光驱 汇总				￥2,100.00				
		内存 汇总				￥8,400.00				
		内置风扇 汇总				￥870.00				
		主板 汇总				￥13,440.00				
		总计				￥24,810.00				

图 4.84　2 级分类汇总数据

（8）创建"材料采购分析图"。

① 在"材料汇总统计表"工作表中，在按住【Ctrl】键的同时选中 D3、D6、D9、D12、D16、H3、H6、H9、H12、H16 单元格。

② 选择【插入】→【图表】命令，打开"图表向导—4 步骤之 1—图表类型"对话框，选择"标准类型"选项卡，从"图表类型"列表框中选择"圆柱图"选项，然后在其右侧的"子图表类型"列表框中选择"柱形圆柱图"选项，如图 4.85 所示。

③ 单击【下一步】按钮，打开"图表向导—4 步骤之 2—图表源数据"对话框，单击"数据区域"选项卡，设置系列产生在"列"选项，如图 4.86 所示。

图 4.85　选择"图表类型"

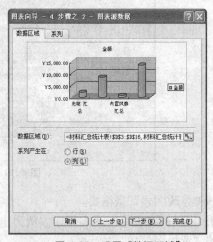

图 4.86　设置"数据区域"

④ 单击【下一步】按钮，打开"图表向导—4 步骤之 3—图表选项"对话框。在"标题"

选项卡中，将图表标题改为"材料金额汇总图"，在分类（X）轴下方的文本框中输入"材料名称"，在数值（Z）轴下方的文本框中输入"金额"，如图 4.87 所示。在"图例"选项卡中，取消"显示图例"选项。

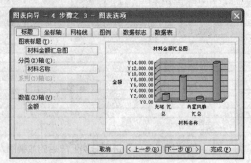

图 4.87 设置"标题"

⑤ 单击【下一步】按钮，打开"图表向导—4 步骤之 4—图表位置"对话框，选择"作为新工作表插入"选项，并在其右侧的文本框中输入"材料采购分析图"，如图 4.88 所示。

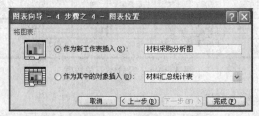

图 4.88 设置"图表向导—4 步骤之 4—图表位置"对话框

⑥ 单击【完成】按钮，此时系统在工作簿中插入"材料采购分析图"工作表，其中的图表如图 4.89 所示。

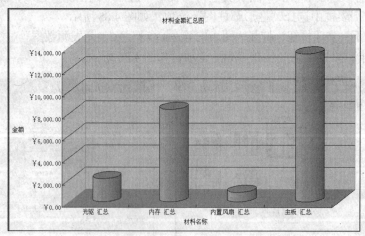

图 4.89 材料采购分析图

（9）修改图表背景格式。

① 用鼠标右键单击图表背景，从弹出的快捷菜单中选择背景墙格式命令，打开图 4.90 所示的"背景墙各式"对话框。

② 单击【填充效果】按钮，打开"填充效果"对话框，选择"纹理"选项卡，在"颜色"单选按钮中选择"双色"，选择底纹样式为"中心辐射"，并选择辐射效果图，如图 4.91 所示。

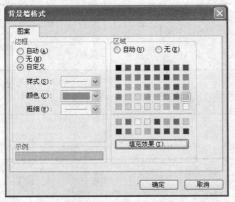
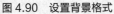

图 4.90　设置背景格式

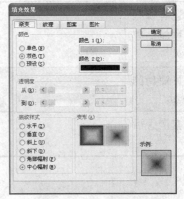

图 4.91　设置背景填充效果

③ 单击【确定】按钮，得到新背景图，如图 4.92 所示。

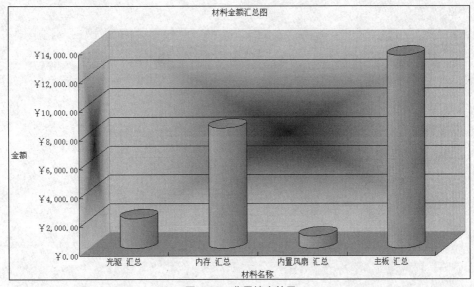

图 4.92　背景填充效果

【案例小结】

　　本案例通过讲解制作"产品销售与成本分析表"，主要介绍了 Excel 工作簿的创建、工作簿之间工作表的复制、工作表的重命名，使用 VLOOKUP 函数导入数据，工作表间数据的引用以及公式的使用。在此基础上，本节还介绍了利用分类汇总、图表、高级筛选等方法，分别从不同的侧重点对产品的销售与成本进行统计和分析。

📖 学习总结

本案例所用软件	
案例中包含的知识和技能	
你已熟知或掌握的知识和技能	

你认为还有哪些知识或技能需要进行强化	
案例中可使用的 Office 技巧	
学习本案例之后的体会	

大小公司都会涉及财务相关数据的处理，财务人员在处理财务数据的过程中，可以使用专用的财务软件来处理日常工作，也可以借助 Office 软件来完成相应的工作。本篇将财务部门工作中经常使用的文档表格及数据处理提炼出来，向读者介绍如何运用合适的方法解决这些问题。

📖 学习目标

1. 学会在 Excel 中导入/导出外部数据的方法。
2. 学会利用公式自动计算数据。
3. 掌握 Excel 中函数的用法，如 SUM、IF 等函数。
4. 以 IF 函数为例，理解函数嵌套的意义和用法。
5. 学会 Excel 表格打印之前的页面设置。
6. 学会利用公式完成财务报表相关项目的计算。
7. 学会利用向导完成不同类型企业的一组财务报表的制作。
8. 理解财务函数的应用，如 PMT。
9. 理解并学会单变量和双变量模拟运算表的构造。

5.1 案例 18 制作员工工资表

【案例分析】

员工工资管理是每个企业财务部门必做的工作，财务人员要清晰明了地计算出各个项目，并完成一定的统计汇总工作。

在人力资源篇的案例中，我们已经学习了在 Excel 中手工输入数据的方法。这里我们直接使用之前已经创建好的"员工工资表"中的数据，以导入外部数据的方式来实现数据内容的填充。

在本案例中，我们需要利用已有工资项来计算其他工资项，最终核算出每个员工的"实发工资"，并设置好打印前的版面。

本案例所制作的工作表效果如图 5.1 所示。

序号	姓名	部门	基本工资	薪级工资	津贴	应发工资	每月固定扣款合计	非公假扣款	全月应纳税所得额	全月应纳税所得额1	个人所得税	应扣工资	实发工资
1	王睿钦	市场部	3150	1360	945	5455	981	0	974	974	29.22	1010.22	4444.78
2	文路南	物流部	2800	1220	840	4860	928.75	0	431.25	431.25	12.9375	941.6875	3918.3125
3	钱新	财务部	2800	1220	840	4860	916.02	0	443.98	443.98	13.3194	929.3394	3930.6606
4	英冬	市场部	1500	700	450	2650	534.5	0	-1384.5	0		534.5	2115.5
5	令狐颖	行政部	1350	640	405	2395	468	0	-1573	0		468	1927
6	柏业力	物流部	2600	1140	780	4520	878.4	10	141.6	141.6	4.248	892.648	3627.352
7	白俊伟	行政部	2200	980	660	3840	610.5	0	-270.5	0		610.5	3229.5
8	夏蓝	市场部	1300	620	390	2310	473.7	0	-1663.7	0		473.7	1836.3
9	段齐	物流部	2100	940	630	3670	657.43	0	-487.43	0		657.43	3012.57
10	李真蕾	财务部	1400	660	420	2480	487	0	-1507	0		487	1993
11	林帝	行政部	2100	940	630	3670	667.5	0	-497.5	0		667.5	3002.5
12	牛婷婷	市场部	3200	1380	960	5540	1019	0	1021	1021	30.63	1049.63	4490.37
13	米思亮	市场部	4800	2020	1440	8260	1228	0	3532	3532	248.2	1476.2	6783.8
14	赵力	人力资源部	3300	1420	990	5710	1161.5	0	1048.5	1048.5	31.455	1192.955	4517.045
15	皮维	物流部	1680	780	504	2964	555.59	0	-1091.59	0		555.59	2408.41
16	高玲珑	物流部	1600	750	480	2830	574.4	20	-1244.4	0		594.4	2235.6
17	陈可可	人力资源部	2100	940	630	3670	596.25	0	-426.25	0		596.25	3073.75
18	周树家	行政部	2600	1140	780	4520	743.5	0	276.5	276.5	8.295	751.795	3768.205
19	江度来	市场部	3000	1300	900	5200	862.25	0	837.75	837.75	25.1325	887.3825	4312.6175
20	司马勤	行政部	1600	740	480	2820	574.4	0	-1254.4	0		574.4	2245.6
21	桑南	人力资源部	1900	860	570	3330	554.83	0	-724.83	0		554.83	2775.17
22	刘光利	行政部	1900	860	570	3330	524.05	0	-694.05	0		524.05	2805.95
23	黄信念	市场部	1350	640	405	2395	482.44	0	-1587.44	0		482.44	1912.56
24	尔阿	物流部	1600	740	480	2820	542.1	0	-1222.1	0		542.1	2277.9
25	全泉	物流部	1680	780	504	2964	504.1	0	-1040.1	0		504.1	2459.9
26	张梦	市场部	1600	740	480	2820	539.82	0	-1219.82	0		539.82	2280.18
27	慕容上	物流部	1400	680	420	2500	460.02	0	-1460.02	0		460.02	2039.98
28	曾思杰	财务部	2600	1140	780	4520	681.56	0	338.44	338.44	10.1532	691.7132	3828.2868
29	费乐	物流部	1680	780	504	2964	585.8	50	-1121.8	0		635.8	2328.2
30	柯娜	人力资源部	3500	1500	1050	6050	1172.52	0	1377.48	1377.48	41.3244	1213.8444	4836.1556

图 5.1 计算完各工资项后的 "公司员工工资管理表" 效果图

【提示】

我们在计算各项工资时，需要使用到的相关公式如下。

① 计算应发工资：应发工资=基本工资+薪级工资+津贴。

② 计算应税工资：初算应税工资=应发工资-（养老保险+医疗保险+失业保险+公积金）-3 500。目前，3 500 元为我国《个人所得税法》规定的个人所得税起征点。

③ 计算实际应税工资：应税工资不应有小于 0 反而返税的情况，故分两种情况调整（即此处应考虑用 IF 函数来实现）：若初算应税工资大于 0 元，则实际应税工资为初算应税工资的具体数额；若初算应税工资小于等于 0 元，则实际应税工资为 0 元。

④ 计算个人所得税：根据会计核算方法中计算所得税的速算方法，按图 5.2 所示的速算公式计算。

级数	全月应纳税所得额	税率(%)	速算扣除数
1	不超过 1,500 元	3	0
2	超过 1,500 元至 4,500 元的部分	10	105
3	超过 4,500 元至 9,000 元的部分	20	555
4	超过 9,000 元至 35,000 元的部分	25	1,005
5	超过 35,000 元至 55,000 元的部分	30	2,755
6	超过 55,000 元至 80,000 元的部分	35	5,505
7	超过 80,000 元的部分	45	13,505

图 5.2 个人所得税速算公式

即：

实际应税工资在 1 500 元以内（含 1 500 元），个人所得税税额 = 实际应税工资×3%。

实际应税工资在 1 500 元～4 500 元（含 4 500 元），个人所得税税额 = 实际应税工资×10%-速算扣除数 105。

实际应税工资在 4 500 元～9 000 元（含 9 000 元），个人所得税税额 = 实际应税工资×20%−速算扣除数555。

实际应税工资在9 000元~35 000元（含35 000元），个人所得税税额=实际应税工资×25%−速算扣除数1 005。

实际应税工资在35 000元~55 000元（含55 000元），个人所得税税额=实际应税工资×30%−速算扣除数2 755。

实际应税工资在55 000元~80 000元（含80 000元），个人所得税税额=实际应税工资×35%−速算扣除数5 505。

实际应税工资超过80 000元，个人所得税税额=实际应税工资×45%−速算扣除数13 505。

⑤ 应扣工资=养老保险+医疗保险+失业保险+公积金+个人所得税。

⑥ 实发工资=应发工资−应扣工资。

【解决方案】

步骤1 创建、保存工作簿

（1）启动Excel 2003，新建一个空白工作簿。

（2）以"实际汇总工资表"为名保存在"D:\科源有限公司\财务部"文件夹中。

步骤2 导入外部数据

（1）选中Sheet1工作表。

（2）选择【数据】→【导入外部数据】→【导入数据】命令，打开"选取数据源"对话框，在"查找范围"中找到"D:\科源有限公司\人力资源部"文件夹，再选择文件类型为"所有数据源"，然后选中 "员工工资"文件，如图5.3所示。

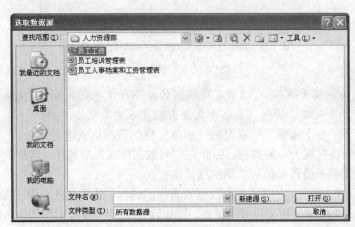

图5.3 "选取数据源"对话框

（3）单击【打开】按钮，弹出图5.4所示的"文本导入向导—3步骤之1"对话框，在"原始数据类型"处选择"分隔符号"作为最合适的文件类型，在"导入起始行"文本框中保持默认值"1"不变，在"文件原始格式"中选择"936：简体中文（GB2312），如图5.5所示。

【提示】

因为一般文本文件中的列是用【Tab】键、逗号或空格键来分隔的，所以人力资源部人员在导出备用的"员工工资"文件时，也是以"CSV（逗号分隔）"类型保存的，所以在这里我们选择"分隔符号"。

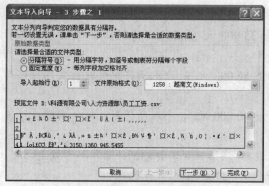

图 5.4　文本导入向导步骤 1

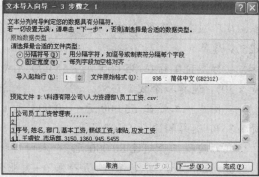

图 5.5　确定原始数据类型

（4）单击【下一步】按钮，设置分列数据所包含的分隔符为"逗号"，如图 5.6 所示。

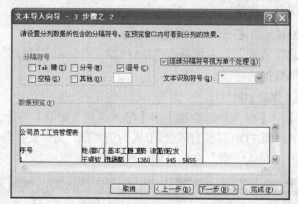

图 5.6　文本导入向导步骤 2——选择分隔符号

【提示】

　　因为文本中的数据长短不一，造成了数据间的分隔符号也有多有少，所以我们要选择"连续分隔符号视为单个处理"否则，表格中就会出现许多空单元格。

（5）单击【下一步】按钮，可以对每一列单元格的数据格式进行定义。

第 1 列，我们将它视为一般数据，因此在"列数据格式"中选择"常规"，如图 5.7 所示。用户也可以根据需要来设置其他列数据的格式。

（6）单击【完成】按钮，完成从文本数据到表格的转换，然后系统会弹出图 5.8 所示的"导入数据"对话框，选择导入数据放置的位置，这里我们选择从现有工作表的 A1 单元格开始自动排列。

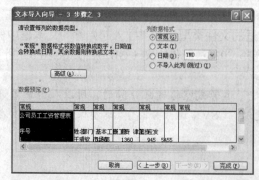

图 5.7　文本导入向导步骤 3——设置每列数据格式

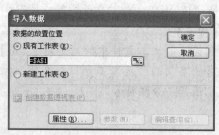

图 5.8　"导入数据"对话框

【提示】

　　数据处理的结果要在某工作表中放置，我们可以只选择开始的单元格，Excel 会自动根据来源数据区域的形状排列结果，用户无需把结果区域全部选中，因为可能用户本身也不知道结果会放置于哪些具体的单元格中。

　　（7）设置导入数据的属性。

　　单击"导入数据"对话框中的【属性】按钮，出现"外部数据区域属性"对话框，这里我们选中"刷新控件"栏中的"打开工作簿时，自动刷新"，如图 5.9 所示。这样我们就完成了从文本文件到 Excel 文件的转换，单击【确定】按钮，返回工作表。

　　（8）调整好导入数据区域的行高、列宽后，这个导入的数据表就可以进一步使用了，如图 5.10 所示。

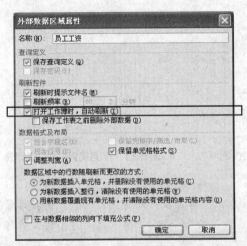

图 5.9　"外部数据区域属性"对话框　　　　图 5.10　导入数据后生成的工作表

　　（9）将 Sheet1 工作表重命名为"7 月工资"，并保存文件。

【提示】

　　我们除了可以导入 CSV（逗号分隔）的 Excel 类型文件之外，还可以导入其他格式的数据库文件到 Excel 表中，如文本文件、Access 数据库、网页、ODBC 文件数据源等，如图 5.11 所示。

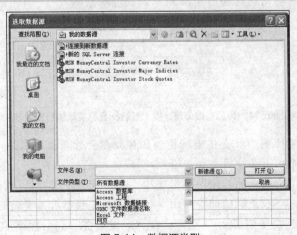

图 5.11　数据源类型

步骤3　引用其他工作表的数据

（1）打开"D:\科源有限公司\财务部"文件夹中被引用的文件"其他项目工资表.xls"，其中包含两张工作表"每月固定扣款"和"7月请假扣款"，如图5.12和图5.13所示。

序号	上年平均月工资	养老保险	失业保险	医疗保险	住房公积金	福利基金	每月固定扣款合计
1	4900	392	49	98	392	50	981
2	4625	370	46.25	92.5	370	50	928.75
3	4558	364.64	45.58	91.16	364.64	50	916.02
4	2550	204	25.5	51	204	50	534.5
5	2200	176	22	44	176	50	468
6	4360	348.8	43.6	87.2	348.8	50	878.4
7	2950	236	29.5	59	236	50	610.5
8	2230	178.4	22.3	44.6	178.4	50	473.7
9	3197	255.76	31.97	63.94	255.76	50	657.43
10	2300	184	23	46	184	50	487
11	3250	260	32.5	65	260	50	667.5
13	5100	408	51	102	408	50	1019
13	6200	496	62	124	496	50	1228
14	5850	468	58.5	117	468	50	1161.5
16	2661	212.88	26.61	53.22	212.88	50	555.59
16	2760	220.8	27.6	55.2	220.8	50	574.4
17	2875	230	28.75	57.5	230	50	596.25
18	3650	292	36.5	73	292	50	743.5
19	4275	342	42.75	85.5	342	50	862.25
20	2760	220.8	27.6	55.2	220.8	50	574.4
21	2657	212.56	26.57	53.14	212.56	50	554.83
22	2495	199.6	24.95	49.9	199.6	50	524.05
23	2276	182.08	22.76	45.52	182.08	50	482.44
24	2590	207.2	25.9	51.8	207.2	50	542.1
25	2390	191.2	23.9	47.8	191.2	50	504.1
26	2578	206.24	25.78	51.56	206.24	50	539.82
27	2158	172.64	21.58	43.16	172.64	50	460.02
28	3324	265.92	33.24	66.48	265.92	50	681.56
29	2820	225.6	28.2	56.4	225.6	50	585.8
30	5908	472.64	59.08	118.16	472.64	50	1172.52

图5.12　"每月固定扣款"工作表

序号	非公假
1	0
2	0
3	0
4	0
5	0
6	10
7	0
8	0
9	0
10	0
11	0
12	0
13	0
14	0
15	0
16	20
17	0
18	0
19	0
20	0
21	0
22	0
23	0
24	0
25	0
26	0
27	0
28	0
29	50
30	0

图5.13　"7月请假扣款"工作表

【提示】

从"每月固定扣款"工作表中我们可以看出，单位执行的"五险一金"的提取情况是：养老保险8%、失业保险1%、医疗保险2%、住房公积金8%，均以上年月平均工作作为基数计提，"每月固定扣款合计"是这几项加上"福利基金"的合计数，如序号为1的职工，其养老保险单元格C2的数值是公式"＝B2*8%"运算的结果，每月固定扣款合计单元格H2的数值是公式"＝SUM(C2:G2)"运算的结果。

【小知识】

按国家相关法律法规规定，在企业针对职工工资的税前扣除项目中，包含"五险一金"，其中"五险"是养老保险、失业保险、医疗保险、工伤保险、生育保险，"一金"是指住房公积金。例如科源公司执行如图5.14所示的计提标准。

项目	单位	个人
养老保险	20%	8%
失业保险	2%	1%
医疗保险	12%	2%
工伤保险	1%	0
生育保险	1%	0
住房公积金	8%	8%

图5.14　科源有限公司计提"五险一金"实际执行提取率

单位必须按规定比例向社会保险机构和住房公积金管理机构缴纳"五险一金"，其计算基数一般是职工个人上年度月平均工资。

个人只需按规定比例缴纳其中的养老保险、失业保险、医疗保险和住房公积金（一般俗称"三险一金"），个人应缴纳的费用由单位每月在发放个人工资前代扣代缴。

（2）返回"实际汇总工资表.xls"文件，在"应发工资"列后面增加几个工资项：每月固定扣款合计、非公假扣款、全月应纳税所得额、个人所得税、应扣工资、实发工资。

（3）选中第3行，选择【格式】→【单元格】命令，打开“单元格格式”对话框，在“对齐”选项卡中选中“自动换行”选项，将各列的宽度调整合适后，表格如图5.15所示。

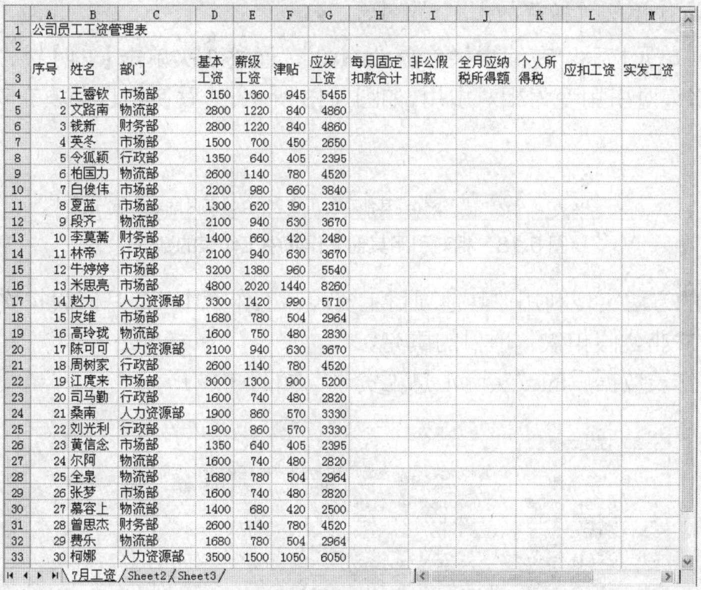

	A	B	C	D	E	F	G	H	I	J	K	L	M
1	公司员工工资管理表												
2													
3	序号	姓名	部门	基本工资	薪级工资	津贴	应发工资	每月固定扣款合计	非公假扣款	全月应纳税所得额	个人所得税	应扣工资	实发工资
4	1	王睿钦	市场部	3150	1360	945	5455						
5	2	文路南	物流部	2800	1220	840	4860						
6	3	钱新	财务部	2800	1220	840	4860						
7	4	英冬	市场部	1500	700	450	2650						
8	5	令狐颖	行政部	1350	640	405	2395						
9	6	柏国力	物流部	2600	1140	780	4520						
10	7	白俊伟	市场部	2200	980	660	3840						
11	8	夏蓝	市场部	1300	620	390	2310						
12	9	段齐	物流部	2100	940	630	3670						
13	10	李莫薷	财务部	1400	660	420	2480						
14	11	林帝	行政部	2100	940	630	3670						
15	12	牛婷婷	市场部	3200	1380	960	5540						
16	13	米思亮	市场部	4800	2020	1440	8260						
17	14	赵力	人力资源部	3300	1420	990	5710						
18	15	皮维	市场部	1680	780	504	2964						
19	16	高玲珑	物流部	1600	750	480	2830						
20	17	陈可可	人力资源部	2100	940	630	3670						
21	18	周树家	行政部	2600	1140	780	4520						
22	19	江庹来	市场部	3000	1300	900	5200						
23	20	司马勤	行政部	1600	740	480	2820						
24	21	桑南	人力资源部	1900	860	570	3330						
25	22	刘光利	行政部	1900	860	570	3330						
26	23	黄信念	市场部	1350	640	405	2395						
27	24	尔阿	物流部	1600	740	480	2820						
28	25	全泉	物流部	1680	780	504	2964						
29	26	张梦	市场部	1600	740	480	2820						
30	27	慕容上	物流部	1400	680	420	2500						
31	28	曾思杰	财务部	2600	1140	780	4520						
32	29	费乐	物流部	1680	780	504	2964						
33	30	柯娜	人力资源部	3500	1500	1050	6050						

图5.15 计算7月工资时所有工资项

（4）选定需要放置“每月固定扣款合计”数据的H4单元格，在其中先输入“=”，再配合鼠标，切换到“其他项目工资表”的“每月固定扣款”工资表中，单击该员工的该项金额所在的H3单元格，如图5.16所示，这时我们可看到编辑栏中出现引用的工作簿工资表单元格的名称，确认无误后按【Enter】键或编辑栏的 ✓ 按钮确认公式，即可得到H4单元格的数据结果，如图5.17所示。

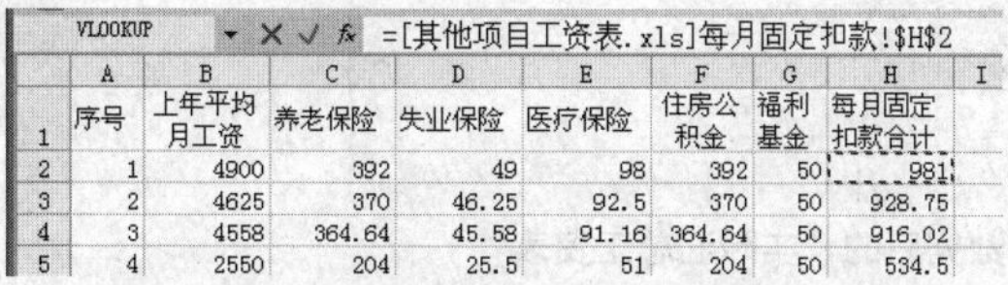

	A	B	C	D	E	F	G	H	I
1	序号	上年平均月工资	养老保险	失业保险	医疗保险	住房公积金	福利基金	每月固定扣款合计	
2	1	4900	392	49	98	392	50	981	
3	2	4625	370	46.25	92.5	370	50	928.75	
4	3	4558	364.64	45.58	91.16	364.64	50	916.02	
5	4	2550	204	25.5	51	204	50	534.5	

图5.16 选择其他工作簿工资表中的单元格

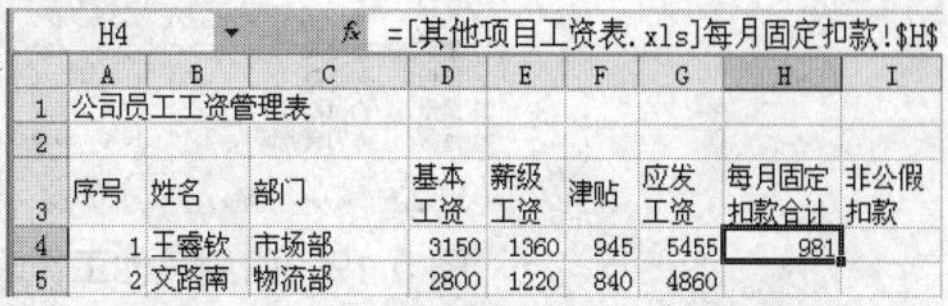

	A	B	C	D	E	F	G	H	I
1	公司员工工资管理表								
2									
3	序号	姓名	部门	基本工资	薪级工资	津贴	应发工资	每月固定扣款合计	非公假扣款
4	1	王睿钦	市场部	3150	1360	945	5455	981	
5	2	文路南	物流部	2800	1220	840	4860		

图5.17 绝对引用其他工作簿中工作表的数据

【提示】

当用户引用其他文件的单元格数据时，Excel将自动标记所引用的单元格为绝对引用，即在单元格的行号或列标前加上“$”符号。

如果这样的公式要实现往其他公式构造一样的单元格自动填充，往往需要取消绝对引用，变成可以根据粘贴方向自动调整来源数据单元格名称的相对引用，这就需要用户将公式中的“$”符号去掉再使用自动填充功能。

去掉“$”符号的方法有两种：直接在公式中删除行号或列标前的“$”符号；将鼠标置于引用的单元格上，通过数次单击【F4】键，在绝对或相对引用的状态间切换。

【小知识】

我们在Excel中使用公式和函数时，都存在对参加运算的数据单元格或区域作引用的问题，引用的类型可分为以下两种。

① 相对引用：当我们把公式复制到其他单元格时，行或列的引用会改变，即代表行

的数字和代表列的字母会根据实际的偏移量相应改变。

② 绝对引用：当我们把公式复制到其他单元格时，行和列的引用不会改变，实现的方法是在不变的行标或列标前加上“$”符号。

（5）单击 H4 单元格后，在编辑栏单击“$H$2”，通过 3 次单击【F4】键，将公式中的“$”符号全部去掉，将绝对引用变为相对引用，如图 5.18 所示，然后使用自动填充功能填充 H5:H33 单元格区域。

H4 | fx =[其他项目工资表.xls]每月固定扣款!H2

图 5.18　相对引用其他工作簿中工作表的数据

（6）以同样的方法实现利用“其他项目工资表”工作簿中“7 月请假扣款”工作表的“非公假”列数据对“非公假扣款”项目的填充。

引用其他工作表数据后的“实际汇总工资表”如图 5.19 所示。

	A	B	C	D	E	F	G	H	I	J	K	L	M
1	公司员工工资管理表												
2													
3	序号	姓名	部门	基本工资	薪级工资	津贴	应发工资	每月固定扣款合计	非公假扣款	全月应纳税所得额	个人所得税	应扣工资	实发工资
4	1	王睿钦	市场部	3150	1360	945	5455	981	0				
5	2	文路南	物流部	2800	1220	840	4860	928.75	0				
6	3	钱新	财务部	2800	1220	840	4860	916.02	0				
7	4	英冬	市场部	1500	700	450	2650	534.5	0				
8	5	令狐颖	行政部	1350	640	405	2395	468	0				
9	6	柏国力	物流部	2600	1140	780	4520	878.4	10				
10	7	白俊伟	市场部	2200	980	660	3840	610.5	0				
11	8	夏蓝	市场部	1300	620	390	2310	473.7	0				
12	9	段齐	物流部	2100	940	630	3670	657.43	0				
13	10	李莫薷	财务部	1400	660	420	2480	487	0				
14	11	林帝	行政部	2100	940	630	3670	667.5	0				
15	12	牛婷婷	市场部	3200	1380	960	5540	1019	0				
16	13	米思亮	市场部	4800	2020	1440	8260	1228	0				
17	14	赵力	人力资源部	3300	1420	990	5710	1161.5	0				
18	15	皮维	市场部	1680	780	504	2964	555.59	0				
19	16	高玲珑	物流部	1600	750	480	2830	574.4	20				
20	17	陈可可	人力资源部	2100	940	630	3670	596.25	0				
21	18	周树家	行政部	2600	1140	780	4520	743.5	0				
22	19	江庹来	市场部	3000	1300	900	5200	862.25	0				
23	20	司马勤	行政部	1600	740	480	2820	574.4	0				
24	21	桑南	人力资源部	1900	860	570	3330	554.83	0				
25	22	刘光利	行政部	1900	860	570	3330	524.05	0				
26	23	黄信念	市场部	1350	640	405	2395	482.44	0				
27	24	尔阿	物流部	1600	740	480	2820	542.1	0				
28	25	全泉	物流部	1680	780	504	2964	504.1	0				
29	26	张梦	市场部	1600	740	480	2820	539.82	0				
30	27	慕容上	物流部	1400	680	420	2500	460.02	0				
31	28	曾思杰	财务部	2600	1140	780	4520	681.56	0				
32	29	费乐	物流部	1680	780	504	2964	585.8	50				
33	30	柯娜	人力资源部	3500	1500	1050	6050	1172.52	0				
34													

7月工资 / Sheet2 / Sheet3

图 5.19　引用其他工作表数据后的“实际汇总工资表”

【提示】

用户也可以直接将鼠标移至 H4 单元格的右下角，当鼠标指针变成黑色小十字时，双击鼠标左键，即可自动向下填充连续的单元格。

步骤 4　构造公式计算“全月应纳税所得额”

（1）为了计算的准确性，单击自动求和按钮 Σ，重新计算“应发工资”项并填充所有人的该列数据。

【提示】

由于“应发工资”是由前面的“导入外部数据”的操作导入到工作表中的，其值不会保留原始表中的运算公式，只导入成数值数据，无法达到计算目的，故这里我们重新针对它的来源数据做求和计算。

（2）单击 J4 单元格，在该单元格中直接输入“=”，配合鼠标单击来源数据的 G4、H4 单元格，并输入“-”号，以构造第一个员工的“全月应纳税所得额”计算结果，如图 5.20 所示。

| VLOOKUP | × ✓ ƒx | =G4-H4-3500 |

	A	B	C	D	E	F	G	H	I	J	K	L	M
1	公司员工工资管理表												
2													
3	序号	姓名	部门	基本工资	薪级工资	津贴	应发工资	每月固定扣款合计	非公假扣款	全月应纳税所得额	个人所得税	应扣工资	实发工资
4	1	王睿钦	市场部	3150	1360	945	5455	981	0	=G4-H4-3500			
5	2	文路南	物流部	2800	1220	840	4860	928.75	0				
6	3	钱新	财务部	2800	1220	840	4860	916.02	0				

图 5.20　输入公式计算"全月应纳税所得额"

【提示】

个人所得税是我国诸多税种中占有一定比例的税源之一，按照我国《个人所得税法》规定，个人工资、薪金所得，以每月收入额减除 3500 元后（2011 年 9 月 1 日前是 2 000 元）的余额，为应纳税所得额。

本案例中，全月应纳税所得额=应发工资−每月固定扣款合计−3500，故我们可以直接通过鼠标和输入键盘上的"−""="、来构造计算公式。用户要多加练习，以熟练使用此方法来构造公式，特别要注意输入和单击的顺序，在没有最终确认公式准确时，不要按【Enter】键。

（3）使用自动填充功能计算出其他人的该列数据。

【提示】

计算个人所得税时，应纳税所得额有可能得出负数，负数是不需要缴税的，这里我们就新增一列来做一个中间数据，以便下一步计算个人所得税时直接利用速算扣除数来计算，这样更加便捷。

构造函数参数时，用户也可以直接输入或配合鼠标单击引用的单元格加上从键盘输入符号来完成。

步骤 5　利用函数计算"全月应纳税所得额 1"

（1）在"全月应纳税所得额"列的右侧插入一个空列，用于容纳调整好的应纳税所得额，在 K3 单元格中输入该列的标题"全月应纳税所得额 1"。

（2）选中 K4 单元格，再单击编辑栏上的【插入函数】按钮 ƒx，在弹出的"插入函数"对话框中选择 IF 函数，如图 5.21 所示。

（3）单击【确定】后，在弹出的"函数参数"对话框中，输入或单击构造函数的 3 个参数，如图 5.22 所示，单击【确定】，得到"全月应纳税所得额 1"，如图 5.23 所示。

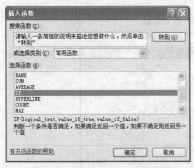

图 5.21　在"插入函数"对话框中选择 IF 函数

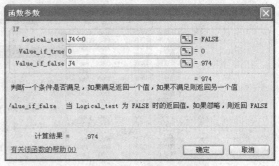

图 5.22　构造函数参数

	A	B	C	D	E	F	G	H	I	J	K	L	M	N	O	P
1	公司员工工资管理表															
2																
3	序号	姓名	部门	基本工资	薪级工资	津贴	应发工资	每月固定扣款合计	非公假扣款	全月应纳税所得额	全月应纳税所得额1	个人所得税	应扣工资	实发工资		
4	1	王睿钦	市场部	3150	1360	945	5455	981	0	974	=IF(J4<=0,0,J4)					
5	2	文路南	物流部	2800	1220	840	4860	928.75	0	431.25	IF(logical_test, [value_if_true], [value_if_false])					
6	3	钱新	财务部	2800	1220	840	4860	916.02	0	443.98						
7	4	英冬	市场部	1500	700	450	2650	534.5	0	-1384.5						

图 5.23　计算好的"全月应纳税所得额 1"

（4）自动填充其他人的该列数据。

步骤 6　计算 "个人所得税"

（1）选中 L4 单元格，再单击编辑栏上的【插入函数】按钮 f_x，弹出 "插入函数" 对话框。

（2）从中选择 IF 函数，开始构造外层的 IF 函数参数，函数的前 2 个参数如图 5.24 所示，用户可以直接输入或用拾取按钮配合键盘构造。

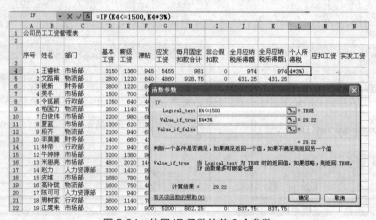

图 5.24　外层 IF 函数的前 2 个参数

（3）将鼠标停留于第 3 个参数 "Value_if_false" 处，再次单击编辑栏最左侧的【IF 函数】按钮 ，即选择第 3 个参数为一个嵌套在本函数内的 IF 函数，这时系统弹出一个新的 IF 函数的 "函数参数" 对话框，如图 5.25 所示，用于构造内层 IF 函数。

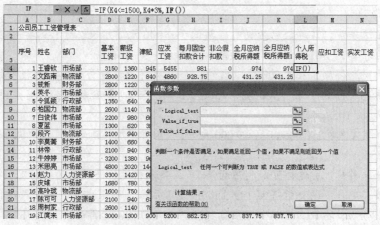

图 5.25　内层 IF 函数的"函数参数"对话框

（4）在其中输入 3 个参数，如图 5.26 所示，这时就完成了两层 IF 函数的构造。

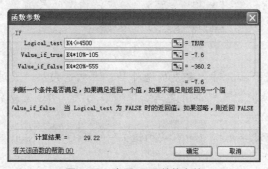

图 5.26　内层 IF 函数的参数

（5）单击"函数参数"对话框的【确定】，就得到了 L4 单元格的结果，如图 5.27 所示。

	A	B	C	D	E	F	G	H	I	J	K	L	M	N
	L4			fx	=IF(K4<=1500, K4*3%, IF(K4<=4500, K4*10%-105, K4*20%-555))									
1	公司员工工资管理表													
2														
3	序号	姓名	部门	基本工资	薪级工资	津贴	应发工资	每月固定扣款合计	非公假扣款	全月应纳税所得额	全月应纳税所得额1	个人所得税	应扣工资	实发工资
4	1	王睿钦	市场部	3150	1360	945	5455	981	0	974	974	29.22		
5	2	文路南	物流部	2800	1220	840	4860	916.02	0	431.25	431.25			
6	3	钱新	财务部	2800	1220	840	4860	916.02	0	443.98	443.98			

图 5.27　利用两层 IF 函数计算出的个人所得税

（6）自动填充其他人的该列数据。

【小知识】

我国《个人所得税法》规定，个人所得税是采用超额累进税率进行计算的，将应纳税所得额分成不同级距和相应的税率来计算。如扣除 3 500 元后的余额在 1 500 元以内的，按 3%税率计算，1 500 元~4 500 元的部分（即 3 000 元），按 10%的税率计算。如某人工资扣除 3 500 元后的余额是 1 700 元，则税款计算方法为：1 500×3% + 200×10% = 65 元。

而会计上约定，个人所得税的计算，可以采用速算扣除法，将应纳税所得额直接按对应的税率来速算，但要扣除一个速算扣除数，否则会多计算税款。如某人工资扣除 3 500 元后的余额是 1 700 元，1 700 元对应的税率是 10%，则税款速算方法为：1 700× 10% - 105 = 65 元。这里的 105 就是速算扣除数，因为 1 700 元中有 1 500 元多计算了 7% 的税款，需要减去。其他税率所对应的速算扣除数如图 5.2 所示。

【提示】

本案例在这一步，只讨论应纳税所得额低于 9 000 元的情况，故只需要分 2 层 IF 函数实现 3 种情况的计算，全月应纳税所得额的计算公式分别如下。

全月应纳税所得额 1 在 1 500 元以内的，个人所得税税额为全月应纳税所得额 1×3%。

全月应纳税所得额 1 在 1500 元～4500 元的，个人所得税税额为全月应纳税所得额 1×10%−速算扣除数 105。

全月应纳税所得额 1 在 4 500 元～9 000 元的，个人所得税税额为全月应纳税所得额 1×20%−速算扣除数 555。

也即是分三种情况，这样可以利用两层 IF 函数来构造，每层分两种情况，先由外层构造一个条件判断"全月应纳税所得额 1<= 1500"是否成立，如果成立，则个人所得税 = 全月应纳税所得额 1×3%；不成立（即全月应纳税所得额 1>1500），再用内层的 IF 函数来判断"全月应纳税所得额 1<4500"是否成立。若成立，即 1500<=全月应纳税所得额 1<4500，则个人所得税=全月应纳税所得额 1×10%−105；若不成立，即全月应纳税所得额 1>4500，则个人所得税 = 全月应纳税所得额 1×20% − 555，即应该构造两层函数" = IF(K4<= 1500,K4×3%,IF(K4<= 4500,K4×10% − 105,K4×20% − 505))"。

【小知识】

① 用户在构造嵌套函数时，要先构造外层，再构造内层，其过程要先明确公式的含义，并注意鼠标的灵活运用及观察清楚正在操作第几层，构造完成后再按【Enter】键或单击【确定】按钮确认公式。

例如，我们要在 O4 单元格中输入或构造公式：IF(G4<= 1000，"低"，IF(G4<= 2000，"中"，"高"）。

在这个函数中，系统会将 G4 单元格中的内容取出，首先执行外层函数的判断公式"G4<= 1000"是否成立。若成立，则返回"低"；若不成立，此时系统进入第二层的 IF 函数，判断公式"G4<= 2000"是否成立。其实，这时系统隐含了完整的公式"1000<G4<= 2000"，前半部分是因为外层的 IF 是不满足"G4<= 1000"条件的，也就是"G4<1000"，这时候与第二层的条件连起来，就是完整的条件了。若这个条件成立，则返回"中"；若不成立，则返回"高"。

由于此时 G4 单元格中的内容是"5455"，所以，我们在 O4 单元格中将会看到"高"。

② Excel 中的函数最多可以嵌套 7 层。

我们在构造嵌套函数时，必须一层一层考虑清楚条件和满足及不满足条件时返回值的书写，同时要注意每层函数结构的完整性，保证括号的成对出现和层次正确。

系统按从左至右的顺序执行多层嵌套函数。请用户注意体会每层函数的含义及分析执行过程和结果。

【提示】

若未加入"全月应纳税所得额 1"列，用户也可以直接使用 3 层 IF 函数嵌套来实现 4 种个人所得税额的计算，步骤如下。

选中 K4 单元格，单击编辑栏上的【插入函数】按钮 *f*，在弹出的"插入函数"对话框中选择 IF 函数，根据公式开始构造函数的 3 个参数，并嵌套 4 层实现不计税和 4 级累进的个人所得税的计算，公式如图 5.28 所示。这里我们只计算到全月应纳税所得额在 35 000 元以内的情况，若该金额超过 35 000 元，则继续嵌套 IF 函数来实现。

L4	▼	ƒx	=IF(J4<=0,0,IF(J4<=1500,J4*3%,IF(J4<=4500,J4*10%-105,IF(J4<=9000,J4*20%-555,J4*25%-1005))))													
	A	B	C	D	E	F	G	H	I	J	K	L	M	N	O	P	Q
1	公司员工工资管理表															
2																
3	序号	姓名	部门	基本工资	薪级工资	津贴	应发工资	每月固定扣款合计	非公假扣款	全月应纳税所得额	全月应纳税所得额1	个人所得税	应扣工资	实发工资		
4	1	王睿钦	市场部	3150	1360	945	5455	981	0	974	974	29.22				
5	2	文路南	物流部	2800	1220	840	4860	928.75	0	431.25	431.25					

图 5.28　计算"个人所得税"的公式

步骤7　利用函数计算"应扣工资"

（1）选中 M4 单元格，单击"常用"工具栏上的【自动求和】按钮 Σ，选择默认的"求和"方式，配合鼠标和键盘实现公式的构造，如图 5.29 所示。

IF	▼	× √ ƒx	=SUM(H4:I4,L4)												
	A	B	C	D	E	F	G	H	I	J	K	L	M	N	O	P	Q
1	公司员工工资管理表															
2																
3	序号	姓名	部门	基本工资	薪级工资	津贴	应发工资	每月固定扣款合计	非公假扣款	全月应纳税所得额	全月应纳税所得额1	个人所得税	应扣工资	实发工资		
4	1	王睿钦	市场部	3150	1360	945	5455	981	0	974	974	29.22	=SUM(H4:I4,L4)			
5	2	文路南	物流部	2800	1220	840	4860	928.75	0	431.25	431.25	12.938	SUM(number1, [number2], [number3], ...)			
6	3	钱新	财务部	2800	1220	840	4860	916.02	0	443.98	443.98	13.319				
7	4	英冬	市场部	1500	700	450	2650	534.5	0	-1384.5	0					

图 5.29　计算"应扣工资"

（2）自动填充其他人的该列数据。

【提示】

由于"应扣工资=每月固定扣款合计+非公假扣款+个人所得税"，而这些数据所在的单元格并不都是连续区域的单元格，所以在选择函数的参数时，我们可以先拖动鼠标选择 H4:I4 单元格区域，再按住【Ctrl】键用鼠标单击不连续的 L4 单元格，最终得到公式"=SUM(H4:I4,L4)"进行计算。

步骤8　利用公式计算"实发工资"

这里，实发工资 = 应发工资-应扣工资

（1）单击 N4 单元格，输入"="，配合鼠标和键盘实现公式的构造，如图 5.30 所示。

IF	▼	× √ ƒx	=G4-M4											
	A	B	C	D	E	F	G	H	I	J	K	L	M	N	O
1	公司员工工资管理表													
2														
3	序号	姓名	部门	基本工资	薪级工资	津贴	应发工资	每月固定扣款合计	非公假扣款	全月应纳税所得额	全月应纳税所得额1	个人所得税	应扣工资	实发工资
4	1	王睿钦	市场部	3150	1360	945	5455	981	0	974	974	29.22	1010.22	=G4-M4
5	2	文路南	物流部	2800	1220	840	4860	928.75	0	431.25	431.25	12.938	941.6875	
6	3	钱新	财务部	2800	1220	840	4860	916.02	0	443.98	443.98	13.319	929.3394	

图 5.30　计算"实发工资"

（2）自动填充其他人的该列数据。

步骤9　格式化表格

完成上述操作后，数据处理就完成了。参照图 5.1 对表格进行字体、框线、底纹等的设置，前面已经学习过相关操作，这里不再赘述。

（1）如果用户需要打印工作表，则使用"打印预览"功能来查看打印的效果并实现打印。

如果版面不令人满意，应该做适当调整。可以选择【文件】→【页面设置】命令，在弹出的"页面设置"对话框中进行页面、页边距、页眉/页脚和工作表的相关设置。

（2）完成所有设置后再次确认保存，关闭工作簿。

【提示】

页面设置需要打印机支持，如果用户未安装打印机，则无法设置，需要先添加打印机。

① 纸张大小为"A4"，方向为"横向"，如图 5.31 所示。

② 页边距分别为：上、下各 1.8，左、右各 1.5，页眉和页脚距纸张边缘各为 1.3，如图 5.32 所示。

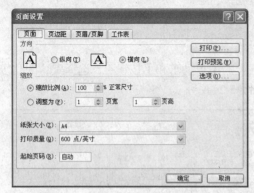

图 5.31　"页面设置"中的"页面"设置

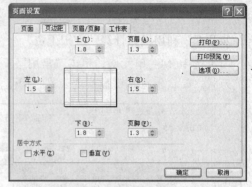

图 5.32　"页面设置"中的"页边距"设置

③ 用户在定义页眉/页脚时，既可以使用内置的页眉或页脚，也可以对其进行自定义。

这里我们在页脚的下拉列表中选择"第 1 页，共? 页"来制作页码和页数的内容，如图 5.33 所示，再单击"自定义页眉"按钮，在弹出的"页眉"对话框中进行更进一步的设置，如图 5.34 所示。

图 5.33　"页面设置"中的"页眉/页脚"设置

图 5.34　自定义页眉

④ 用户还可以在"工作表"选项卡中对工作表的打印进行更多的设置，如图 5.35 所示。

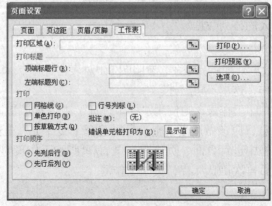

图 5.35　"页面设置"中的"工作表"设置

⑤页面设置好后，工作表中会出现虚线来提示页面，如图 5.36 所示，用户要调整行高和列宽以适应页面需要，调整好后的预览效果如图 5.37 所示。

序号	姓名	部门	基本工资	薪级工资	津贴	应发工资	每月固定扣款合计	非公假扣款	全月应纳税所得额	全月应纳税所得额1	个人所得税	应扣工资	实发工资
								公司员工工资管理表					
1	王睿钦	市场部	3150	1360	945	5455	981	0	974	974	29.22	1010.22	4444.78
2	文路南	物流部	2800	1220	840	4860	928.75	0	431.25	431.25	12.9375	941.6875	3918.3125
3	钱新	财务部	2800	1220	840	4860	916.02	0	443.98	443.98	13.3194	929.3394	3930.6606
4	英冬	市场部	1500	700	450	2650	534.5	0	-1384.5	0	0	534.5	2115.5
5	令狐颖	行政部	1350	640	405	2395	468	0	-1573	0	0	468	1927
6	柏国力	物流部	2600	1140	780	4520	878.4	10	141.6	141.6	4.248	892.648	3627.352
7	白俊伟	市场部	2200	980	660	3840	610.5	0	-270.5	0	0	610.5	3229.5
8	夏蓝	市场部	1300	620	390	2310	473.7	0	-1663.7	0	0	473.7	1836.3
9	段齐	物流部	2100	940	630	3670	657.43	0	-487.43	0	0	657.43	3012.57
10	李真蕾	财务部	1400	660	420	2480	487	0	-1507	0	0	487	1993
11	林帝	行政部	2100	940	630	3670	667.5	0	-497.5	0	0	667.5	3002.5
12	牛婷婷	市场部	3200	1380	960	5540	1019	0	1021	1021	30.63	1049.63	4490.37
13	米思亮	市场部	4800	2020	1440	8260	1228	0	3532	3532	248.2	1476.2	6783.8
14	赵力	人力资源部	3300	1420	990	5710	1161.5	0	1048.5	1048.5	31.455	1192.955	4517.045
15	皮维	市场部	1680	780	504	2964	555.59	0	-1091.59	0	0	555.59	2408.41
16	高玲珑	物流部	1600	750	480	2830	574.4	20	-1244.4	0	0	594.4	2235.6
17	陈可可	人力资源部	2100	940	630	3670	596.25	0	-426.25	0	0	596.25	3073.75
18	周柯家	行政部	2600	1140	780	4520	743.5	0	276.5	276.5	8.295	751.795	3768.205
19	江腐来	市场部	3000	1300	900	5200	862.25	0	837.75	837.75	25.1325	887.3825	4312.6175
20	司马勤	行政部	1600	740	480	2820	574.4	0	-1254.4	0	0	574.4	2245.6
21	桑南	人力资源部	1900	860	570	3330	554.83	0	-724.83	0	0	554.83	2775.17
22	刘光利	行政部	1900	860	570	3330	524.05	0	-694.05	0	0	524.05	2805.95
23	黄信念	市场部	1350	640	405	2395	482.44	0	-1587.44	0	0	482.44	1912.56
24	尔阿	物流部	1600	740	480	2820	542.1	0	-1222.1	0	0	542.1	2277.9
25	全泉	物流部	1680	780	504	2964	504.1	0	-1040.1	0	0	504.1	2459.9
26	张梦	市场部	1600	740	480	2820	539.82	0	-1219.82	0	0	539.82	2280.18
27	慕容上	物流部	1400	680	420	2500	460.02	0	-1460.02	0	0	460.02	2039.98
28	曾思杰	财务部	2600	1140	780	4520	681.56	0	338.44	338.44	10.1532	691.7132	3828.2868
29	费乐	物流部	1680	780	504	2964	585.8	50	-1121.8	0	0	635.8	2328.2
30	柯娜	人力资源部	3500	1500	1050	5050	1172.52	0	1377.48	1377.48	41.3244	1213.8444	4836.1556

图 5.36　设置好页面后的工作表

公司员工工资管理表

序号	姓名	部门	基本工资	薪级工资	津贴	应发工资	每月固定扣款合计	非公假扣款	全月应纳税所得额	全月应纳税所得额1	个人所得税	应扣工资	实发工资
1	王睿钦	市场部	3150	1360	945	5455	981	0	974	974	29.22	1010.22	4444.78
2	文路南	物流部	2800	1220	840	4860	928.75	0	431.25	431.25	12.9375	941.6875	3918.3125
3	钱新	财务部	2800	1220	840	4860	916.02	0	443.98	443.98	13.3194	929.3394	3930.6606
4	英冬	市场部	1500	700	450	2650	534.5	0	-1384.5	0	0	534.5	2115.5
5	令狐颖	行政部	1350	640	405	2395	468	0	-1573	0	0	468	1927
6	柏国力	物流部	2600	1140	780	4520	878.4	10	141.6	141.6	4.248	892.648	3627.352
7	白俊伟	市场部	2200	980	660	3840	610.5	0	-270.5	0	0	610.5	3229.5
8	夏蓝	市场部	1300	620	390	2310	473.7	0	-1663.7	0	0	473.7	1836.3
9	段齐	物流部	2100	940	630	3670	657.43	0	-487.43	0	0	657.43	3012.57
10	李真蕾	财务部	1400	660	420	2480	487	0	-1507	0	0	487	1993
11	林帝	行政部	2100	940	630	3670	667.5	0	-497.5	0	0	667.5	3002.5
12	牛婷婷	市场部	3200	1380	960	5540	1019	0	1021	1021	30.63	1049.63	4490.37
13	米思亮	市场部	4800	2020	1440	8260	1228	0	3532	3532	248.2	1476.2	6783.8
14	赵力	人力资源部	3300	1420	990	5710	1161.5	0	1048.5	1048.5	31.455	1192.955	4517.045
15	皮维	市场部	1680	780	504	2964	555.59	0	-1091.59	0	0	555.59	2408.41
16	高玲珑	物流部	1600	750	480	2830	574.4	20	-1244.4	0	0	594.4	2235.6
17	陈可可	人力资源部	2100	940	630	3670	596.25	0	-426.25	0	0	596.25	3073.75
18	周柯家	行政部	2600	1140	780	4520	743.5	0	276.5	276.5	8.295	751.795	3768.205
19	江腐来	市场部	3000	1300	900	5200	862.25	0	837.75	837.75	25.1325	887.3825	4312.6175
20	司马勤	行政部	1600	740	480	2820	574.4	0	-1254.4	0	0	574.4	2245.6
21	桑南	人力资源部	1900	860	570	3330	554.83	0	-724.83	0	0	554.83	2775.17
22	刘光利	行政部	1900	860	570	3330	524.05	0	-694.05	0	0	524.05	2805.95
23	黄信念	市场部	1350	640	405	2395	482.44	0	-1587.44	0	0	482.44	1912.56
24	尔阿	物流部	1600	740	480	2820	542.1	0	-1222.1	0	0	542.1	2277.9
25	全泉	物流部	1680	780	504	2964	504.1	0	-1040.1	0	0	504.1	2459.9
26	张梦	市场部	1600	740	480	2820	539.82	0	-1219.82	0	0	539.82	2280.18
27	慕容上	物流部	1400	680	420	2500	460.02	0	-1460.02	0	0	460.02	2039.98
28	曾思杰	财务部	2600	1140	780	4520	681.56	0	338.44	338.44	10.1532	691.7132	3828.2868

第 1 页，共 2 页

图 5.37　设置好页面和调整好列宽、行高后的预览效果图

【拓展案例】

1. 完善"员工档案"工作表，效果如图 5.38 所示。

	A	B	C	D	E	F	G	H	I	J	K	L	M	N	O	P	Q
1	公司人事档案管理表																
2																	
3	序号	姓名	部门	职务	职称	学历	参加工作时间	年龄	性别	工龄	籍贯	出生日期	婚否	联系电话	基本工资	工龄奖金	奖金基数
4	1	王睿钦	市场部	主管	经济师	本科	1998-7-6	38	男	16	重庆	1976-1-6	已婚	63661547	3150	150	50
5	2	文路南	物流部	项目主管	高级工程师	硕士	1998-3-17	40	男	16	四川	1974-7-16	已婚	65257851	2800	150	
6	3	钱新	物流部	财务总监	高级会计师	本科	1999-7-20	38	男	15	甘肃	1976-7-4	已婚	66018871	2800	150	
7	4	英冬	市场部	业务员	无	大专	2003-4-3	36	女	11	北京	1978-6-13	已婚	67624956	1500	150	
8	5	令狐颖	行政部	内勤	无	高中	2004-2-22	26	男	10	北京	1988-2-16	未婚	64366059	1350	100	
9	6	相国力	物流部	部长	高级工程师	本科	2003-7-31	35	男	11	哈尔滨	1979-3-15	已婚	67017027	2600	150	
10	7	白俊伟	市场部	外勤	工程师	本科	1995-6-30	41	男	19	四川	1973-8-5	已婚	68794651	2200	150	
11	8	夏蓝	市场部	业务员	无	高中	2004-12-10	28	男	10	湖南	1986-5-23	未婚	64789321	1300	100	
12	9	段齐	物流部	项目主管	工程师	本科	2005-5-6	31	女	9	北京	1983-4-16	未婚	64272883	2100	150	
13	10	李莫蕭	财务部	出纳	助理会计师	本科	1997-6-10	40	男	17	北京	1974-12-15	已婚	69244765	1400	150	
14	11	林蒂	行政部	副部长	经济师	本科	1995-12-7	41	男	19	山东	1973-9-13	已婚	68874344	2100	150	
15	12	牛烨烨	市场部	主管	经济师	硕士	2003-7-18	36	女	11	重庆	1978-3-15	已婚	69712546	3200	150	
16	13	米思亮	市场部	内勤	无	本科	2000-8-1	36	男	14	山东	1978-10-18	已婚	67584251	4800	150	
17	14	赵力	人力资源部	统计	高级经济师	本科	1992-6-6	43	男	22	北京	1971-10-23	已婚	64000872	3300	200	
18	15	皮维	市场部	业务员	助理工程师	大专	1993-12-8	41	男	21	湖北	1973-3-21	已婚	63021549	1680	200	
19	16	高玲珑	物流部	业务员	助理经理师	本科	2003-11-21	27	男	11	北京	1987-11-30	未婚	65966501	1600	150	
20	17	陈可可	人力资源部	科员	经济师	硕士	1996-7-15	44	男	18	四川	1970-8-25	已婚	63035376	2100	150	
21	18	周树家	行政部	部长	经济师	本科	2004-7-30	33	女	10	湖北	1981-8-30	已婚	63812307	2600	100	
22	19	江庞来	市场部	项目主管	高级经济师	本科	1994-7-15	42	男	20	天津	1972-5-8	已婚	64581924	3000	150	
23	20	司马勤	行政部	科员	助理工程师	本科	1998-7-17	39	女	16	天津	1975-3-8	已婚	62175686	1600	150	
24	21	桑南	人力资源部	统计	助理统计师	大专	1986-10-31	51	男	28	山东	1963-4-1	已婚	65034080	1900	200	
25	22	刘光利	行政部	科员	无	中专	1996-8-1	41	女	18	陕西	1973-7-13	已婚	64654756	1900	150	
26	23	黄信念	市场部	内勤	无	高中	1989-12-15	46	女	25	陕西	1968-12-10	已婚	68190028	1350	100	
27	24	尔阿	物流部	业务员	工程师	本科	1998-9-18	40	女	16	安徽	1974-5-24	已婚	65761446	1600	100	
28	25	全泉	物流部	项目监察	工程师	本科	2009-8-14	29	女	5	北京	1985-4-18	未婚	63267813	1680	100	
29	26	张梦	物流部	外勤	无	本科	2000-8-9	36	女	14	四川	1978-5-9	已婚	65897823	1600	150	
30	27	慕容上	物流部	外勤	无	中专	2010-4-10	28	女	4	北京	1986-11-3	未婚	67225427	1400	50	
31	28	曾思杰	财务部	会计	会计师	本科	1998-5-16	39	女	16	南京	1975-9-10	已婚	66032221	2600	150	
32	29	费乐	物流部	项目监察	工程师	本科	2009-7-13	30	男	5	四川	1984-8-9	未婚	65922950	1680	100	
33	30	柯娜	人力资源部	部长	高级经济师	大专	2000-9-11	38	女	14	陕西	1976-10-12	已婚	65910605	3500	150	

图 5.38　完成工龄及工龄工资计算后的"员工档案"工作表效果图

（1）将"员工人事档案和工资管理表.xls"中的工作表"员工工龄"导出为文本文件"员工工龄.txt"。

（2）在新建的 Excel 工作簿中导入"员工工龄.txt"中的数据。

（3）增加 1 列"工龄奖金"，并完成"工龄奖金"的计算。

【提示】

工龄奖金计算规则如下。

工龄奖金数由工龄的年份和奖金基数决定：若低于 5 年，则奖金为 1 倍基数；若为 5 年～10 年（含 10 年），则奖金为 2 倍基数；若为 10 年～20 年（含 20 年），则奖金为 3 倍基数；若高于 20 年，则奖金为 4 倍基数。

P4 单元格计算工龄奖金的公式为

=IF(J4<5,$Q$4,IF(J4<＝10,$Q$4*2,IF(J4<＝20,$Q$4*3,$Q$4*4)))。

用户可分解成多列来分步计算，请注意两种方法的掌握和灵活运用。

2．自己设计完成。

（1）导出 Excel 工作表中的数据为其他数据格式。

（2）在 Excel 工作表中导入其他数据格式的外部数据。

（3）复杂公式的构造。

（4）其他常用函数的运用。

【拓展训练】

设计和制作公司"差旅结算表"。其中差旅补助根据职称级别不同有不同的补助标准。职称级别分为技工、初级、中级和高级，其补贴分别为 40 元、60 元、85 元和 120 元，完成后的效果如图 5.39 所示。

				差旅核算表								出差补贴标准	
员工编号	姓名	部门	职称级别	出差借支	交通费	住宿费	会务费	出差天数	出差补助	费用结算		职称级别	费用标准（元/天）
0001	赵力	人力资源部	高级	1000	430	480	600	2	240	750		技工	40
0007	李真蕾	财务部	初级	800	468	360		2	120	148		初级	60
0020	段齐	物流部	中级		1250	240		1	85	1575		中级	85
0028	白俊伟	市场部	中级		890	720		3	255	1865		高级	120
0016	文路南	物流部	高级	2000	2750	900	400	3	360	2410			
0013	慕容上	物流部	技工	3000	1076	1420		6	240	-264			
0009	林帝	行政部	中级		830	600	200	2	170	1800			

图 5.39 完成统计后的"差旅核算表"效果图

操作步骤如下。

（1）新建一个 Excel 2003 工作簿，以"差旅结算表"为名保存在"D:\科源有限公司\财务部"文件夹中。

（2）创建图 5.40 所示的差旅结算表和出差补贴标准表。

				差旅核算表								出差补贴标准	
员工编号	姓名	部门	职称级别	出差借支	交通费	住宿费	会务费	出差天数	出差补助	费用结算		职称级别	费用标准（元/天）
0001	赵力	人力资源部	高级	1000	430	480	600	2				技工	40
0007	李真蕾	财务部	初级	800	468	360		2				初级	60
0020	段齐	物流部	中级		1250	240		1				中级	85
0028	白俊伟	市场部	中级		890	720		3				高级	120
0016	文路南	物流部	高级	2000	2750	900	400	3					
0013	慕容上	物流部	技工	3000	1076	1420		6					
0009	林帝	行政部	中级		830	600	200	2					

图 5.40 差旅结算表和出差补贴标准表

（3）计算出差补助。

① 选中 J3 单元格。

② 使用 IF 函数，计算出差补贴。其公式为

= IF(D3 = \$M\$3,I3*\$N\$3,IF(D3 = \$M\$4,I3*\$N\$4,IF(D3 = \$M\$5,I3*\$N\$5,I3*\$N\$6)))。

【提示】

当员工的职称级别 D3 = M3 时，其出差补助为出差天数 I3*费用标准 N3，当 D3=M4 时，其出差补助为出差天数 I3*费用标准 N4，系统依次进行计算。

这里，我们建议用户使用绝对地址引用出差补贴标准数据，以方便其他员工的数据可以使用填充柄快速实现计算。

③ 使用填充柄自动填充 J4:J9 单元格区域，得到所有员工的出差补助，如图 5.41 所示。

				差旅核算表						
员工编号	姓名	部门	职称级别	出差借支	交通费	住宿费	会务费	出差天数	出差补助	费用结算
0001	赵力	人力资源部	高级	1000	430	480	600	2	240	
0007	李真蕾	财务部	初级	800	468	360		2	120	
0020	段齐	物流部	中级		1250	240		1	85	
0028	白俊伟	市场部	中级		890	720		3	255	
0016	文路南	物流部	高级	2000	2750	900	400	3	360	
0013	慕容上	物流部	技工	3000	1076	1420		6	240	
0009	林帝	行政部	中级		830	600	200	2	170	

图 5.41 计算"出差补助"的结果

（4）计算"费用结算"。

① 选中 K3 单元格，单击"常用"工具栏上的【自动求和】按钮 Σ，选择默认的"求和"方式，配合鼠标和键盘实现公式的构造，如图 5.42 所示。

② 使用填充柄自动填充 K4:K9 单元格区域，得到所有员工的出差费用结算，如图 5.43 所示。

（5）参照图 5.39 美化修饰表格。

（6）选择【视图】→【显示/隐藏】命令，取消"网格线"选项，将工作表设置为无网格线状态。

	A	B	C	D	E	F	G	H	I	J	K	L
1					*差旅核算表*							
2	员工编号	姓名	部门	职称级别	出差借支	交通费	住宿费	会务费	出差天数	出差补助	费用结算	
3	0001	赵力	人力资源部	高级	1000	430	480	600	2	240	=SUM(F3:H3,J3)-E3	
4	0007	李莫蕭	财务部	初级	800	468	360		2	120		
5	0020	段齐	物流部	中级		1250	240		1	85		
6	0028	白俊伟	市场部	中级		890	720		3	255		
7	0016	文路南	物流部	高级	2000	2750	900	400	3	360		
8	0013	慕容上	物流部	技工	3000	1076	1420		6	240		
9	0009	林帝	行政部			830	600	200	2	170		

图 5.42   构造"费用结算"的计算公式

	A	B	C	D	E	F	G	H	I	J	K
1					*差旅核算表*						
2	员工编号	姓名	部门	职称级别	出差借支	交通费	住宿费	会务费	出差天数	出差补助	费用结算
3	0001	赵力	人力资源部	高级	1000	430	480	600	2	240	750
4	0007	李莫蕭	财务部	初级	800	468	360		2	120	148
5	0020	段齐	物流部	中级		1250	240		1	85	1575
6	0028	白俊伟	市场部	中级		890	720		3	255	1865
7	0016	文路南	物流部	高级	2000	2750	900	400	3	360	2410
8	0013	慕容上	物流部	技工	3000	1076	1420		6	240	-264
9	0009	林帝	行政部	中级		830	600	200	2	170	1800

图 5.43   计算"费用结算"的结果

（7）对工作表进行合理的页面设置，如纸张为横向 A4，打印预览表格的效果如图 5.44 所示。完成后关闭工作簿。

图 5.44   打印预览工作表效果图

【案例小结】

本案例中，我们通过核算每个员工的"实发工资"，并设置好打印前的版面，讲解了在 Excel 中以多种方式（复制、引用、导入）使用本工作簿或其他工作簿工作表中数据的方法，还讲解了 IF 函数的使用和嵌套可以实现二选一或多选一结果的构造，以及对已有工作表进行打印相关的设置（页面的设置、页眉/页脚的加入、打印方向等），以让最后打印出的表格更加美观。

IF 函数的使用是本案例中的学习重点，理解它的含义、构造函数及计算结果等都需要用户保持清醒的头脑，这需要一些逻辑思维能力。除了单纯的 IF 函数，Excel 还提供了如 AND、NOT 等逻辑函数及 COUNTIF 等统计函数，用户要在透彻地理解它们的含义后灵活使用，以更好地实现 Excel 强大的功能。

📖 学习总结

本案例所用软件	
案例中包含的知识和技能	
你已熟知或掌握的知识和技能	
你认为还有哪些知识或技能需要进行强化	
案例中可使用的 Office 技巧	
学习本案例之后的体会	

5.2 案例 19 制作财务报表

【案例分析】

资产负债表是企业的三大对外报送报表之一，指标均为时点指标，可反映企业某一时点上资产和负债的分布，它是反映企业拥有资产和承担负担的统计表。制作好的企业资产负债表，效果如图 5.45 所示。

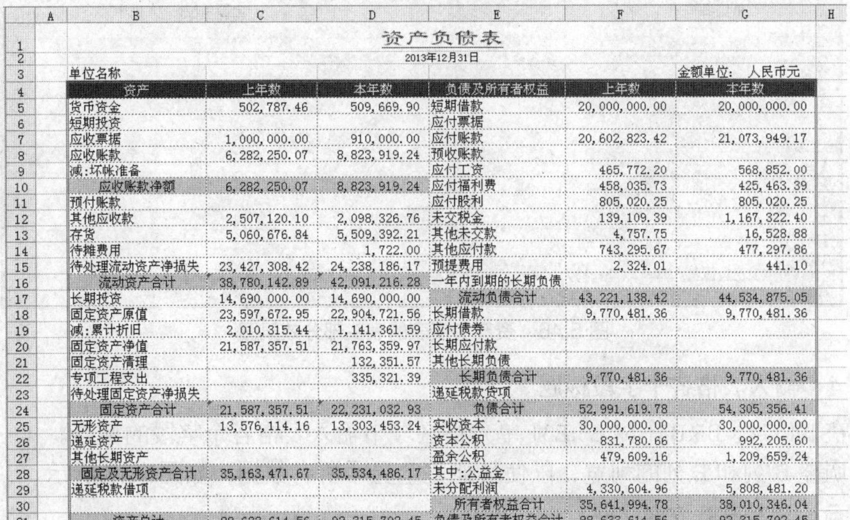

资产负债表

2013年12月31日

资产	上年数	本年数	负债及所有者权益	上年数	本年数
单位名称				金额单位： 人民币元	
货币资金	502,787.46	509,669.90	短期借款	20,000,000.00	20,000,000.00
短期投资			应付票据		
应收票据	1,000,000.00	910,000.00	应付账款	20,602,823.42	21,073,949.17
应收账款	6,282,250.07	8,823,919.24	预收账款		
减:坏帐准备			应付工资	465,772.20	568,852.00
应收账款净额	6,282,250.07	8,823,919.24	应付福利费	458,035.73	425,463.39
预付账款			应付股利	805,020.25	805,020.25
其他应收款	2,507,120.10	2,098,326.76	未交税金	139,109.39	1,167,322.40
存货	5,060,676.84	5,509,392.21	其他未交款	4,757.75	16,528.88
待摊费用		1,722.00	其他应付款	743,295.67	477,297.86
待处理流动资产净损失	23,427,308.42	24,238,186.17	预提费用	2,324.01	441.10
流动资产合计	38,780,142.89	42,091,216.28	一年内到期的长期负债		
长期投资	14,690,000.00	14,690,000.00	流动负债合计	43,221,138.42	44,534,875.05
固定资产原值	23,597,672.95	22,904,721.56	长期借款	9,770,481.36	9,770,481.36
减:累计折旧	2,010,315.44	1,141,361.59	应付债券		
固定资产净值	21,587,357.51	21,763,359.97	长期应付款		
固定资产清理		132,351.57	其他长期负债		
专项工程支出		335,321.39	长期负债合计	9,770,481.36	9,770,481.36
待处理固定资产净损失			递延税款贷项		
固定资产合计	21,587,357.51	22,231,032.93	负债合计	52,991,619.78	54,305,356.41
无形资产	13,576,114.16	13,303,453.24	实收资本	30,000,000.00	30,000,000.00
递延资产			资本公积	831,780.66	992,205.60
其他长期资产			盈余公积	479,609.16	1,209,659.24
固定及无形资产合计	35,163,471.67	35,534,486.17	其中:公益金		
递延税款借项			未分配利润	4,330,604.96	5,808,481.20
			所有者权益合计	35,641,994.78	38,010,346.04
资产总计	88,633,614.56	92,315,702.45	负债及所有者权益合计	88,633,614.56	92,315,702.45

图 5.45 资产负债表

【解决方案】

步骤 1 创建工作簿、重命名工作表

（1）启动 Excel 2003，新建一个工作簿，以"资产负债表"为名保存在"D:\科源有限公司\财务部"文件夹中。

（2）将 Sheet1 工作表重命名为"资产负债表"。

步骤 2 输入表格标题

（1）在 B1 单元格中输入表格标题"资产负债表"。

（2）选中 B1:G1 单元格区域，单击"格式"工具栏上的【合并及居中】按钮，将此单元格区域合并，使表格标题居中。

（3）将标题字体设置为隶书、20、深蓝色，并添加下划线。

步骤 3 输入建表日期及单位。

（1）在 B2 单元格中输入建立表格的日期"2013 年 12 月 31"。

（2）选中 B2:G2 单元格区域，单击"格式"工具栏上的【合并及居中】按钮，将此单元格区域合并，使日期居中。

（3）将建表日期的字号设置为 9。

（4）将第 2 行的行高设置为 11。

（5）在 B3 和 G3 单元格中分别输入"单位名称"和"金额单位：人民币元"。

（6）将光标移到 G 列和 H 列列表中间，当光标变为"↔"形状时，双击鼠标左键可自动调整 G 列的列宽。

建立好的资产负债表的表头部分如图 5.46 所示。

图 5.46 资产负债表的表头部分效果图

步骤 4 输入表格各个字段标题

（1）在 B4:G4、B5:B31 和 E5:E31 单元格区域中输入表格各个字段的标题。

（2）调整 B 列和 E 列的列宽，以使其能完全显示所有数据，如图 5.47 所示。

步骤 5 输入表格数据

（1）在 C5:D8、C12:D15、C17:D22 和 C25:D25 单元格区域中输入上半年和本年资产类数据。

（2）在 F5:G15、F18:G18 和 F25:G29 单元格区域中输入负债类数据，如图 5.48 所示。

	A	B	C	D	E	F	G
1				资产负债表			
2				2013年12月31日			
3		单位名称					金额单位：人民币元
4		资产	上年数	本年数	负债及所有者权益	上年数	本年数
5		货币资金			短期借款		
6		短期投资			应付票据		
7		应收票据			应付账款		
8		应收账款			预收账款		
9		减：坏帐准备			应付工资		
10		应收账款净额			应付福利费		
11		预付账款			应付股利		
12		其他应收款			未交税金		
13		存货			其他未交款		
14		待摊费用			其他应付款		
15		待处理流动资产净损失			预提费用		
16		流动资产合计			一年内到期的长期负债		
17		长期投资			流动负债合计		
18		固定资产原值			长期借款		
19		减：累计折旧			应付债券		
20		固定资产净值			长期应付款		
21		固定资产清理			其他长期负债		
22		专项工程支出			长期负债合计		
23		待处理固定资产净损失			递延税款贷项		
24		固定资产合计			负债合计		
25		无形资产			实收资本		
26		递延资产			资本公积		
27		其他长期资产			盈余公积		
28		固定及无形资产合计			其中：公益金		
29		递延税款借项			未分配利润		
30					所有者权益合计		
31		资产总计			负债及所有者权益合计		
32							

图 5.47 输入表格各个字段标题

	A	B	C	D	E	F	G	H
1				资产负债表				
2				2013年12月31日				
3		单位名称					金额单位：人民币元	
4		资产	上年数	本年数	负债及所有者权益	上年数	本年数	
5		货币资金	502787.46	509669.9	短期借款	20000000	20000000	
6		短期投资			应付票据			
7		应收票据	1000000	910000	应付账款	20602823.42	21073949.17	
8		应收账款	6282250.07	8823919.24	预收账款			
9		减：坏帐准备			应付工资	465772.2	568852	
10		应收账款净额			应付福利费	458035.73	425463.39	
11		预付账款			应付股利	805020.25	805020.25	
12		其他应收款	2507120.1	2098326.76	未交税金	139109.39	1167322.4	
13		存货	5060676.84	5509392.21	其他未交款	4757.75	16528.88	
14		待摊费用		1722	其他应付款	743295.67	477297.86	
15		待处理流动资产净损失	23427308.42	24238186.17	预提费用	2324.01	441.1	
16		流动资产合计			一年内到期的长期负债			
17		长期投资	14690000	14690000	流动负债合计			
18		固定资产原值	23597672.95	22904721.56	长期借款	9770481.36	9770481.36	
19		减：累计折旧	2010315.44	1141361.59	应付债券			
20		固定资产净值	21587357.51	21763359.97	长期应付款			
21		固定资产清理		132351.57	其他长期负债			
22		专项工程支出		335321.39	长期负债合计			
23		待处理固定资产净损失			递延税款贷项			
24		固定资产合计			负债合计			
25		无形资产	13576114.16	13303453.24	实收资本	30000000	30000000	
26		递延资产			资本公积	831780.66	992205.6	
27		其他长期资产			盈余公积	479609.16	1209659.24	
28		固定及无形资产合计			其中：公益金			
29		递延税款借项			未分配利润	4330604.96	5808481.2	
30					所有者权益合计			
31		资产总计			负债及所有者权益合计			
32								

图 5.48 输入"资产负债表"数据

如果用户有需要，可以调整相应的列宽以便能完全显示所有数据。

步骤 6 设置单元格数字格式

（1）选中 C5:D31 单元格区域，按住【Ctrl】键，再选中 F5:G31 单元格区域。

（2）选择【格式】→【单元格】命令，打开"单元格格式"对话框。

（3）单击"数字"选项卡，从"分类"列表中选择"数值"，并选中"使用千位分隔符"复选框，如图 5.49 所示。

图 5.49　设置单元格格式

（4）单击【确定】按钮，完成格式设置。

步骤 7　设置表格格式

（1）选中 B4:G4 单元格区域，设置选定区域的背景为蓝色、字体为白色、居中对齐。

（2）选中 B4:G31 单元格区域，设置单元格区域的外边框为蓝色双实线、内框线为蓝色虚线。

步骤 8　设置合计项目单元格格式

（1）选中 B10:D10、B16:D16、B24:D24、B28:D28、B31:D31、E17:G17、E22:G22、E24:G24 和 E30:G31 单元格区域。

（2）将选定的单元格区域用淡蓝色填充，如图 5.50 所示。

	A	B	C	D	E	F	G	H
1				资产负债表				
2				2013年12月31日				
3		单位名称					金额单位：人民币元	
4		资产	上年数	本年数	负债及所有者权益	上年数	本年数	
5		货币资金	502,787.46	509,669.90	短期借款	20,000,000.00	20,000,000.00	
6		短期投资			应付票据			
7		应收票据	1,000,000.00	910,000.00	应付账款	20,602,823.42	21,073,949.17	
8		应收账款	6,282,250.07	8,823,919.24	预收账款			
9		减:坏账准备			应付工资	465,772.20	568,852.00	
10		应收账款净额			应付福利费	458,035.73	425,463.39	
11		预付账款			应付股利	805,020.25	805,020.25	
12		其他应收款	2,507,120.10	2,098,326.76	未交税金	139,109.39	1,167,322.40	
13		存货	5,060,676.84	5,509,392.21	其他未交款	4,757.75	16,528.88	
14		待摊费用		1,722.00	其他应付款	743,295.67	477,297.86	
15		待处理流动资产净损失	23,427,308.42	24,238,186.17	预提费用	2,324.01	441.10	
16		流动资产合计			一年内到期的长期负债			
17		长期投资	14,690,000.00	14,690,000.00	流动负债合计			
18		固定资产原值	23,597,672.95	22,904,721.56	长期借款	9,770,481.36	9,770,481.36	
19		减:累计折旧	2,010,315.44	1,141,361.59	长期债券			
20		固定资产净值	21,587,357.51	21,763,359.97	长期应付款			
21		固定资产清理		132,351.57	其他长期负债			
22		专项工程支出		335,321.39	长期负债合计			
23		待处理固定资产净损失			递延税款贷项			
24		固定资产合计			负债合计			
25		无形资产	13,576,114.16	13,303,453.24	实收资本	30,000,000.00	30,000,000.00	
26		递延资产			资本公积	831,780.66	992,205.60	
27		其他长期资产			盈余公积	479,609.16	1,209,659.24	
28		固定及无形资产合计			其中:公益金			
29		递延税款借项			未分配利润	4,330,604.96	5,808,481.20	
30					所有者权益合计			
31		资产总计			负债及所有者权益合计			
32								

图 5.50　设置合计项目单元格的填充色

（3）选中 B10、B16、B24、B28、B31、E17、E22、E24 单元格和 E30:G31 单元格区域，将其设置为居中对齐。

步骤 9　计算"应收账款净额"

（1）选中 C10 单元格，输入公式 " = C8-C9"，按【Enter】键确认。

（2）使用填充柄将公式复制到 D10 单元格中。

【提示】

应收账款净额 = 应收账款−坏账准备。

步骤10　计算"流动资产合计"

（1）选中 C16 单元格，输入公式" = SUM(C5:C7)+SUM(C10:C15)"，按【Enter】键确认。

（2）使用填充柄将公式复制到 D16 单元格中。

【提示】

流动资产合计 = 货币资金+短期投资+应收票据+应收账款净额+预付账款+其他应收款+存货+待摊费用+待处理流动资产净损失。

步骤11　计算"固定资产合计"

（1）选中 C24 单元格，输入公式" = SUM(C20:C23)"，按【Enter】键确认。

（2）使用填充柄将公式复制到 D24 单元格中。

【提示】

固定资产合计 = 固定资产净值+固定资产清理+专项工程支出+待处理固定资产净损失。

步骤12　计算"固定及无形资产合计"

（1）选中 C28 单元格，输入公式" = SUM(C24:C27)"，按【Enter】键确认。

（2）使用填充柄将公式复制到 D28 单元格中。'

【提示】

固定及无形资产合计 = 固定资产合计+无形资产+递延资产+其他长期资产。

步骤13　计算"资产总计"

（1）选中 C31 单元格，输入公式" = SUM(C16,C17,C28,C29)"，按【Enter】键确认。

（2）使用填充柄将公式复制到 D31 单元格中，此时，D31 单元格的右下角会出现【自动填充选项】按钮，单击其右下角的下拉按钮，从弹出的选项中选择"不带格式填充"。

【提示】

资产总计=流动资产合计+长期投资+固定及无形资产合计+递延税款借项。

计算完资产类数据结果如图 5.51 所示。

	A	B	C	D	E	F	G	H
1				资产负债表				
2				2013年12月31日				
3		单位名称					金额单位：人民币元	
4		资产	上年数	本年数	负债及所有者权益	上年数	本年数	
5		货币资金	502,787.46	509,669.90	短期借款	20,000,000.00	20,000,000.00	
6		短期投资			应付票据			
7		应收票据	1,000,000.00	910,000.00	应付账款	20,602,823.42	21,073,949.17	
8		应收账款	6,282,250.07	8,823,919.24	预收账款			
9		减:坏账准备			应付工资	465,772.20	568,852.00	
10		应收账款净额	6,282,250.07	8,823,919.24	应付福利费	458,035.73	425,463.39	
11		预付账款			应付股利	805,020.25	805,020.25	
12		其他应收款	2,507,120.10	2,098,326.76	未交税金	139,109.39	1,167,322.40	
13		存货	5,060,676.84	5,509,392.21	其他未交款	4,757.75	16,528.88	
14		待摊费用		1,722.00	其他应付款	743,295.67	477,297.86	
15		待处理流动资产净损失	23,427,308.42	24,238,186.17	预提费用	2,324.01	441.10	
16		流动资产合计	38,780,142.89	42,091,216.28	一年内到期的长期负债			
17		长期投资	14,690,000.00	14,690,000.00	流动负债合计			
18		固定资产原值	23,597,672.95	22,904,721.56	长期借款	9,770,481.36	9,770,481.36	
19		减:累计折旧	2,010,315.44	1,141,361.59	应付债券			
20		固定资产净值	21,587,357.51	21,763,359.97	长期应付款			
21		固定资产清理		132,351.57	其他长期负债			
22		专项工程支出		335,321.39	长期负债合计			
23		待处理固定资产净损失			递延税款贷项			
24		固定资产合计	21,587,357.51	22,231,032.93	负债合计			
25		无形资产	13,576,114.16	13,303,453.24	实收资本	30,000,000.00	30,000,000.00	
26		递延资产			资本公积	831,780.66	992,205.60	
27		其他长期资产			盈余公积	479,609.16	1,209,659.24	
28		固定及无形资产合计	35,163,471.67	35,534,486.17	其中:公益金			
29		递延税款借项			未分配利润	4,330,604.96	5,808,481.20	
30					所有者权益合计			
31		资产总计	88,633,614.56	92,315,702.45	负债及所有者权益合计			
32								

图 5.51　计算完资产类数据结果

步骤 14　计算"流动负债合计"

（1）选中 F17 单元格，输入公式"＝SUM(F5:F16)"，按【Enter】键确认。

（2）使用填充柄将公式复制到 G17 单元格中，此时，G17 单元格的右下角会出现【自动填充选项】按钮 ，单击其右下角的下拉按钮，从弹出的选项中选择"不带格式填充"。

【提示】

流动负债合计＝短期借款+应付票据+应付账款+预收账款+应付工资+应付福利费+应付股利+未交税金+其他未交款+其他应付款+预提费用+一年内到期的长期负债。

步骤 15　计算"长期负债合计"

（1）选中 F22 单元格，输入公式"＝SUM(F18:F21)"，按【Enter】键确认。

（2）使用填充柄将公式复制到 G22 单元格中，此时，G22 单元格的右下角会出现【自动填充选项】按钮 ，单击其右下角的下拉按钮，从弹出的选项中选择"不带格式填充"。

【提示】

长期负债合计=长期借款+应付债券+长期应付款+其他长期负债。

步骤 16　计算"负债合计"

（1）选中 F24 单元格，输入公式"＝SUM(F17,F22:F23)"，按【Enter】键确认。

（2）使用填充柄将公式复制到 G24 单元格中，此时，G24 单元格的右下角会出现【自动填充选项】按钮 ，单击其右下角的下拉按钮，从弹出的选项中选择"不带格式填充"。

【提示】

负债合计=流动负债合计+长期负债合计+递延税款贷项。

步骤 17　计算"所有者权益合计"

（1）选中 F30 单元格，输入公式"＝SUM(F25:F27,F29)"，按【Enter】键确认。

（2）使用填充柄将公式复制到 G30 单元格中，此时，G30 单元格的右下角会出现【自动填充选项】按钮 ，单击其右下角的下拉按钮，从弹出的选项中选择"不带格式填充"。

【提示】

所有者权益合计＝实收资本+资本公积+盈余公积+未分配利润。

步骤 18　计算"负债及所有者权益合计"

（1）选中 F31 单元格，输入公式"＝SUM(F24,F30)"，按【Enter】键确认。

（2）使用填充柄将公式复制到 G31 单元格中，此时，G31 单元格的右下角会出现【自动填充选项】按钮 ，单击其右下角的下拉按钮，从弹出的选项中选择"不带格式填充"。

【提示】

负债及所有者权益合计=负债合计+所有者权益合计。

计算完成后数据结果如图 5.45 所示。

【拓展案例】

1．制作各行业企业财务报表，可利用 Excel 2003 提供的模板来制作，如利用模板构造工业企业的财务状况变动表，如图 5.52 所示。

财务状况变动表

会工03表
单位：元

编制单位：　　　　　　　　　　——年度

流动资金来源和运用	行次	金额	流动资金各项目的变动	行次	金额
一、流动资金来源：			一、流动资产本年增加数：		
1.本年利润	1		1.货币资金	41	
加：不减少流动资金的费用和损失：	2		2.短期投资	42	
（1）固定资产折旧	3		3.应收票据	43	
（2）无形资产、递延资产摊销	4		4.应收账款净额	44	
（3）固定资产盘亏（减盘盈）	5		5.预付账款	45	
（4）清理固定资产损失（减收益）	6		6.其他应收款	46	
（5）其他不减少流动资金的费用和损失	7		7.存货	47	
小　计	12	0	8.待摊费用	48	
2.其他来源：			9.一年内到期的长期债券投资	49	
（1）固定资产清理收入（减清理费用）	13		10.待处理流动资产净损失	50	
（2）增加长期负债	14		11.其他流动资产	51	
（3）收回长期投资	15		流动资产增加净额	52	0
（4）对外投资转出固定资产	16				
（5）对外投资转出无形资产	17				
（6）资本净增加额（减少资本以"-"号表示）	19				
小　计	22	0			
流动资金来源合计	23				
二、流动资金运用			二、流动负债本年增加数		
1.利润分配：			1.短期借款	53	
（1）应交所得税	24		2.应付票据	54	
（2）提取盈余公积（用盈余公积补亏以"-"号表示）	25		3.应付账款	55	
（3）应付利润	26		4.预收账款	56	
（4）应交特种基金	27		5.其他应收款	57	
（5）调减上年利润（调增上年利润以"-"号表示）			6.应付工资	58	
小　计	32	0	7.应付福利款	60	
2.其他运用：			8.未交税金	61	
（1）固定资产和在建工程净增加额	33		9.未付利润	62	
（2）增加无形资产、递延资产及其他资产	34		10.其他未交款	63	
（3）偿还长期负债	35		11.预提费用	64	
（4）偿还长期投资	36		12.待扣税金	65	
小　计	38	0	13.一年内到期的长期负债	66	
流动资金运用合计	39	0	14.其他流动负债	67	
流动资金增加净额	40	0	流动负债增加净额	69	0
			流动资金增加净额	70	0

图 5.52　工业企业的财务状况变动表

2. 可利用模板/向导来完成相关报表的制作。

【拓展训练】

损益表也是企业的三大对外报送报表之一，它是一个企业一段时间内损益情况的统计表。制作好的企业的损益债表效果如图 5.53 所示。

损益表
2013年12月31

单位名称　　　　　　　　　　金额单位：人民币元

项目名称	上年数	本年数
一、主营业务收入	35,671,239.78	40,661,764.32
减：主营业务成本	31,992,135.88	33,969,413.03
主营业务税金及附加	1,177,817.68	1,354,036.74
二、主营业务利润	2,501,286.22	5,338,314.55
加：其他业务利润	32,901.00	
减：营业费用		
管理费用	1,812,699.24	1,353,908.78
财务费用	466,649.72	234,215.26
三、营业利润	254,838.26	3,750,190.51
加：投资收益		
补贴收入		
营业外收入		
减：营业外支出	53,929.00	99,940.11
四、利润总额	200,909.26	3,650,250.40
减：所得税	68,396.47	1,341,838.20
五、净利润	132,512.79	2,308,412.20
加：年初未分配利润		
其他转入		
六、可供分配的利润	132,512.79	2,308,412.20
减：提取法定盈余公积		
提取法定公益金		
提取职工奖励及福利基金		
提取储备基金		
提取企业发展基金		
利润归还投资		
七、可供投资者分配的利润	132,512.79	2,308,412.20
减：应付优先股股利		
提取任意盈余公积		
应付普通股股利		
转作资本的普通股股利		
八、未分配利润	132,512.79	2,308,412.20

图 5.53　损益表

操作步骤如下。

（1）启动 Excel 2003，新建一个工作簿，以"损益表"为名保存在"D:\科源有限公司\财务部"文件夹中。

（2）将 Sheet1 工作表重命名为"损益表"。

（3）输入表格标题。

① 在 B1 单元格中输入表格标题"损益表"。

② 选中 B1:D1 单元格区域，单击"格式"工具栏上的【合并及居中】按钮，将此单元格区域合并，使表格标题居中。

③ 将标题字体设置为隶书、20、深蓝色，并添加下划线。

（4）输入建表日期及单位。

① 在 B2 单元格中输入建立表格的日期"2013 年 12 月 31"。

② 选中 B2:D2 单元格区域，单击"格式"工具栏上的【合并及居中】按钮，将此单元格区域合并，使日期居中。

③ 将建表日期的字号格式设置为 9。

④ 将第 2 行的行高设置为 11。

⑤ 在 B3 和 D3 单元格中分别输入"单位名称"和"金额单位：人民币元"。

⑥ 将光标移到 D 列和 E 列列表中间，当光标变为"↔"形状时，双击鼠标左键可自动调整 D 列的列宽。

（5）输入表格各个字段标题。

① 在 B4:D4、B5:B35 单元格区域中输入表格各个字段的标题。

② 调整 B 列的列宽，以使其能完全显示所有数据，如图 5.54 所示。

（6）输入表格数据。

① 在 C9 单元格、C5:D7、C11:D12、C17:D17 和 C19:D19 单元格区域中输入上半年和本年损益类项目数据，如图 5.55 所示。

② 调整 C 列的列宽以便能完全显示所有数据。

图 5.54　输入表格各个字段的标题

图 5.55　输入"损益表"数据

（7）设置单元格数字格式。

① 选中 C5:D35 单元格区域。

② 在"单元格格式"对话框中，设置选中单元格区域的数字格式为"数值"，并选中"使用千位分隔符"复选框。

（8）设置表格格式。

① 选中 B4:D4 单元格区域，设置选定区域的背景为蓝色、字体为白色并居中对齐。

② 选中 B4:D35 单元格区域，设置单元格区域的外边框为蓝色双实线、内框线为蓝色虚线。

（9）设置项目标题的缩进形式。

① 选中 B6、B14、B17、B19、B21、B24、B31 单元格和 B9:B10 单元格区域。

② 选择【格式】→【单元格】命令，打开"单元格格式"对话框。

③ 单击"对齐"选项卡，从"水平对齐"列表中选择"靠左（缩进）"，并在缩进文本框中调整缩进值为"1"，如图 5.56 所示。

（10）设置具体项目的缩进形式。

① 选中 B7、B11:B12、B15:B16、B25:B29、B32:B34 单元格区域和 B22 单元格。

② 选择【格式】→【单元格】命令，打开"单元格格式"对话框。

③ 单击"对齐"选项卡，从"水平对齐"列表中选择"靠左（缩进）"，并在缩进文本框中调整缩进值为"2"。

（11）设置主要项目单元格的填充色。

① 选中 B8:D8、B13:D13、B18:D18、B20:D20、B23:D23、B30:D30 和 B35:D35 单元格区域。

② 将选定的单元格区域填充为淡蓝色，如图 5.57 所示。

图 5.56　设置对齐方式

图 5.57　设置主要项目单元格的填充色

（12）计算"主营业务利润"。

① 选中 C8 单元格，输入公式"=C5–C6–C7"，按【Enter】键确认。

② 使用填充柄将公式复制到 D8 单元格中，此时，D8 单元格的右下角会出现【自动填充选项】按钮，单击其右下角的下拉按钮，从弹出的选项中选择"不带格式填充"。

【提示】

主营业务利润＝主营业务收入–主营业务成本–主营业务税金及附加。

（13）计算"营业利润"。

① 选中 C13 单元格，输入公式"=SUM(C8:C9)-SUM(C10:C12)"，按【Enter】键确认。

② 使用填充柄将公式复制到 D13 单元格中，此时，D13 单元格的右下角会出现【自动填充选项】按钮，单击其右下角的下拉按钮，从弹出的选项中选择"不带格式填充"。

【提示】
营业利润=（主营业务利润+其他业务利润）-（营业费用+管理费用+财务费用）。

（14）计算"利润总额"

① 选中 C18 单元格，输入公式"=SUM(C13:C16)-C17"，按【Enter】键确认。

② 使用填充柄将公式复制到 D18 单元格中，此时，D18 单元格的右下角会出现【自动填充选项】按钮，单击其右下角的下拉按钮，从弹出的选项中选择"不带格式填充"。

【提示】
利润总额=（营业利润+投资收益+补贴收入+营业外收入）-营业外支出。

（15）计算"净利润"

① 选中 C20 单元格，输入公式"=C18-C19"，按【Enter】键确认。

② 使用填充柄将公式复制到 D20 单元格中，此时，D20 单元格的右下角会出现【自动填充选项】按钮，单击其右下角的下拉按钮，从弹出的选项中选择"不带格式填充"。

【提示】
净利润=利润总额-所得税。

（16）计算"可供分配的利润"。

① 选中 C23 单元格，输入公式"=SUM(C20:C22)"，按【Enter】键确认。

② 使用填充柄将公式复制到 D23 单元格中，此时，D23 单元格的右下角会出现【自动填充选项】按钮，单击其右下角的下拉按钮，从弹出的选项中选择"不带格式填充"。

【提示】
可供分配的利润=净利润+年初未分配利润+其他转入。

（17）计算"可供投资者分配的利润"。

① 选中 C30 单元格，输入公式"=C23-SUM(C24:C29)"，按【Enter】键确认。

② 使用填充柄将公式复制到 D30 单元格中，此时，D30 单元格的右下角会出现【自动填充选项】按钮，单击其右下角的下拉按钮，从弹出的选项中选择"不带格式填充"。

【提示】
可供投资者分配的利润=可供分配的利润-（提取法定盈余公积+提取法定公益金+提取职工奖励及福利基金+提取储备基金+提取企业发展基金+利润归还投资）。

（18）计算"未分配利润"。

① 选中 C35 单元格，输入公式"=C30-SUM(C31:C34)"，按【Enter】键确认。

② 使用填充柄将公式复制到 D35 单元格中，此时，D35 单元格的右下角会出现【自动填充选项】按钮，单击其右下角的下拉按钮，从弹出的选项中选择"不带格式填充"。

【提示】
未分配利润=可供投资者分配的利润-（应付优先股股利+提取任意盈余公积+应付普通股股利+转作资本的普通股股利）。

计算完成后数据结果如图 5.53 所示。

【案例小结】

通过本案例，读者可学会利用公式和函数等方法来协助制作"资产负债表"。在 Excel 中，用户除了可以直接输入相关数据制作报表外，还可以利用模板来生成自己所在行业企业的各类标准报表，再根据各个企业的自身特点进行修改和完善。

📖 学习总结

本案例所用软件	
案例中包含的知识和技能	
你已熟知或掌握的知识和技能	
你认为还有哪些知识或技能需要进行强化	
案例中可使用的 Office 技巧	
学习本案例之后的体会	

5.3　案例 20　制作公司贷款分析表

【案例分析】

企业在项目投资过程中，通常需要贷款来加大资金的周转量。进行投资项目的贷款分析，可使项目的决策者们更直观地了解贷款和经营情况，以更好地分析项目的可行性。

财务部门在做投资项目的贷款分析时，可利用 Excel 中的函数来预算项目的投资期、偿还金额等指标。本项目通过制作"公司贷款分析表"来介绍 Excel 模拟运算表在财务预算和分析方面的应用。

Excel 模拟运算表工具是一种只需一步操作就能计算出所有变化的模拟分析工具。它可以显示公式中某些值的变化对计算结果的影响，为同时求解某一运算中所有可能的变化值组合提供了捷径。此外，模拟运算表还可以将所有不同的计算结果同时显示在工作表中，便于用户查看和比较。

Excel 有两种类型的模拟运算表：单变量模拟运算表和双变量模拟运算表。

本案例中设立公司需要购进一批设备，需要资金 100 万元，现需向银行贷款部分资金，年利率假设为 5.9%，采取每月等额还款的方式。现需我们要分析不同贷款数额（90 万、80 万、70 万、60 万、50 万以及 40 万）和不同还款期限（5 年、10 年、15 年及 20 年）下对应的每月应还贷款金额。制作好的"贷款分析表"如图 5.58 所示。

	A	B	C	D	E	F	G
1							
2		贷款金额	900000				
3		贷款年利率	5.90%				
4		贷款年限	5				
5		每年还款期数	12				
6		总还款期数	60				
7		每月偿还金额	¥-17,357.70				
8							
9							
10							
11	每月偿还金额	¥-17,357.70	60	120	180	240	
12		900000	¥-17,357.70	¥-9,946.71	¥-7,546.17	¥-6,396.07	
13		800000	¥-15,429.07	¥-8,841.52	¥-6,707.71	¥-5,685.39	
14	贷款金额	700000	¥-13,500.44	¥-7,736.33	¥-5,869.25	¥-4,974.72	
15		600000	¥-11,571.80	¥-6,631.14	¥-5,030.78	¥-4,264.04	
16		500000	¥-9,643.17	¥-5,525.95	¥-4,192.32	¥-3,553.37	
17		400000	¥-7,714.53	¥-4,420.76	¥-3,353.86	¥-2,842.70	
18							
19							

图 5.58 贷款分析表

【提示】

① 利用 Excel 提供的多种财务函数，用户可以有效地计算财务相关数据。

② 利用 Excel 提供的假设分析，用户可以进行更复杂的分析，模拟为达到预算目标选择不同方式的大致结果。每种方式的结果都被称为一个方案，根据多个方案的对比分析，用户可以考查不同方案的优势，进而从中选择最适合公司目标的方案。

【解决方案】

步骤 1 创建工作簿、重命名工作表

（1）启动 Excel 2003，新建一个空白工作簿。

（2）将工作簿以"公司贷款分析"为名保存在"D:\科源有限公司\财务部"文件夹中。

（3）将工作簿中的 Sheet1 工作表重命名为"贷款分析表"。

步骤 2 创建"贷款分析表"结构

（1）如图 5.59 所示，输入贷款分析表的基本数据。

	A	B	C	D
1				
2		贷款金额	900000	
3		贷款年利率	5.90%	
4		贷款年限	5	
5		每年还款期数	12	
6		总还款期数		
7		每月偿还金额		
8				

图 5.59 贷款分析表的基本数据

（2）计算"总还款期数"。

① 选中 C6 单元格。

② 输入公式" = C4*C5"。

③ 按【Enter】键确认，计算出"总还款期数"。

步骤 3 计算"每月偿还金额"

（1）选中 C7 单元格。

（2）单击编辑栏上的"插入函数"按钮 *fx*，打开"插入函数"对话框。

（3）在"插入函数"对话框中选择"PMT"函数，打开"函数参数"对话框。

（4）在"函数参数"对话框中输入图 5.60 所示的 PMT 函数参数。

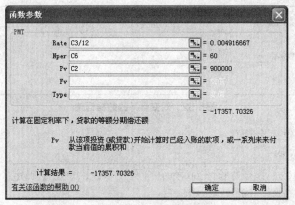

图 5.60　PMT 函数参数

【提示】

① Excel 中的财务分析函数可以解决很多专业的财务问题：如投资函数可以解决投资分析方面的相关计算，包含 PMT、PPMT、PV、FV、XNPV、NPV、IMPT、NPER 等；折旧函数可以解决累计折旧相关计算，包含 DB、DDB、SLN、SYD、VDB 等；计算偿还率的函数可计算投资的偿还类数据，包含 RATE、IRR、MIRR 等；债券分析函数可进行各种类型的债券分析，包含 DOLLAR/RMB、DOLARDE、DOLLARFR 等。

② 关于 PMT 函数说明如下。

a. 功能：基于固定利率及等额分期付款方式，返回贷款的每期付款额。

b. 语法：PMT(Rate,Nper,Pv,Fv,Type)。

其中 Rate 为各期利率。例如，如果按 10% 的年利率贷款，并按月偿还贷款，则月利率为 10%/12（即 0.83%）。

Nper 为该项贷款的付款总数。

Pv 为现值，或一系列未来付款的当前值的累积和，也称为本金。

Fv 为未来值，或在最后一次付款后希望得到的现金余额，如果省略 Fv，则假设其值为零，也就是一笔贷款的未来值为零。

Type 数字 0 或 1，用以指定各期的付款时间是在期初还是期末。

（5）单击【确定】按钮，计算出给定条件下的"每月偿还金额"，如图 5.61 所示。

	A	B	C	D
1				
2		贷款金额	900000	
3		贷款年利率	5.90%	
4		贷款年限	5	
5		每年还款期数	12	
6		总还款期数	60	
7		每月偿还金额	￥-17,357.70	
8				

图 5.61　计算"每月偿还金额"

步骤 4　计算不同"贷款金额"和不同"总还款期数"的"每月偿还金额"

这里，我们设定贷款数额分别为 90 万、80 万、70 万、60 万、50 万以及 40 万，还款期限分别为 5 年、10 年、15 年及 20 年。

（1）创建贷款分析的框架。

在 A11:F17 单元格区域中输入"贷款金额"和"总付款期数"各种可能的数据，如图 5.62 所示。这里，贷款期数为月。

10						
11	每月偿还金额		60	120	180	240
12		900000				
13		800000				
14	贷款金额	700000				
15		600000				
16		500000				
17		400000				
18						

图 5.62　双变量下的数据框架

（2）计算"每月偿还金额"。

① 选中 B11 单元格。

② 插入 PMT 函数，设置如图 5.60 所示的函数参数，单击【确定】按钮，在 B11 单元格中计算出"每月偿还金额"，如图 5.63 所示。

10						
11	每月偿还金额	￥-17,357.70	60	120	180	240
12		900000				
13		800000				
14	贷款金额	700000				
15		600000				
16		500000				
17		400000				
18						

图 5.63　计算某一固定期数和固定利率下的每月偿还金额

③ 选中 B11:F17 单元格区域。

④ 选择【数据】→【模拟运算表】命令，打开"模拟运算表"对话框，并将"输入引用行的单元格"设置为"$C$6"，将"输入引用列的单元格"设置为"$C$2"，如图 5.64 所示。

图 5.64　"模拟运算表"对话框

【提示】
　　在工作表中，由于每期偿还金额与贷款金额（C2 单元格）、贷款年利率（C3 单元格）、贷款年限（C4 单元格）、每年还款期数（C5 单元格）以及各因素可能组合（B12:B17 和 C11:F11 单元格区域）这些基本数据之间建立了动态链接，因此，财务人员可通过改变 C2 单元格、C3 单元格、C4 单元格或 C5 单元格中的数据，或调整 B12:B17 和 C11:F11 单元格区域中的各因素可能组合，各分析值将会自动计算。这样，用户就可以一目了然地观察到不同期限、不同贷款金额下，每期应偿还金额的变化，从而可以根据企业的经营状况，选择一种合适的贷款方案。

⑤ 单击【确定】按钮，计算出图 5.65 所示的不同"贷款金额"和不同"总还款期数"的"每月偿还金额"。

10						
11	每月偿还金额	￥-17,357.70	60	120	180	240
12		900000	-17357.70326	-9946.70911	-7546.173929	-6396.065888
13		800000	-15429.06957	-8841.519209	-6707.710159	-5685.3919
14	贷款金额	700000	-13500.43587	-7736.329308	-5869.24639	-4974.717913
15		600000	-11571.80217	-6631.139407	-5030.78262	-4264.043925
16		500000	-9643.168478	-5525.949505	-4192.31885	-3553.369938
17		400000	-7714.534783	-4420.759604	-3353.85508	-2842.69595
18						

图 5.65　不同"贷款金额"和不同"总还款期数"的"每月偿还金额"

【提示】

① 模拟运算表用以显示一个或多个公式中一个或多个（两个）影响因素替换为不同值时的结果。

分为单变量模拟运算表和双变量模拟运算表两种。

单变量模拟运算表为用户提供查看一个变化因素改变为不同值时对一个或多个公式的结果的影响；双变量模拟运算表为用户提供查看两个变化因素改变为不同值时对一个或多个公式的结果的影响。

② Excel"模拟运算表"对话框中有两个编辑对话框，一个是"输入引用行的单元格（R）"，一个是"输入引用列的单元格（C）"。若影响因素只有一个，即单变量模拟运算表，则只需要填列其中的一个；如果模拟运算表是以行方式建立的，则填写"输入引用行的单元格（R）"；如果模拟运算表是以列方式建立的，则填写"输入引用列的单元格（C）"。本例中，我们使用的是双变量模拟运算表，因此两个单元格均需填入。

③ 模拟运算表的工作原理如下：在 B11 单元格中的公式是" = PMT(C3/12,C6,C2)"，即每期支付的贷款利率是 C3/12，因为是按月支付，所以用贷款年利率除以 12；支付贷款的总期数是 60 个月；贷款金额是 900 000。

这里，C3 单元格里的值固定不变，当我们计算 C12 单元格里的值时，Excel 会把 C11 单元格中的值输入到公式中的 C6 单元格中，把 B12 单元格中的值输入到公式中的 C2 单元格中；当计算 D12 单元格的值时，Excel 会把 D11 单元格中的值输入到公式中的 C6 单元格中，把 B12 单元格中的值输入到公式中的 C2 单元格中……如此下去，直到模拟运算表中的所有值都计算出来。

④ 在公式中输入单元格是任取的，它可以是工作表中的任意空白单元格，事实上，它只是一种形式，因为它的取值来源于输入行或输入列。

步骤 5　格式化"贷款分析表"

（1）选中 C12:F17 单元格区域。

（2）选择【格式】→【单元格】命令，打开"单元格格式"对话框。

（3）单击"数字"选项卡，从"分类"列表中选择"货币"，设置货币符号为"¥"、小数位数为 2。

（4）将 C11:F11 及 B12:B17 单元格区域的对齐方式设置为居中。

（5）分别为 B2:C7、A11:F17 单元格区域设置内细外粗的表格边框线。

（6）隐藏工作表网格线。选择【工具】→【选项】命令，打开图 5.66 所示的"选项"对话框，单击"视图"选项卡，取消勾选"窗口选项"中【网格线】选项，单击【确定】按钮。

格式化后的工作表如图 5.66 所示。

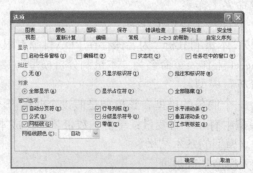

图 5.66　"选项"对话框

【拓展案例】

公司想贷款 1 000 万元，用于建立一个新的现代化仓库，贷款利息为每年 8%，贷款期限为 25 年，每月偿还金额是多少？假设有多种不同的利息、不同的贷款年限可供选择，用双模拟变量进行求解，计算出各种情况的每月支付金额。

进行分析的利息情况有 5%、7%、9%、11%，对应的贷款年限分别为 10 年、15 年、20 年、30 年。

计算好的模拟运算结果效果图如图 5.67 所示。

	A	B	C	D	E	F	G
1	贷款金额	¥ 10,000,000.00					
2	贷款利息	8%					
3	还款期限	25					
4	月还款额	¥ -77,181.62					
5							
6	模拟运算表						
7							
8					贷款年限		
9							
10		¥ -77,181.62	10	15	20	30	
11		5%	¥ -106,065.52	¥ -79,079.36	¥ -65,995.57	¥ -53,682.16	
12	利息	7%	¥ -116,108.48	¥ -89,882.83	¥ -77,529.89	¥ -66,530.25	
13		9%	¥ -126,675.77	¥ -101,426.66	¥ -89,972.60	¥ -80,462.26	
14		11%	¥ -137,750.01	¥ -113,659.69	¥ -103,218.84	¥ -95,232.34	
15							

图 5.67　模拟运算结果

【拓展训练】

在财务管理工作中，本量利的分析在财务分析中占有举足轻重的地位。财务人员通过设定固定成本、售价、数量等指标，可计算出相应的利润。利用 Excel 提供的方案管理器，用户可以进行更复杂的分析，模拟为达到预算目标选择不同方式的大致结果。每种方式的结果都被称之为一个方案，用户可根据多个方案的对比分析，考查不同方案的优势，进而从中选择最适合公司目标的方案。制作好的"本量利分析"效果图如图 5.68 所示。

	A	B	C	D	E	F	G	H	I
2		方案摘要							
3				当前值:	3000件	5000件	8000件	10000件	
5		可变单元格:							
6			单价	70	75	70	65	60	
7			数量	5000	3000	5000	8000	10000	
8			单件成本	12	14	12	11	10	
9			宣传费率	5%	6%	5%	4%	3%	
10		结果单元格:							
11			利润	209000	101800	209000	351200	419400	
12		注释："当前值"这一列表示的是在							
13		建立方案汇总时，可变单元格的值。							
14		每组方案的可变单元格均以灰色底纹突出显示。							

图 5.68　"本量利分析"方案摘要

操作步骤如下。

（1）创建工作簿，重命名工作表。

① 启动 Excel 2003，新建一个空白工作簿。

② 将创建的工作簿以"本量利分析"为名保存在"D:\科源有限公司\财务部"文件夹中。

③ 将工作簿中的 Sheet1 工作表重命名为"本量利分析模型"。

（2）创建"本量利分析"模型。

这里，我们首先建立一个简单的模型，该模型是假设企业生产不同数量的某产品，对利润所产生的影响。在该模型中有 4 个可变量：单价、数量、单件成本和宣传费率。

① 按图 5.69 所示建立模型的基本结构。

② 按图 5.70 所示输入模型基础数据。

	A	B	C
1	单价		
2	数量		
3	单件成本		
4	宣传费率		
5			
6			
7	利润		
8	销售金额		
9	费用		
10	成本		
11	固定成本		
12			

图 5.69 "本量利分析"模型的基本结构

	A	B	C
1	单价	65	
2	数量	8000	
3	单件成本	11	
4	宣传费率	4%	
5			
6			
7	利润		
8	销售金额		
9	费用	20000	
10	成本		
11	固定成本	60000	
12			

图 5.70 "本量利分析"模型基础数据

③ 计算"销售金额"数据。

这里，销售金额 = 单价*数量。

a. 选中 B8 单元格。

b. 输入公式" = B1*B2"。

c. 按【Enter】键确认。

④ 计算"成本"数据。

这里，成本 = 固定成本+数量*单件成本。

a. 选中 B10 单元格。

b. 输入公式" = B11+B2*B3"。

c. 按【Enter】键确认。

⑤ 计算"利润"数据。

这里，利润 = 销售金额–成本–费用*（1+宣传费率）。

a. 选中 B7 单元格。

b. 输入公式" = B8–B10–B9*（1+B4）"。

c. 按【Enter】键确认。

完成后的"本量利分析"模型如图 5.71 所示。

	A	B	C
1	单价	65	
2	数量	8000	
3	单件成本	11	
4	宣传费率	4%	
5			
6			
7	利润	351200	
8	销售金额	520000	
9	费用	20000	
10	成本	148000	
11	固定成本	60000	
12			

图 5.71 "本量利分析"模型

（3）重命名单元格。将 B1:B4 和 B7 单元格分别重命名为"单价""数量""单件成本""宣传费率"和"利润"。

（4）建立"本量利分析"方案。

① 选择【工具】→【方案】命令，打开图 5.72 所示的"方案管理器"对话框。

② 单击"方案管理器"对话框中的【添加】按钮，打开"编辑方案"对话框。

③ 如图 5.73 所示，在"方案名"文本框中输入"3 000 件"，在"可变单元格"中设置区域"$B$1:$B$4"。

④ 单击【确定】按钮，打开"方案变量值"对话框，按图 5.74 所示分别设定"单价""数

量""单件成本"和"宣传费率"的值。

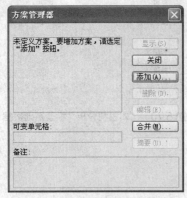

图 5.72 "方案管理器"对话框

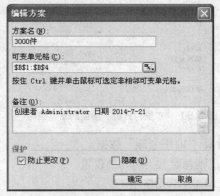

图 5.73 "编辑方案"对话框

图 5.74 3000 件的"方案变量值"

⑤ 单击【确定】按钮，完成"3 000 件"方案的设定。

⑥ 分别按图 5.75、图 5.76 和图 5.77 所示，设置"5 000 件""8 000 件"和"10 000 件"的方案变量值。

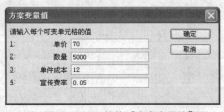

图 5.75 5 000 件的"方案变量值"

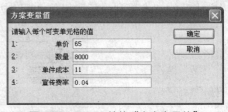

图 5.76 8 000 件的"方案变量值"

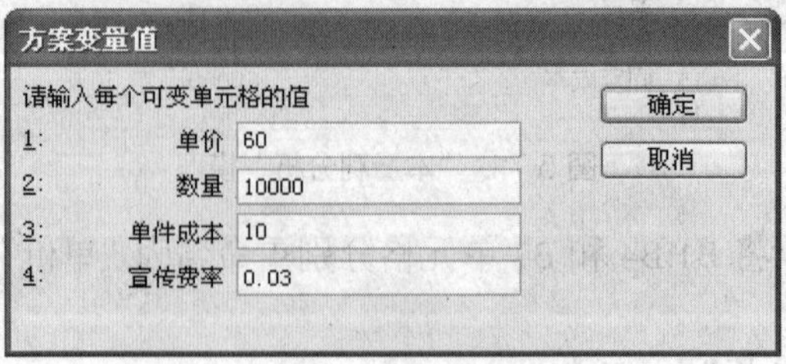

图 5.77 10 000 件的"方案变量值"

设置后的方案管理器如图 5.78 所示。

（5）显示"本量利分析"方案。

设定了各种模拟方案后，我们就可以随时查看模拟的结果。

① 在"方案"列表框中，选定要显示的方案，例如选定 5000 件方案。

图 5.78　添加方案后的"方案管理器"

② 单击【显示】按钮，选定方案中可变单元格的值将出现在工作表的可变单元格中，同时工作表重新计算，以反映模拟的结果，如图 5.79 所示。

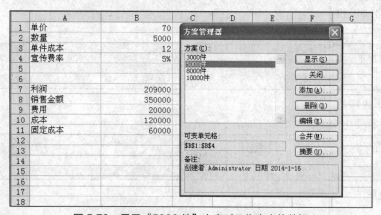

图 5.79　显示"5000 件"方案时工作表中的数据

（6）建立"本量利分析"方案摘要报告。

① 单击"方案管理器"对话框中的【摘要】按钮，打开图 5.80 所示的"方案摘要"对话框。

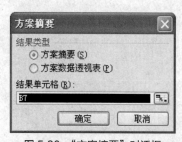

图 5.80　"方案摘要"对话框

② 在"方案摘要"对话框中选择"结果类型"为"方案摘要"。在"结果单元格"文本框中，通过选定单元格或键入单元格引用来指定每个方案中重要的单元格。

③ 单击【确定】按钮，生成如图 5.68 所示的"本量利分析"方案摘要。

④ 将新生成的"方案摘要"工作表重命名为"本量利分析方案摘要"。

【提示】

Excel 中为数据分析提供了更为高级的分析方法，即通过使用方案对多个变化因素对结果的影响进行分析。方案是指产生不同结果的可变单元格的多次输入值的集合。每个方案中可以使用多种变量进行数据分析。

【案例小结】

本案例通过讲解制作"公司贷款分析表"和"本量利分析方案摘要"，向读者介绍了在 Excel 中使用财务函数 PMT 和模拟运算表等模拟分析工具的方法。

这些函数和工具都可以用来解决当变量不是唯一的一个值而是一组值时所得到的一组结果，或变量为多个，即多组值甚至多个变化因素对结果产生的影响。我们可以直接利用 Excel 中的这些函数和工具实现数据分析，为企业管理提供准确详细的数据依据。

📖 学习总结

本案例所用软件	
案例中包含的知识和技能	
你已熟知或掌握的知识和技能	
你认为还有哪些知识或技能需要进行强化	
案例中可使用的 Office 技巧	
学习本案例之后的体会	